普通高等教育"三海一核"系列教材

人机工程学

颜声远　许彧青　陈　玉
王立新　张学刚　朱庆飞　编著

U0230452

科学出版社
北　京

内 容 简 介

本书基于人的认知特性,从人—机—环境系统的角度出发,以相关标准为基础,通过大量的实例、图片和分析,对人机工程学理论进行了阐述,对人机工程学在产品设计、船舶工程、核能工程中的应用进行了深入分析和研究,并对多种设计和评价方法进行了论述。

本书主要包括人体尺寸测量与统计函数、人的特性、显示器设计、操纵器设计、作业空间设计和座椅设计、环境因素对人机系统的影响、人机系统设计与评价、船舶人机工程、核电站人机工程、人机系统安全性分析等内容。其中船舶人机工程、核电站人机工程等内容是本书的特色。

本书可作为工业设计、机械工程、船舶工程、动力工程、核能工程等专业本科生的教材,还可作为其他工程设计人员的设计参考书。

本书由哈尔滨工程大学 2019 年度本科教材立项经费资助。

图书在版编目(CIP)数据

人机工程学 / 颜声远等编著. —北京:科学出版社,2019.11

普通高等教育"三海一核"系列教材

ISBN 978-7-03-063166-4

Ⅰ. ①人… Ⅱ. ①颜… Ⅲ. ①工效学－高等学校－教材 Ⅳ. ①TB18

中国版本图书馆 CIP 数据核字(2019)第 249166 号

责任编辑:朱晓颖 / 责任校对:郭瑞芝
责任印制:张 伟 / 封面设计:迷底书装

科学出版社 出版
北京东黄城根北街 16 号
邮政编码:100717
http://www.sciencep.com

北京凌奇印刷有限责任公司 印刷
科学出版社发行 各地新华书店经销
*
2019 年 11 月第 一 版 开本:787×1092 1/16
2022 年 8 月第四次印刷 印张:15
字数:385 000

定价:**69.00** 元
(如有印装质量问题,我社负责调换)

前　言

人机工程学思想起源于人类开始制造简单的工具和用品的时代。在 19 世纪末 20 世纪初，人机工程学逐渐成为一门科学学科，开始在欧美国家兴起。发展至今，人机工程学涉及的领域包括生理学、心理学、工业卫生学、工业与工程设计、建筑与照明工程、管理工程、工业工程、医学、生命科学、计算机科学和职业安全等，并已在航空航天、兵器、能源、交通运输、电子信息、工程机械、计算机及其相关设备、日常生活用品等军用和民用的多个领域得到应用。

本书旨在为相关专业本科生提供人机工程学设计理论、方法和技术，让学生掌握人机工程学在产品、核电站和船舶等设计中的具体应用，力图通过设计分析及实例的学习使学生具有将人机工程学理论知识运用于"三海一核"等领域设计中的能力。

本书共 11 章：第 1 章概论、第 2 章人体尺寸测量与统计函数、第 3 章人的特性、第 4 章显示器设计、第 5 章操纵器设计、第 6 章作业空间设计和座椅设计、第 7 章环境因素对人机系统的影响、第 8 章人机系统设计与评价、第 9 章船舶人机工程、第 10 章核电站人机工程、第 11 章人机系统安全性分析。

本书由哈尔滨工程大学颜声远、许彧青，黑龙江科技大学陈玉，上海中船船舶设计技术国家工程研究中心有限公司王立新，中广核工程有限公司张学刚，中国船舶工业集团公司第七〇八研究所朱庆飞共同编著。其中第 1 章、2 章、3.2 节、3.3 节、11.1 节由颜声远撰写，第 3.1 节、5 章、6 章由许彧青撰写，第 4 章、7 章、8 章由陈玉撰写，第 9.1 节、9.2 节、11.3 节由王立新撰写，第 9.3 节由朱庆飞撰写，第 10 章、11.2 节由张学刚撰写。在本书的撰写过程中，中广核工程有限公司"核电安全监控技术与装备国家重点实验室"给予了大力支持，哈尔滨工程大学王帅旗、靳紫月等参与了本书的编写工作，在此表示衷心的感谢。

在本书撰写过程中，作者引用和参考了国内外专家及学者的诸多精辟论述、研究成果与理论。在此，谨向这些学者致以诚挚的谢意！

受作者知识水平和所在领域的限制，书中难免存在一些疏漏和不足，敬请广大读者批评指正。

作　者

2019 年 6 月

目　　录

第1章 概 述

1.1 人机工程学的术语和定义

人机工程学的发展与科学技术的发展密不可分。虽然人机工程学始于人类开始制造简单的工具和用品的时代,但是人机工程学作为一门学科,起源于 19 世纪末 20 世纪初的欧美国家。

在美国,人机工程学一般称为 Human Factors,有时也称为 Human Engineering(多用于美国军方)和 Human Factors Engineering。在欧洲,它称为 Ergonomics。日本和俄罗斯沿用了欧洲的命名,日语称为マーケティング,俄语称为 Эргономика。与人机工程学相关的还有 Engineering Psychology(工程心理学),它最早始于美国,涉及的是关于人的能力(特别是人的信息加工能力)和限度的基础研究,并向设计者提供有关人的研究数据。我国人机工程学研究起步较晚,多采用外文译名,有人机工程学、人因工程学、人类工效学等。

国际人类工效学学会(International Ergonomics Association,IEA)对人机工程学的定义为:人机工程学是关于人与系统其他要素之间相互作用的学科。该学科以理论、原则、数据和方法为手段,以实现人类健康和整个系统性能的优化为目标开展设计。

美国人机工程学专家伍德森(W.B.Woodson)认为:人机工程学研究的是人与机器相互关系的合理方案,即对人的知觉显示、操作控制、人机系统的设计及其布置和作业系统的组合等进行有效的研究,其目的在于获得最高的效率并使人在作业时感到安全和舒适。

著名人机工程学及应用心理学家查帕尼斯(A.Chapanis)认为:人机工程学是在机械设计中,考虑如何使人获得操作简便而又准确的一门学科。

日本人机工程学专家认为:人机工程学是根据人体解剖学、生理学和心理学等特性,了解并掌握人的作业能力和极限,让机具、工作、环境、起居条件等和人体相适应的科学。

苏联人机工程学专家认为:人机工程学是研究人在生产过程中的可能性、劳动活动方式、劳动的组织安排,从而提高人的工作效率,同时创造舒适和安全的劳动环境,保障劳动人民的健康,使人从生理上和心理上得到全面发展的一门学科。

Sanders 与 McCormick(1993)在查帕尼斯的基础上,将人机工程学定义为:人机工程学是探索有关人的行为、能力、限度和其他特征的各种信息,并将它们应用于工具、机器、系统、任务、工作和环境的设计中,使人们对它们的使用更具价值、安全、舒适和有效。

综上所述,人机工程学是研究人、机、环境及其相互关系的边缘性应用学科。其目的是:①增进人的工作及其他行为的效能和效率,如提高便利性、减少失误和提高生产力等;②提高人的价值,如增加安全性、降低疲劳和减少压力、提高舒适性、增加工作满意度和提高生活质量等。

1.2 人机工程学的起源与发展

人机工程学起源于人与工具或用品之间的简单关系。人类在使用工具或用品的过程中,依照自身的感受和经验，对其进行选择和改进，使其越来越便于使用。下面将按照时间的脉络来简述人机工程学学科的发展历程。

在远古时代，人们就已在无形中运用了人机工程学。原始人类最早使用的是刃部不规则、仅有少量功能的打制石器。到了新石器时代，人们开始将打制的石器刃部和表面磨光，出现刃部规则、功能较强及使用较为便利的磨制石器。后来人们又把磨制的石器固定在木柄上，方便了手的持握，同时也提高了打击的距离和力量。

战国时期的《考工记》指出：各种兵器握柄的形状应随其用途的不同而异。用来刺杀的武器，如枪和矛，其手柄的截面应是圆形的，这样在刺杀中就不会因为手柄在某一方向扁薄而挠曲；用来劈杀、钩杀的武器，如大刀和戟，由于使用时具有一定的方向性，所以手柄的截面就应做成椭圆形，这样在使用中才不易转动，而且士兵能通过手柄的形状感知刀刃和钩头的方向。

到了工业革命时期，大机器生产方式在实现了高效率的同时，也产生了比过去复杂得多的人机关系。人如何适应机器的速度和要求以创造出更高的劳动生产率，成为人们关注的问题。1857 年，波兰人亚斯琴博夫斯基(Jastrzebowski)建立劳动学(ergonomics)，用劳动学表示"以最小的劳累达到丰富的结果"。他提出人的生命力应当以科学的方式从事劳动，为此应当发展专门的学科，使人们以最小的劳累为自己和大家共同的福利获得最大的成果与最高的满意度。19 世纪末 20 世纪初，欧美一些学者和研究机构以减少事故、提高劳动生产率为目的，对工人在劳动过程中的生理和心理等方面进行了研究。例如，1898 年美国学者泰勒(F.W.Taylor)进行了"铁锹作业试验"，他用四种装煤量的铁锹对铲煤作业进行试验，以研究哪种装煤量的铁锹作业效率最高。1911 年，泰勒深入研究了人的操作方法，并从管理的角度制定了相应的操作制度，即泰勒制。1911 年美国人吉尔布雷思(F.B.Gilbreth)夫妇对建筑工人砌砖作业进行了研究，通过快速摄影机将工人砌砖动作拍摄下来，对动作过程进行分析研究，去掉无效动作，使砌砖速度由每小时 120 块提高到 350 块。泰勒和吉尔布雷思夫妇的研究成果后来发展为人机工程学的重要分支，称为动作与时间的研究。与此同时，美国心理学家芒斯特伯格(H.Munsterberg)最先将心理学应用于工业生产，并于 1912 年出版了其代表作《心理学与工业效率》。尽管泰勒和吉尔布雷思夫妇早期的研究方法和理论为人机工程学的产生奠定了基础，但其研究目的更倾向于使人适应机器或工作要求，因此受到了很多社会学家的反对和质疑。

第二次世界大战期间，使人适应机器或工作要求的设计思想遇到严峻挑战。设计者片面注重武器装备的功能，而忽略了人的因素和人的适应极限，导致由设计不当或操作过于复杂而引发的事故频繁发生。例如，第二次世界大战中仅在 22 个月内就有超过 400 起由于飞机起落架控制器和副翼控制器的识别混淆而引起的飞机事故。研究表明：即使是通过各种测试手段为作战任务选拔和训练合适的人员以及改良作战人员的训练程序，操作人员还是无法安全操控某些复杂的机器设备。频发的事故使人们认识到只有当机器设备符合使用者的生理、心理特征和能力限度时，才能发挥武器的效能，避免事故的发生。因此，在军事领域率先开展了与"人的因素"相关的研究，力争使机器或工作适应于人，这预示着人机工程学发展成为一门独立学科时期的到来。第二次世界大战结束后，人机工程学的研究与应用领域也逐渐从军事领域向非军事领域扩展。

1945 年，美国陆军航空队和美国海军正式成立了工程心理学实验室，广泛研究感知(尤其是视觉)和肌肉控制问题。同时,人机工程学在英国也得到医学研究委员会及科学和工业研究部门的鼓励与扶持,并作为一个专业正式诞生。

1949 年,英国成立工效学学会(Ergonomics Research Society),并于 1957 年发行工效学会刊 *Ergonomics*。

1957 年,美国成立人类因素工程学会,并发行会刊 *Human Factors*。

1959 年,国际人类工效学学会成立,标志着人机工程学已发展成一门成熟、独立的学科。

1961 年,国际人类工效学学会在瑞典斯德哥尔摩举行了第一届国际人类工效学会议,世界范围内的人机工程学研究进入了一个新的发展阶段。

1963 年,日本成立人间工学研究会。

发表的有影响力的著作如下。

1949 年,被称为人机工程学之父的查帕尼斯等出版了第一部人机工程学著作《应用实验心理学:工程设计中的人因》(*Applied Experimental Psychology: Human Factors in Engineering Design*)。

1955 年,美国学者尼贝尔(B. W. Niebel)等出版了《方法、标准与作业设计》(*Methods, Standards, and Work Design*)。目前已出第 11 版,是一本优秀的人机学教材。

1957 年,美国工程心理学家麦考密克(E. J. McCormick)出版了教材《人机工程学》(*Human Engineering*)。目前已出第 7 版,书名已改为《工程和设计中的人因学》(*Human Factors in Engineering and Design*)。该书目前仍被许多大学作为人机工程学教科书使用。

1961 年,美国设计师德赖弗斯(H. Dreyfuss)总结出版了《人的尺度》(*The Measure of Man*)一书,建立了作为人机工程师基本工具的人体数据以及人体比例和功能的人机工程学体系。

20 世纪 60~70 年代,人机工程学应用于太空探索领域。对于人在失重、超重等环境下的操控能力、思维能力、观察能力、判断能力、生存能力和生存极限等的研究促进了人机工程学的发展。例如,1967~1973 年,美国设计师罗维(R. Loewy)被聘为美国宇航局常驻顾问,进行有关宇宙飞船内部设计、宇航服设计及有关飞行心理方面的研究工作,以确保在极端失重情况下宇航员的心理和生理的安全与舒适。

随着人机工程学在工业中应用的日益广泛,20 世纪 60~80 年代,人机工程学研究组织由 500 个发展到 3000 个。人机工程学研究涉及的专业和学科也扩展到解剖学、生理学、心理学、工业卫生学、工业与工程设计、建筑与照明工程和管理工程、核电和化工等众多领域。1975 年,国际标准化组织(International Organization for Standardization, ISO)设立了人机工程学技术委员会,负责制定人机工程学方面的标准,世界各国也根据自己的具体情况制定了相关人机工程学标准和规范。在舰船领域,国际标准化组织颁布了 *Ships and marine technology——Ship's bridge layout and associated equipment——Requirements and guidelines*,我国颁布了 GD 22—2013《船舶人体工程学应用指南》;在核电领域,美国核管会颁布了 *NUREG 0700 Human-System Interface Design Review Guidelines*,我国颁布了 HAFJ0055《核电厂控制室设计的人因工程原则》等。

认知科学的发展为人机工程学学科提供了更多人机工程学的研究方法和有关人的研究数据。其中认知心理学是认知科学的三个核心学科之一,它以信息加工观点为核心,对一切认知或认知过程进行研究,包括感知觉、注意、记忆、思维和言语等。信息加工观点就是将人脑看作信息加工系统,通过信息的输入和输出、储存和提取,依照一定的程序对信息进行加工，进而揭示认知过程的内部心理机制，揭示操作者的信息加工能力的限度。基于认知的观念对人机工程学及应用进行研究，更容易实现技术或产品的人性化设计。此外，计算机技术的革命也给人机工程学的发展带来了机遇及挑战，计算机相关设备设计、用户友好界面、信息显示方式以及新技术对人的影响等已成为人机工程学的重要研究课题。

20世纪30年代，虽然我国心理学家陈立出版了工业心理学的专著《工业心理学概观》，但该学科直到80年代初才进入较快的发展时期。1980年4月，国家标准局成立了全国人类工效学标准化技术委员会，统一规划、研究和审议全国有关人类工效学的基础标准的制定。1984年，国防科工委成立了国家军用人—机—环境系统工程专业标准化技术委员会。1989年，我国正式成立了与国际人类工效学学会相应的国家一级学术组织——中国人类工效学学会（Chinese Ergonomics Society，CES）。1993年，中国系统工程学会人—机—环境系统工程专业委员会成立。1995年9月创刊了学会会刊《人类工效学》季刊。2009年，中国人类工效学学会承办了第17届国际人类工效学大会。我国的人机工程学研究虽然起步晚，但是发展迅速，许多科研院所都成立了专门的人机工程研究机构。目前人机工程学已在航空航天、兵器、能源、交通运输、电子信息、工程机械和日常生活用品等军用与民用领域得到了广泛应用。

1.3　人机工程学的研究内容及应用领域

1.3.1　研究内容

从人—机—环境系统角度出发，可以将人机工程学研究内容分为人的特性、机的特性、环境特性、人—机关系、人—环境关系、机—环境关系，以及人—机—环境系统七个方面，参见图1-1。

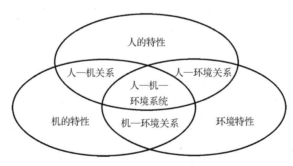

图 1-1　人机工程学的研究内容

1. 人的特性的研究

人的特性是研究人—机—环境系统的基础。人的特性的研究目标是统一考虑工作效率、人的健康、安全和舒适等问题。因此必须了解人体动静态尺寸、人的感觉机能及其特征、信息加工特性、运动与反应特性、人的可靠性、人的控制模型和决策模型等。不仅要研究人的物理、生理和心理特性，还要研究人的社会属性，包括宗教信仰和民族习惯等。

2．机的特性的研究

机的特性包括建立机器的动力学模型、运动学模型。机的特性主要研究机器的特性对人、环境和系统性能的影响；机器的防错纠错设计；机器的可靠性研究。

3．环境特性的研究

环境特性包括环境检测技术、监控技术、预测技术。环境因素能直接或间接影响人的工作和机器的运行。不良的环境因素通过对人生理和心理的影响，使人疲劳、反应速度减慢、工作效率下降、人为失误增加；恶劣的环境也会影响机器的性能、运行的稳定性和安全性以及寿命，甚至威胁到人的生命和机器的安全。

对于环境特性的研究，主要目的是控制对人和机器造成不良影响的各种环境因素，减少环境因素对操作人员和机器的不良影响。

4．人—机关系的研究

人—机关系是人—机—环境系统中的主要研究内容，主要包括显示器和操纵器设计、人机功能分配、人机界面设计与优化、人机特性协调、人机系统可靠性和人机系统安全性等。

5．人—环境关系的研究

这是研究温度、湿度、振动、噪声、有害气体、颗粒物、照明和色彩等环境对人的影响及防护技术。寻求控制、改善和抵御不良环境的方法，不仅要保护人的安全与健康，还要寻求人与环境间最优化、最和谐的关系。

6．机—环境关系的研究

这是研究机器和环境的相互作用、相互影响，寻求机器和环境共生的最佳途径。

7．人—机—环境系统性能的研究

把人、机和环境作为人机系统中的三大要素，从系统的角度对其进行全面规划和控制，保证人、机器设备和环境的相互协调，创造最优化的人机关系、最佳的系统工效和最舒适的工作环境。主要研究内容包括人—机—环境系统总体性能的分析和评价。

从更广泛的意义上看还应该包括：人—人关系的研究，如人员之间的组织关系对作业效能的影响；机—机关系的研究，如机器之间的电磁兼容性；环境—环境关系的研究，如微环境与外部环境之间的关系等。本书从人—机—环境系统的角度出发，基于人的生理和心理特性对人机工程学的理论与方法进行阐述。

1.3.2　应用领域

人机工程学的应用领域应该包括有人类参与活动的各个领域。因此，很难将其一一列出。而且随着人类活动触角的延伸，其应用领域还将不断扩大。只要有人类活动的地方，都应该进行人机工程学的设计与评价，以确保人类能安全、高效、舒适地生活和工作。

美国国家研究委员会的一项调查显示，人机工程学专家主要集中在计算机、航天、工业过程、健康与安全、通信、运输这六个领域。各个领域人机工程学专家的比例参见表 1-1。

表 1-1　人机工程学专家在各个领域人数的百分比

工作领域	占被调查者的百分比/%	工作领域	占被调查者的百分比/%
计算机	22	通信	8
航天	22	运输	5
工业过程	17	其他	17
健康与安全	9		

1.4　人机工程学的研究方法

人机工程学广泛采用各学科的研究方法，包括人体科学、生物科学、系统工程、控制理论、优化理论和统计等学科的一些研究方法，同时也建立了一些独到的新方法。常用的方法可以归纳如下。

1. 观察法

观察法是在自然情景中对人的行为进行有目的、有计划的系统观察和记录，然后对所做记录进行分析，发现人的活动和发展规律的方法。观察法可以观察到被试者在自然状态下的行为表现，结果真实。例如，观测作业的时间消耗，流水线生产节奏是否合理，工作日的时间利用情况等。

2. 实验法

在控制条件下对某种行为或者心理现象进行观察的方法。实验法分为实验室实验法和自然实验法。

(1)实验室实验法。它是在特设的实验条件中，借用各种仪器设备，严格控制各种条件进行实验的研究方法。实验室实验的最大优点是能够精密地控制实验的条件，精确地揭示变量之间的因果关系。例如，在风洞实验室进行的飞行器测力实验、测压实验、传热实验、动态模型实验和流态观测实验等。

(2)自然实验法。也称现场实验法，是在自然条件下，对某些条件加以有限的控制或改变，从而进行研究的方法。它简便易行，所得结果比较符合实际。例如，在作业现场进行测试，即可得到某种按钮开关的按压力、手感和舒适感等数据。

3. 物理模拟和模型试验法

当机器设备比较复杂时，常用物理模拟和模型试验法进行人机系统的研究。与采用实体进行研究相比，模拟或模型可以进行符合实际的研究，而且更加廉价和安全。例如，飞行模拟器可以模拟危急情况，训练飞行员对特殊情况的处理，即使操作失误也不会危及装备及人员的安全；训练不受气候、地域和环境的限制；可以对飞行员的难点项目进行反复练习，大大缩短飞行员的受训时间。有统计数据表明，采用飞行模拟器训练的费用只有实际飞行训练费用的1/70。

4. 计算机仿真法

计算机仿真法是在计算机上利用系统的数学模型进行仿真性实验研究的方法。研究者可对尚处于设计阶段的设备系统进行仿真，并就系统中的人—机—环境三要素的功能特点及其相互间的协调性进行分析，从而预知所设计的机器设备的性能，并改进设计。应用计算机仿真法进行研究，能大大缩短设计周期，降低研发成本。例如，在汽车研制阶段，就可以应用计算机仿真出三维虚拟模型，并对其进行人机评价、做出快速准确的判断，提出改进意见。三维虚拟模型代替了费时费力且成本高昂的原型样车的制造，从而节省了高额成本投入，并将研发周期缩短了数个月。

5. 分析法

分析法是对人机系统已取得的资料和数据进行系统分析的一种研究方法。目前，人机工程学研究常采用如下几种分析法：瞬间操作分析法、知觉与运动信息分析法、频率分析法、危象分析法、相关分析法、调查研究法、系统分析与评价法、联系链分析法等。

(1) 瞬间操作分析法。操作过程一般是连续的，因此人机之间的信息传递也是连续的。但要分析这种连续传递的信息比较困难，因而只能用间歇性的分析测定法，即用统计方法中随机抽样法，对操作者与机器之间在每一间隔时刻的信息进行测定后，再用统计推理的方法加以整理，从而得到对改善人机系统有益的资料。

(2) 知觉与运动信息分析法。外界给人的信息首先由感知器官传到神经中枢，经大脑处理后产生反应信号，再传递给肢体对机器进行操作，被操作的机器状态又将信息反馈给操作者，从而形成一种反馈系统。知觉与运动信息分析法就是对此反馈系统进行测定分析，然后用信息传递理论来阐明人机间信息传递的数量关系。

(3) 频率分析法。对人机系统中的装置、设备等机械系统使用的频率进行测定和分析，其结果可作为调整操作者负荷的参考依据。

(4) 危象分析法。对事故或近似事故的危象进行分析，特别有助于识别容易诱发错误的情况，同时也能方便地查找出机器设备系统中存在的原本需要用复杂的研究方法才能发现的问题。

(5) 相关分析法。在分析方法中，常常要研究两种变量，即自变量和因变量。用相关分析法能够确定两个以上的变量之间是否存在统计关系。利用变量之间的统计关系可以对变量进行描述和预测，或者从中找出合乎规律的东西。由于统计学的发展和计算机的应用，相关分析法已成为人机工程学研究的一种常用方法。

(6) 调查研究法。调查研究法是用各种调查方法来抽样分析操作者或使用者的意见和建议，调查研究法包括访谈调查和问卷调查等。通过对调查结果的统计分析，对系统进行认知和评价。

(7) 系统分析与评价法。系统分析与评价法是将人—机—环境作为一个整体，对系统进行分析和评价。系统分析包括作业环境分析、作业空间分析、作业方法分析、作业组织分析和作业负荷分析等。系统评价是以人的主观感受对人—机—环境系统进行综合评价，它强调了人是最终使用者的思想。系统评价方法主要有神经网络法、模糊理论、灰色理论、主成分分析法和数据包络分析法等。

(8) 联系链分析法。联系链分析法是用于人机界面设计与评价的方法。联系链分析法将人与人机界面中各显示器、操纵器之间的联系用链值的大小进行排列，链值大者代表该显示器、操纵器的重要程度和使用频率高，应该布置在易于观察和操纵的区域内。

习题与思考题

1-1　简述人机工程学的定义及发展过程。

1-2　人机工程学的主要研究内容是什么？

1-3　人机工程学的应用领域有哪些？

1-4　人机工程学的研究方法有哪些？

1-5　实验室实验法和自然实验法各有什么特点？

 参考答案

第2章 人体尺寸测量与统计函数

人体尺寸测量与统计是通过测量人体各部位尺寸来比较个体与个体之间、个体与群体之间以及群体与群体之间在人的形态特征和肢体活动范围上的差异。人体尺寸测量包括人体构造尺寸测量和人体功能尺寸测量。

人体构造尺寸，又称人体静态尺寸。人体构造尺寸测量是指人在静止状态(站、坐、跪、卧、蹲等规定姿态)下所进行的人体尺寸测量。

人体功能尺寸，又称人体动态尺寸。人体功能尺寸测量是指人在动作状态下所进行的人体尺寸测量，如人在某种操作活动中测量的动作范围尺寸。图 2-1 是由人体测量与统计得到的站姿人体功能尺寸。

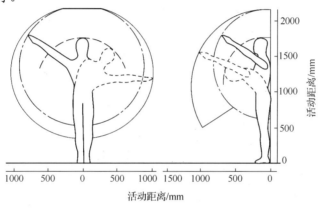

图 2-1　站姿人体功能尺寸

2.1　人体尺寸测量基本知识

人体尺寸测量是指应用计测量工具，对人体各部位的构造尺寸和功能尺寸进行测量，以获得人体外部形态特性和肢体活动范围特性的一种方法。为了使产品设计符合人的尺寸特征，设计者必须了解人体测量与统计的基本知识。

2.1.1　人体测量基本术语

国标 GB/T 5703—2010《用于技术设计的人体测量基础项目》规定了人机工程使用的测量术语。只有被测者在姿势、测量基准面、测量方向和测点均符合要求的前提下，测量数据才是有效的。

1. 被测者姿势

(1)立姿。身体挺直，头部以法兰克福平面(Frankfurt horizontal plane，FH 平面)定位，眼睛平视前方，肩部放松，上肢自然下垂，手伸直，掌心向内，手指轻贴大腿侧面，左、右足后跟并拢，前端分开大致呈 45°夹角，体重均匀分布于两足。

(2)坐姿。躯干挺直,头部以法兰克福平面定位,眼睛平视前方,膝弯曲大致成直角,足平放在地面上。

　2. 测量基准面

　人体测量基准面的定位是由三个互相垂直的基准轴(垂直轴、纵轴和横轴)来确定的。人体测量基准面和基准轴见图 2-2。

　(1)矢状面:人体前后方向的正中平面(正中矢状面)或平行于它的平面(侧矢状面)。

　(2)冠状面:过身体的一点,垂直于正中矢状面的几何平面。冠状面将人体分成前、后两个部分。

　(3)水平面:与矢状面和冠状面同时垂直的所有平面。水平面将人体分成上、下两个部分。

　(4)法兰克福平面:当头的正中矢状面保持垂直时,两耳屏点和右眶下点所构成的标准水平面,也称眼耳平面(图 2-3)。

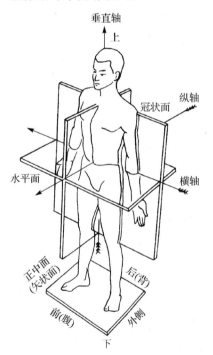

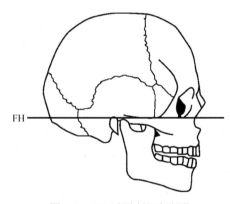

图 2-2　人体测量基准面和基准轴　　　　　　图 2-3　FH 平面(眼耳平面)

　3. 测量条件和工具

1)测量条件

下列测量条件应与测量数值结果同时记录。建议对测量项目和过程进行拍照或详细绘图。

　(1)被测者的衣着。测量时,被测者应裸体或尽可能少着装,且免冠赤足。

　(2)支撑面。站立面(地面)、平台或坐面应平坦、水平且不变形。

　(3)身体对称。对于可以在身体任何一侧进行的测量项目,建议在两侧都进行测量,如果做不到,应注明此测量项目是在哪一侧测量的。

2）测量工具

推荐的标准测量工具包括人体测高仪（包括圆杆直脚规和圆杆弯脚规）、直脚规、弯脚规、体重计和软尺。

3）其他条件

胸部及其他受呼吸影响的项目宜在被测者正常呼吸状态下进行测量。

4．基本测点及测量项目

在 GB/T 5703—2010《用于技术设计的人体测量基础项目》中规定了人机工程使用的有关人体测量参数的测点及测量项目，其中人体测量参数的测点 40 项，包括头部测点 13 项、躯干部和四肢部的测点 27 项；人体测量参数基础项目 56 项，包括立姿测量项目 12 项、坐姿测量项目 17 项、特定部位的测量项目 14 项、功能测量项目 13 项。关于测点和测量项目的定义说明可参阅该标准的相关内容。

此外，GB/T 5703—2010《用于技术设计的人体测量基础项目》对上述 56 个测量项目的具体测量方法和各个测量项目所使用的测量仪器作了详细的说明。凡需要进行测量时，必须按照该标准规定的测量方法进行测量，其测量结果方为有效。

5．测量值读数精度

线性测量项目的测量值读数精度为 1mm，体重的读数精度为 0.5kg。

2.1.2　人体尺寸测量方法

人体尺寸测量的主要方法有直接测量法、摄影法和三维数字化测量法。

1．直接测量法

直接测量法一般采用人体测量用的人体测高仪、直角规、弯角规、三角平行规、坐高椅、量足仪、角度仪、软卷尺以及医用磅秤等仪器进行人体尺寸数据测量。其测量数据通常采用人工方式处理，或者人工输入计算机进行处理。直接测量法主要用来测量人体构造尺寸。

2．摄影法

人体功能尺寸随姿势变化而变化，直接测量方法难以进行测量，故采用照相机或摄像机等作投影测量。摄影法测量原理见图 2-4。被测者站在带有光源的投影板前，投影板上刻有 $1cm^2$ 的方格，照相机或摄像机与投影板的距离 d 通常大于被测者身高 10 倍以上。对被测者拍摄完毕后，在照片上以投影板的方格数为依据计算人体尺寸值，并根据被测者与投影板之间的距离计算修正系数，以便得到更为准确的人体尺寸。摄影法常用于人体功能尺寸测量。

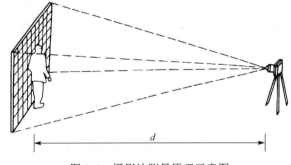

图 2-4　摄影法测量原理示意图

3．三维数字化测量法

三维数字化人体测量分为接触式和非接触式两种。接触式测量方法是通过探测针接触被测者的人体表面，测量人体表面点的空间位置，并记录下探测针所测点的 X、Y、Z 坐标。非接触式测量方法是通过三维空间扫描技术得到高解析度的三维人体模型数据方法。

与接触式测量相比，非接触式人体测量方法的效率较高，如德国的 TechMath 扫描仪可在 20 秒内完成扫描过程，能捕捉人体的 80000 个数据点，获得人体 85 个部位的相关尺寸值，误差小于±0.2mm。

2.1.3 人体尺寸测量仪器

1. 直接测量法测量仪器

我国对人体尺寸测量专用仪器制定了标准 GB/T 5704—2008《人体测量仪器》。该标准规定了直接测量法常用人体测量仪器的结构、测量范围、技术要求、检定规程以及包装与标志。该标准适用于人体测高仪、直脚规、弯脚规、三脚平行规的设计和研制。

1）人体测高仪

人体测高仪主要是用来测量身高、坐高、立姿和坐姿的眼高以及伸手向上所及的高度等立姿与坐姿的人体各部位高度尺寸。人体测高仪由直尺、固定尺座、活动尺座、弯尺、主尺杆和底座组成，如图 2-5 所示。若将两支弯尺分别插入固定尺座和活动尺座，与构成主尺杆的第一、第二节金属管配合使用时，即构成圆杆弯脚规，可测量人体各种宽度和厚度，详细方法参见国家标准 GB/T 5704—2008。

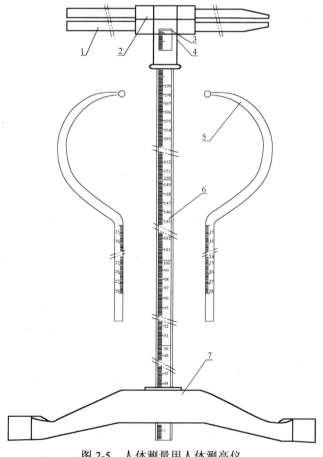

图 2-5 人体测量用人体测高仪

1-直尺；2-固定尺座；3-管型尺框；4-活动尺座；5-弯尺；6-主尺杆；7-底座

2)直脚规

直脚规用来测量两点间的直线距离,适用于测量距离较短、不规则部位的宽度或直径,如测量耳、脸、手和足等部位尺寸。直脚规由固定直脚、活动直脚、主尺和尺框等组成。直脚规根据有、无游标读数分Ⅱ型和Ⅰ型,而无游标读数的Ⅰ型又根据测量范围的不同,分为ⅠA和ⅠB两种型式。直脚规基本结构如图 2-6 所示,测量参数范围和读数值见表 2-1。

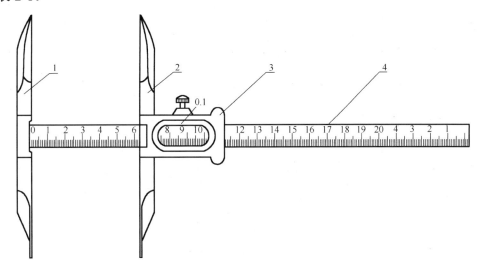

图 2-6　人体测量用直脚规

1-固定直脚；2-活动直脚；3-尺框；4-主尺

表 2-1　测量参数范围和读数值 　　　　　　　　　　（单位：mm）

型式	测量范围	读数值	分辨力
ⅠA 型	0～200	1	0.1
ⅠB 型	0～250	1	0.1
Ⅱ 型	0～200	0.1	0.1

3)弯脚规

弯脚规适用于不能直接以直尺测量的两点间距离的测量,如测量肩宽、胸厚等部位尺寸。弯脚规测量范围为 0～300mm,读数值为 1mm。按其脚部形状的不同分为椭圆体型(Ⅰ型)和椰尖端型(Ⅱ型),图 2-7 为人体测量用Ⅱ型弯脚规。

4)三脚平行规

三脚平行规用于测量额矢状弦,额矢状弧的高,顶矢状弦,顶矢状弧的矢高,枕矢状弦,枕矢状弧的矢高,鼻骨高、宽的最小值,中部面宽与额上颌高等。三脚平行规的型式按量脚形状的不同,分为Ⅰ型(直脚型)和Ⅱ型(弯脚型),测量参数范围和读数值见表 2-2。

2. 三维人体扫描仪

三维人体扫描仪由平台、传感器、计算机工作站、标准接口及处理软件构成。扫描参数的设置及整个扫描过程全部由软件控制,软件系统能测量、排列、分析、存储和管理扫描数据,免去了后期人工录入计测数据的繁杂劳动。

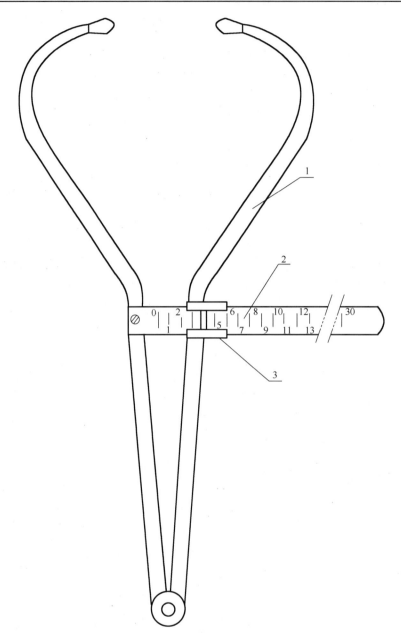

图 2-7　人体测量用 Ⅱ 型弯脚规

1-弯脚；2-主尺；3-尺框

表 2-2　测量参数范围和读数值　　　　　　　　（单位：mm）

型式	主尺		竖尺	
	测量范围	读数值	测量范围	读数值
Ⅰ型	0～220	0.1	−50～50	0.1
Ⅱ型	0～220	0.1	−50～50	0.1

　　国际上常用的人体扫描仪有 Vitronic-Vitus、Cyberware-WB4、SYMCAD、Turbo Flash/3D、TC2-3T6 和 TechMath-RAMSIS 等。人体扫描仪产品主要有三维人体扫描仪、三维头部扫描

仪以及三维足部扫描仪等。三维人体扫描仪的测量空间范围可达 1200mm×800mm×2100mm，x、y、z 轴方向上的分辨率均可达到 2mm，通常在 20 秒左右即可完成一次扫描，扫描效率高。图 2-8 为 Cyberware 三维全身扫描仪。与其相配套的 Models WB4 和 Model WBX 软件系统能测量、分析、存储与管理扫描数据。三维人体扫描得到的三维人体模型可以输出为 3D Studio &3D Studio MAX、ASCII、Digital Arts、DXF、DXF（3D faces）、IGES、Inventor、OBJ、PLY、SCR、STL、VRML 等格式文件，便于根据需要将这些数据应用于不同场合。

图 2-8　Cyberware 三维全身扫描仪

2.2　人体测量学统计函数

为使设计的产品适合于某一群体使用，需要采用这个群体的统计尺寸。在人体测量中所得到的测量值都是离散的随机变量，需要根据概率论与数理统计理论对测量数据进行统计分析，得到所需的某一群体尺寸的统计规律和特征参数。

1. 平均值

平均值是最常用的统计指标，又称为均值，一般用 $\bar{x}$ 表示，表示样本的测量数据集中地趋向某一个值。例如，我国成年男性平均身高为 1678mm，说明我国大部分成年男性的身高在 1678mm 左右。

群体中的个体称为样本，对于有 n 个样本的测量值 $x_1, x_2, \cdots, x_n$，其平均值 $\bar{x}$ 的计算公式为

$$\bar{x} = \frac{x_1 + x_2 + \cdots + x_n}{n} = \frac{1}{n}\sum_{i=1}^{n} x_i \tag{2-1}$$

2. 方差

方差又称均方差，一般用 S^2 表示，是描述测量数据在平均值上下波动程度的值。

方差表明样本的测量值是变量，既趋向均值而又在一定范围内波动。

对均值为 $\bar{x}$ 的 n 个样本，测量值 $x_1, x_2, \cdots, x_n$，其方差 S^2 的计算公式为

$$S^2 = \frac{1}{n-1} \sum_{i=1}^{n} (x_i - \bar{x})^2 \tag{2-2}$$

3. 标准差

为统一量纲，人们常用标准差 S 表示样本相对平均值的波动情况，即测量值集中与离散的程度。标准差小，表示各测量值接近平均值；标准差大，表示各测量值分散程度大，远离平均值。在人体测量学中，不但要测得平均值，还要通过一定的计算得到标准差值，这样才能完整表述被测群体的测量数据特征。

方差的平方根 S 称为标准差。对于均值为 $\bar{x}$ 的 n 个样本测量值 $x_1, x_2, \cdots, x_n$，其标准差 S 的计算可以对式(2-2)开平方，也可以采用数学上等效但计算简便的计算公式

$$S = \left[\frac{1}{n-1} \left(\sum_{i=1}^{n} x_i^2 - n\bar{x}^2 \right) \right]^{\frac{1}{2}} \tag{2-3}$$

4. 标准误差

标准误差又称抽样误差，即全部样本均值的标准差。在实际测量和统计分析中，通常很难对全部样本进行计测，常常是从全部样品中抽取一部分样本进行计测，称为抽样。由抽样的统计值来推测总体统计值时，抽样与总体的统计值一般不会完全相同，这种差别就是由抽样引起的，称为标准误差或抽样误差。

标准误差数值大，表明样本均值与总体均值的差别大；反之，说明其差别小，即均值的可靠性高。

由概率论可知，当样本数据的标准差为 S、样本数为 n 时，标准误差 $S_{\bar{x}}$ 的计算式为

$$S_{\bar{x}} = \frac{S}{\sqrt{n}} \tag{2-4}$$

5. 百分位数

百分位数又称百分位，是一种位置指标、一个界值，以符号 P_K 表示。一个百分位数将群体或样本的全部测量值分为两部分，有 $K\%$ 的测量值小于等于它，有 $(100-K)\%$ 的测量值大于它。

人体尺寸用百分位数表示时，称为人体尺寸百分位数，它表示某一测量数值所标志的群体数量与整个群体之间的百分比关系。最常用的是第5、第50、第95三种百分位数，分别用 P_5、P_{50}、P_{95} 表示。对人体身高尺寸而言，P_5 表示小身材，指有5%的人身材尺寸小于等于此值，而有95%的人身材尺寸大于此值；P_{50} 表示中身材，指大于和小于此值的人身材尺寸各为50%；P_{95} 表示大身材，指有95%的人身材尺寸小于等于此值，而有5%的人身材尺寸大于此值。

一般认为人体尺寸统计数据符合正态分布规律，因此，可以用平均值 $\bar{x}$ 和标准差 S 来计算某一百分位所对应的人体尺寸数据 P_v。

$$P_v = \overline{x} \pm (S \times K) \tag{2-5}$$

式中，K 为变换系数，当求第 1～50 百分位的数据时，取"–"号；当求第 50～99 百分位的数据时，取"+"号。设计中常用的百分位数与变换系数 K 的关系见表 2-3。

表 2-3　设计中常用的百分位数与变换系数 K 的关系

百分位/%	K	百分位/%	K	百分位/%	K
0.5	2.576	25	0.674	90	1.282
1.0	2.326	30	0.524	95	1.645
2.5	1.960	50	0.000	97.5	1.960
5	1.645	70	0.524	99.0	2.326
10	1.282	75	0.674	99.5	2.576
15	1.036	80	0.842		
20	0.842	85	1.036		

利用正态分布理论，还可以求出某一测量数据所属的百分位数 P，即

$$P = 0.5 + p \tag{2-6}$$

式中，p 为正态分布概率数值，可根据表 2-4 中的 z 值查得。

表 2-4 中的 z 值计算公式为

$$z = \frac{x_i - \overline{x}}{S} \tag{2-7}$$

式中，x_i 为测量值；$\overline{x}$ 为平均值；S 为标准差。

【例 2-1】 已知某群体身高统计数据，$\overline{x} = 1700\text{mm}$，$S = 15\text{mm}$，求：

(1) 第 90 百分位数的身高数值；

(2) 身高 1685mm 所属的百分位数。

解:

(1) 计算第 90 百分位数的身高数值。

由表 2-3 查得 $K = 1.282$，由公式 (2-5) 有

$$P_{90} = 1700 + (15 \times 1.282) = 1719.23\text{(mm)}$$

即该群体第 90 百分位数的身高数值 $P_{90} = 1719.23\text{mm}$。

(2) 计算身高 1685mm 所属的百分位数。

由公式 (2-7) 得

$$z = \frac{x_i - \overline{x}}{S} = \frac{1685 - 1700}{15} = -1.0000$$

查表 2-4 知，$p = -0.3413$。

由公式 (2-6) 得

$$P = 0.5 + p = 0.5 - 0.3413 = 0.1587$$

即该群体中身高 1685mm 所属的百分位数为 15.87%。它说明在该群体中有 15.87%的人身高小于等于 1685mm，有 84.13%的人身高大于 1685mm。

表 2-4 正态分布概率数值表 （单位：mm）

z	0	1	2	3	4	5	6	7	8	9
0	0.0000	0.0040	0.0080	0.0120	0.0130	0.0199	0.0239	0.0279	0.0319	0.0359
0.1	0.0398	0.0438	0.0478	0.0517	0.0557	0.0597	0.0636	0.0675	0.0714	0.0754
0.2	0.0793	0.0832	0.0871	0.0910	0.0948	0.0987	0.1026	0.1064	0.1103	0.1141
0.3	0.1179	0.1217	0.1255	0.1293	0.1331	0.1368	0.1406	0.1443	0.1480	0.1517
0.4	0.1554	0.1591	0.1628	0.1664	0.1700	0.1736	0.1772	0.1808	0.1844	0.1879
0.5	0.1915	0.1950	0.1985	0.2019	0.2054	0.2088	0.2123	0.2157	0.2190	0.2224
0.6	0.2258	0.2291	0.2324	0.2357	0.2389	0.2422	0.2454	0.2486	0.2518	0.2549
0.7	0.2580	0.2612	0.2642	0.2673	0.2704	0.2734	0.2764	0.2794	0.2823	0.2852
0.8	0.2881	0.2910	0.2939	0.2967	0.2996	0.3023	0.3051	0.3078	0.3106	0.3133
0.9	0.3159	0.3186	0.3212	0.3238	0.3264	0.3289	0.3315	0.3340	0.3365	0.3389
1.0	0.3413	0.3438	0.3461	0.3485	0.3508	0.3531	0.3554	0.3577	0.3599	0.3621
1.1	0.3643	0.3665	0.3686	0.3708	0.3729	0.3749	0.3770	0.3790	0.3810	0.3830
1.2	0.3849	0.3869	0.3888	0.3907	0.3925	0.3944	0.3962	0.3980	0.3997	0.4015
1.3	0.4032	0.4049	0.4066	0.4082	0.4099	0.4115	0.4131	0.4147	0.4162	0.4177
1.4	0.4192	0.4207	0.4222	0.4236	0.4251	0.4265	0.4279	0.4292	0.4306	0.4319
1.5	0.4332	0.4345	0.4357	0.4370	0.4382	0.4394	0.4406	0.4418	0.4429	0.4441
1.6	0.4452	0.4463	0.4474	0.4484	0.4495	0.4505	0.4515	0.4525	0.4535	0.4545
1.7	0.4554	0.4564	0.4573	0.4582	0.4591	0.4599	0.4608	0.4616	0.4625	0.4633
1.8	0.4641	0.4649	0.4656	0.4664	0.4671	0.4678	0.4686	0.4693	0.4699	0.4706
1.9	0.4713	0.4719	0.4726	0.4732	0.4738	0.4744	0.4750	0.4756	0.4761	0.4767
2.0	0.4772	0.4778	0.4783	0.4788	0.4793	0.4798	0.4803	0.4808	0.4812	0.4817
2.1	0.4821	0.4826	0.4830	0.4834	0.4838	0.4842	0.4846	0.4850	0.4854	0.4857
2.2	0.4861	0.4864	0.4868	0.4871	0.4875	0.4878	0.4881	0.4884	0.4887	0.4890
2.3	0.4893	0.4896	0.4998	0.4901	0.4904	0.4906	0.4909	0.4911	0.4913	0.4916
2.4	0.4918	0.4920	0.4922	0.4925	0.4927	0.4929	0.4931	0.4932	0.4934	0.4936
2.5	0.4938	0.4940	0.4941	0.4943	0.4945	0.4946	0.4948	0.4949	0.4951	0.4952
2.6	0.4953	0.4955	0.4956	0.4957	0.4959	0.4960	0.4961	0.4962	0.4963	0.4964
2.7	0.4965	0.4966	0.4967	0.4968	0.4969	0.4970	0.4971	0.4972	0.4973	0.4974
2.8	0.4974	0.4975	0.4976	0.4977	0.4977	0.4978	0.4919	0.4979	0.4980	0.4981
2.9	0.4981	0.4982	0.4982	0.4983	0.4984	0.4984	0.4985	0.4985	0.4986	0.4986
3.0	0.4987	0.4987	0.4987	0.4988	0.4988	0.4989	0.4989	0.4989	0.4990	0.4990
3.1	0.4990	0.4991	0.4991	0.4991	0.4991	0.4992	0.4992	0.4992	0.4993	0.4993
3.2	0.4993	0.4993	0.4994	0.4994	0.4994	0.4994	0.4994	0.4995	0.4995	0.4995
3.3	0.4995	0.4995	0.4996	0.4996	0.4996	0.4996	0.4996	0.4996	0.4996	0.4997
3.4	0.4997	0.4997	0.4997	0.4997	0.4997	0.4997	0.4997	0.4997	0.4997	0.4998
3.5	0.4998	0.4998	0.4998	0.4998	0.4998	0.4998	0.4998	0.4998	0.4998	0.4998
3.6	0.4998	0.4998	0.4999	0.4999	0.4999	0.4999	0.4999	0.4999	0.4999	0.4999
3.7	0.4999	0.4999	0.4999	0.4999	0.4999	0.4999	0.4999	0.4999	0.4999	0.4999
3.8	0.4999	0.4999	0.4999	0.4999	0.4999	0.4999	0.4999	0.4999	0.4999	0.4999
3.9	0.5000	0.5000	0.5000	0.5000	0.5000	0.5000	0.5000	0.5000	0.5000	0.5000

2.3　人体尺寸测量数据的应用

人体统计函数给出了人体测量数据的统计值,在应用这些统计值进行具体的产品设计时,应该根据产品的类型正确选用。

2.3.1　人体尺寸测量数据的应用方法

1. 确定产品尺寸类型

GB/T 12985—1991《在产品设计中应用人体尺寸百分位数的通则》中将产品尺寸设计划分为Ⅰ型产品尺寸设计、Ⅱ型产品尺寸设计和Ⅲ型产品尺寸设计,其中Ⅱ型产品尺寸设计又分为ⅡA和ⅡB两种类型。

(1)Ⅰ型产品尺寸设计,需要两个人体尺寸百分位数作为尺寸上限值和下限值的依据,又称双限值设计。例如,在制订成年女鞋尺寸系列时,为了确定应该生产几个鞋号的鞋,应取成年女子足长的P_{95}和P_5为上下限的依据。

(2)Ⅱ型产品尺寸设计,只需要一个人体尺寸百分位数作为尺寸上限值或下限值的依据,又称单限值设计。

ⅡA型产品尺寸设计,只需要一个人体尺寸百分位数作为尺寸上限值的依据,又称大尺寸设计。例如,在设计门的高度、床的长度时,只要考虑到高身材人的需要,那么低身材的人使用时必然不会产生问题,所以应取身高P_{90}人体尺寸为上限值。

ⅡB型产品尺寸设计,只需要一个人体尺寸百分位数作为尺寸下限值的依据,又称小尺寸设计。例如,在确定工作场所采用的栅栏结构、网孔结构或孔板结构的栅栏间距,网、孔直径时,应取P_1人体尺寸为下限值。

(3)Ⅲ型产品尺寸设计,只需要第50百分位数作为产品尺寸设计的依据,又称平均尺寸设计。例如,在设计门的把手或锁孔离地面的高度、开关在房间墙壁上离地面的高度时,应取肘高的P_{50}为产品尺寸的依据。

2. 选择人体尺寸百分位数

在Ⅰ型产品尺寸设计和Ⅱ型产品尺寸设计中,人体百分位数的选择会影响产品的适用人群的范围。以Ⅰ型产品尺寸设计为例,选择P_{90}和P_{10}人体统计值作为上、下限值可以满足80%的人群需要。一般而言,产品尺寸适用范围越大,需要的成本往往也越高。因此,国标按产品尺寸设计的类型、重要程度和确定的适用人群范围来选择人体尺寸百分位数,如表2-5所示。

表 2-5　人体尺寸百分位数的选择

产品类型	产品重要程度	百分位数的选择	适用范围
Ⅰ型	涉及人的健康、安全的产品	选用 P_{99} 和 P_1 作为尺寸上、下限值的依据	98%
	一般工业产品	选用 P_{95} 和 P_5 作为尺寸上、下限值的依据	90%
ⅡA 型	涉及人的健康、安全的产品	选用 P_{99} 或 P_{95} 作为尺寸上限值的依据	99%或 95%
	一般工业产品	选用 P_{90} 作为尺寸上限值的依据	90%

续表

产品类型	产品重要程度	百分位数的选择	适用范围
ⅡB 型	涉及人的健康、安全的产品	选用 P_1 或 P_5 作为尺寸下限值的依据	99%或95%
	一般工业产品	选用 P_{10} 作为尺寸下限值的依据	90%
Ⅲ型	各种产品	选用 P_{50} 作为产品尺寸设计的依据	通用
成年男、女通用产品	各种产品	选用男性的 P_{99}、P_{95} 或 P_{90} 作为产品尺寸上限值的依据；选用女性的 P_1、P_5 或 P_{10} 作为产品尺寸下限值的依据	通用

3. 确定功能修正量

由于有关人体尺寸标准中所列的数据均为裸体或穿单薄内衣的条件下测得的，而设计中所涉及的人体尺寸应该是在着装时的人体尺寸。所以，应考虑由于鞋、帽、衣和手套等引起的高度、围度与厚度变化，也就是需要在人体尺寸上增加适当的着装修正量。此外，在人体测量时要求躯干为挺直姿势，而人在正常作业时躯干则为自然放松姿势，为此应考虑由于作业姿势不同而引起的变化量。功能修正量一般为正值，如着装修正量；但也可能为负值，如自然放松坐姿下的眼高。功能修正量通常用实验的方法求得。

例如，着衣修正量：坐姿时的座高、眼高、肩高、肘高加 6mm，胸厚加 10mm，臀膝距加 20mm。穿鞋修正量：身高、眼高、肩高、肘高对男子加 25mm，对女子加 20mm。姿势修正量：立姿时的身高、眼高等减 10mm，坐姿时的坐高、眼高减 44mm。

又如，在确定各种操纵器的布置位置时，应以上肢前展长为依据，但上肢前展长是后背至中指尖点的距离，因此对按按钮、推滑板推钮、搬动搬钮开关的不同操作功能应作如下的修正："按"减 12mm、"推"和"搬拨"减 25mm。

4. 确定心理修正量

为了克服人们心理上产生的压抑感、恐惧感等，或者为了满足营造威武和雄伟等心理需求，在产品最小功能尺寸上附加一项增量，称为心理修正量。心理修正量也是用实验方法求得的，一般是通过被测者主观评价表的评分结果进行统计分析，求得心理修正量。例如，在设计护栏高度时，对于 3～5m 高的工作平台，只要求护栏高度略微超过人体重心高度，就不会发生因人体重心高所致的跌落事故。但对于更高的工作平台，操作者就可能因恐惧心理而产生脚"发酸、发软"，手掌心和腋下"出冷汗"等心理障碍。因此，必须将护栏高度进一步加高，才能克服上述心理障碍。这项附加的加高量就属于心理修正量。

2.3.2 影响人体尺寸测量数据的因素

人体尺寸受年龄、性别、年代、地区与种族、职业等因素的影响。

1. 年龄

一般而言，男性 20 岁、女性 18 岁时，人体尺寸的增长结束。通常男性 15 岁、女性 13 岁时双手的尺寸就到了一定值。男性 17 岁、女性 15 岁时脚的大小也基本定型。此后，随着年龄的增长，女性人体身高从 25 岁开始出现衰退现象，男性人体身高从 30 岁开始出现衰退现象。

2. 性别

在男性与女性之间，人体尺寸、重量和比例关系都有明显差异。对于大多数人体尺寸，男性都比女性大些，但胸厚、臀宽、臀部及大腿周长，女性比男性的大。男女即使在身高相同的情况下，身体各部分的比例也不同。在设计中，以小身材男性的人体尺寸代替女性人体尺寸是错误的。

3. 年代

据调查，欧洲居民每隔 10 年身高增加 10～14mm，美国城市男性在 1973～1986 年的 13 年间身高增长 23mm。因此，在使用人体测量数据时，需考虑其测量年代，然后加以适当修正。

4. 地区与种族

不同的国家、地区和种族人体尺寸差异较大，即使是同一国家的不同地区也有差别。世界上身材最高的民族是生活在非洲的苏丹南部的北方尼洛特人 (Northern Nilotes)，平均身高达 1828.8mm；世界上身材最矮的民族是生活在非洲中部的皮格米 (Pygmy) 人，平均身高只有 1371.6mm。表 2-6 给出了第 5、50、95 百分位数男性坐姿的中国人与美国人人体尺寸对比。

表 2-6　P_5、P_{50} 和 P_{95} 中国和美国男性坐姿尺寸比较　　　　（单位：mm）

测量项目	P_5（男）		P_{50}（男）		P_{95}（男）	
	中国人	美国人	中国人	美国人	中国人	美国人
坐姿膝高	456	517	493	553	532	592
坐姿肘高	228	291	263	310	298	329
坐姿肩高	557	635	598	676	641	719
坐高	858	888	908	946	958	1006
坐姿眼高	749	788	798	839	847	893
坐姿大腿厚	112	206	130	223	151	243
臀膝距	515	554	554	593	595	638

5. 职业

不同职业的人，在身材大小及比例上也存在差异。例如，体力劳动者的平均身材尺寸比脑力劳动者的稍大些；军人和运动员的身材尺寸比一般工作人员要大些。也有一些人由于长期的职业活动改变了形体，其某些身体特征与普通人不同。对于不同职业所造成的人体尺寸差异在产品设计中必须予以注意。

2.4　设计用人体模板和模型

2.4.1　设计用人体模板

人体模板是人机系统设计中最常用的一种物理仿真模型，是根据人体测量数据进行处理和选择而得到的标准人体尺寸，利用塑料板或密实纤维板等材料，制成人体各个关节均可活动的人体模型。人体模板在人与机的相对位置设计和操作设计中能直观地表达人与机的位置关系、人体外形所占空间和各个关节的活动极限。

GB/T 15759—1995《人体模板设计和使用要求》中，根据人体尺寸把人体模板分为四个等级：一级采用女子第 5 百分位数身高；二级采用女子第 50 百分位数身高与男子第 5 百分位数身高重叠值；三级采用女子第 95 百分位数身高与男子第 50 百分位数身高重叠值；四级采用男子第 95 百分位数身高。GB/T 15759—1995 中给出了四个身高等级模板详细尺寸，需要时可以参照。

GB/T 14779—1993《坐姿人体模板功能设计要求》中，根据我国成年人人体身高尺寸的分布，将人体模板按男、女各划分为大身材、中等身材、小身材三个身高等级。

人体模板常用于校核驾驶室空间尺寸、方向盘等操纵机构的位置、显示仪表的布置等是否符合人体尺寸要求。例如，在汽车驾驶室设计中，可采用人体模板来校核驾驶室空间尺寸、方向盘等操纵机构的位置、显示仪表的布置等是否符合人体尺寸与姿势的要求，方便设计人员观察，并免去频繁的反复调整。

表 2-7 和图 2-9 为中国飞行员人体侧面模板控制尺寸。

表 2-7　中国飞行员人体侧面模板控制尺寸　　　　　　　　　　(单位：mm)

编号	尺寸名称	百分位数			编号	尺寸名称	百分位数		
		P_5	P_{50}	P_{95}			P_5	P_{50}	P_{95}
①	坐高	876	919	962	⑫	眼高	763	806	848
②	身长	1613	1693	1772	⑬	枕背距	3	26	49
③	顶颈距	256	263	270	⑭	眼枕距	169	182	195
④	颈肩距	90	93	96	⑮	胸背距	189	213	237
⑤	肩肘距	263	287	310	⑯	腹背距	179	217	256
⑥	肘腕距	242	259	277	⑰	膝背距	532	567	602
⑦	腕指尖距	154	168	182	⑱	踝跟距	53	61	68
⑧	髋膝距	379	397	415	⑲	足长	230	246	261
⑨	膝踝距	360	380	399	⑳	肩峰高	571	609	646
⑩	踝高	58	68	78	㉑	背突指尖距	766	818	870
⑪	颈髋距	560	585	610	㉒	腘窝距	384	412	439

2.4.2　设计用人体模型

目前已开发的三维数字化人体模型主要有两类：一类是人机工程评价专用的人体模型，如 JACK、CREW CHIEF 及 COBIMAN 等；另一类是三维建模软件自带的人体模型，如 UG NX 中的人体模型。数字化三维人体模型可以生成任意人体百分位数的人体模型，在计算机辅助设计阶段协助确定人机界面的主要尺寸，包括踏板、方向盘、操纵杆、仪表及控制按钮等零件的布置位置，仪表板布置和仪表板盲区的校核，并进行操作和视野合理性评价。

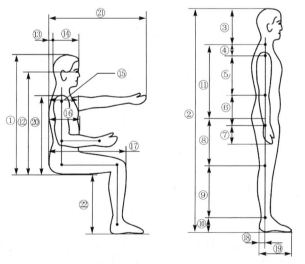

图 2-9　中国飞行员人体侧面模板控制尺寸编号

　　JACK 人体模型包含 88 个关节、17 个段，含有关节柔韧性、疲劳程度、视力限制等医学参数。用户可以根据需要选择 JACK 人体模型的性别及百分位数，可以直接操纵头、眼睛、肩膀、躯干、脚、臀部和脚部等关节，设定人体模型的姿态。通过程序来驱动人体模型行走、跑步或爬行，眼睛也可以像真人一样转动，变换视场的范围。NASA's Ames 在航天飞机和空间站的研究中采用了 JACK 软件进行可达性与可视性分析。JACK 软件人机评价功能强大，但是场景的三维建模能力有限。应用 JACK 软件进行人机工程评价时，一般是先在三维建模软件中建好场景模型，然后导入 JACK 软件中，再将 JACK 人体模型移动到指定位置进行可视域和可触及域分析。

　　为提高评价效率，UG NX、CATIA 等三维建模软件增加了自带的人体模型，允许用户在不离开设计环境的情况下就能对人体模型和场景进行装配、组合，对人的可触及范围等进行评估。

　　虽然上述商用人体模型为人机界面几何尺寸的设计和评价提供了极大的便利，但是，由于我国国家标准给出的人体尺寸计测项目较少，应用国外商用人体模型软件还不能生成标准的中国人人体模型，使得工程应用困难。所以，国内的研究机构根据各自的应用需要，开发了专用的人机工程评价人体模型。

习题与思考题

　　2-1　什么是人体构造尺寸和人体功能尺寸？在产品设计中各有哪些应用？请举例说明。

　　2-2　查阅 GB/T 5703—2010《用于技术设计的人体测量基础项目》，了解有关人体测量参数的测点及测量项目的定义和说明。

　　2-3　人体测量学的主要统计函数有哪些？

　　2-4　人体测量的主要方法有哪些？简述三维数字化测量法。

　　2-5　GB/T 12985—1991《在产品设计中应用人体尺寸百分位数的通则》对产品尺寸类型进行了怎样的划分？

　　2-6　在产品设计中如何选择人体的百分位数？举例说明。

　　2-7　对某群体男性的身高进行统计，得出平均身高为 $\bar{x}$ =1693mm，标准差 S=56.6mm，求该群体：

　　（1）第 95 百分位数身高的数值；

　　（2）身高 1700mm 所属的百分位数。

　　2-8　应用人体测量数据时为什么要进行功能修正和心理修正？

　　2-9　在产品设计中，影响人体百分位数选择的因素有哪些？

　　2-10　简述二维人体模板和三维人体模型在产品设计中的应用。

 参考答案

第3章 人的特性

人的特性是人机系统中的重要研究内容。人机工程研究人的特性，主要是为人机系统设计提供科学的依据。其中，人的感觉机能及其特征、人的信息加工特性、人的运动与反应特性等与人机系统的设计密切相关。

3.1 人的感觉机能及其特征

3.1.1 视觉机能及其特征

视觉器官的功能是识别视野内发光物体或反光物体的轮廓、形状、大小、远近、颜色和表面细节等。据估计，人脑获得的全部信息中，有80%以上来自视觉，由此可见视觉器官的重要性。人眼的基本结构如图3-1所示。

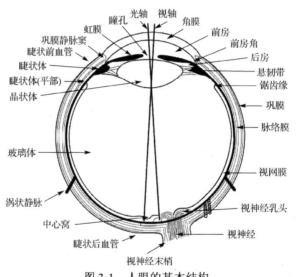

图 3-1 人眼的基本结构

人眼能够看到物体是因为物体把光反射到人的眼睛。光通过角膜进入人的眼睛。虹膜负责控制光的进入量，光强的时候，虹膜可使瞳孔收缩，以避免过多的光进入；光弱的时候，虹膜可使瞳孔放大，以便进入更多的光。晶状体的凸度可以由睫状体调节，因此在一定范围内，不同远近的物体都可以在视网膜上形成清晰的图像。图像刺激视网膜上的感光细胞，产生神经冲动，沿着视神经传送到大脑的视觉中枢。大脑的视觉中枢对接收到的图像进行分析和整理，产生具有形态、大小、明暗、色彩和运动的视觉。

1. 视角与视力

1) 视角

所谓视角，就是被注视物体的两端点光线射入眼球，光心交叉所形成的夹角(θ)，参见

图 3-2。视角与观察距离和所视物体两点距离有关，可表示为

$$\theta = 2\arctan\frac{L}{2D} \tag{3-1}$$

在设计时，视角往往是确定所设计物体尺寸大小的依据之一。

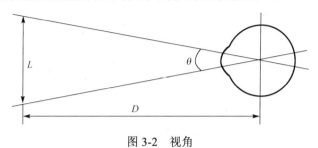

图 3-2 视角

2）视力

视力，也称视敏度、中心视力，是眼睛分辨物体细微结构的最大能力。视力是视觉机能的一个重要指标。例如，在设计仪表盘的最小刻度时，就应该考虑人的视力因素。

2. 视野

眼睛向前平直注视时能看到的空间范围称为视野。视野分为双眼视野和单眼视野。一般情况下，双眼视野是指单眼视野的公共部分，它位于水平视线两侧各 62° 的范围内。设计上一般以双眼视野为设计依据，这样做可以弥补单眼视野在左右两侧的盲区。

人眼的最敏锐视区是在标准视线两侧 1° 范围内。字识别的最大范围在标准视线两侧各 5°～10° 的范围内。人眼的轻松转动范围是在标准视线两侧各 15° 的范围内。人的水平视野和垂直视野如图 3-3 所示。人的实际视野范围是水平视野与垂直视野的综合。图 3-4 为光刺激下人的实际视野范围。

3. 双眼视野与立体视觉

双眼视物的优点是使视觉系统能感知物体的"厚度"，从而形成立体视觉。两眼观察同一物体时，两侧视网膜各形成一个完整的物像，它们按各自的视神经和视路传向神经中枢，再经大脑中枢综合处理后形成一个物像的感觉。例如，一个球形体在每只眼睛的视网膜上的像只是个圆平面，而左眼看球时对其左侧面看到的多一些，右眼看球时对其右侧面看到的多一些，这两个不完全相同的视觉信息经中枢神经系统综合后，就产生了有"厚度"的球的映像。当然，立体视觉的效果并不全是双眼视觉的作用，物体表面的光线反射情况和阴影等因素都会加强立体视觉的效果。

4. 视色觉、颜色恒常性、色觉视野、色盲及色弱

1）视色觉

人眼辨别颜色的机能称为视色觉。人的视色觉能够感受的光波称为可见光，其波长范围为 380～780nm。光波的长短表现为人对光的颜色感觉，光波的能量大小表现为人对光的亮度感觉。

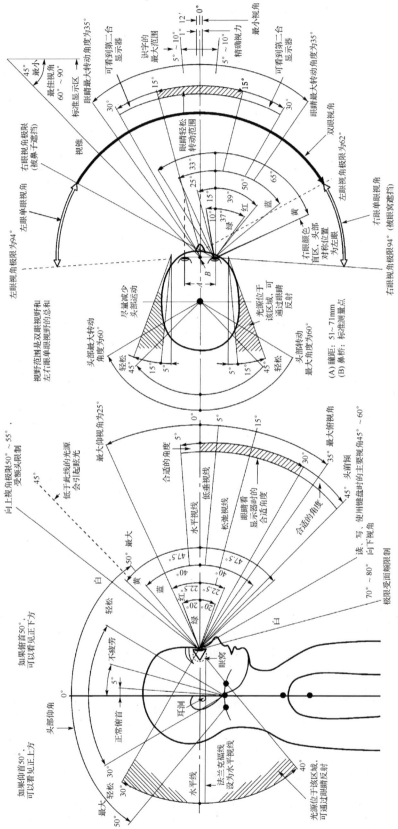

图 3-3　人的水平视野和垂直视野

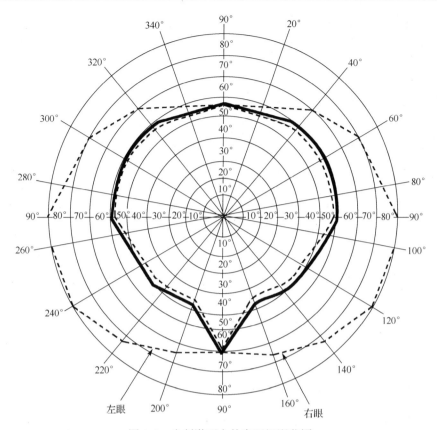

图 3-4　光刺激下人的实际视野范围

人类可以分辨 10000 多种颜色，但却记不住这些颜色。研究表明在一定条件下，人可以记住 30 种颜色，经过训练，人还可以记住更多的颜色。但是，人的颜色分辨力和颜色记忆力之间仍存在着巨大差异，它是人类颜色知觉的重要现象之一。因此，在用颜色定义或区分功能时，使用的颜色最多不能超过 11 种。

2) 颜色恒常性

颜色恒常性是指环境照明条件在一定范围内变化，而物体的颜色却保持相对不变的特性。人类视觉的颜色恒常性的最低标准是：当环境照明条件改变而物体的亮度没有大的变化时，同一物体表面的色调变化不超过 18%，饱和度变化不超过 30%。只要符合这个条件，人的视觉系统就将变化前后的颜色认为是同一颜色，即颜色恒常性。它给出了人类不混淆两种颜色的最低限度。

3) 色觉视野

色觉视野的范围与颜色有关。水平方向的色觉视野从大到小依次为：白色接近 180°、黄色 98°、蓝色 75°、红色 54°、绿色 47°。垂直方向的色觉视野从大到小依次为：白色 120°～135°、黄色 95°、蓝色 80°、红色 45°、绿色 40°。可见，白色视野最大，其次为黄色、蓝色、红色，绿色视野最小。

4) 色盲及色弱

缺乏辨别某种颜色的能力称为色盲。色盲以红色盲和绿色盲多见。红色盲者不能分辨红色，绿色盲者不能感受绿色。男性色盲者约占人口总数的 3.5%，女性色盲者约占人口总数的

0.8%。对某种颜色辨别能力较弱的称色弱。色弱者辨认颜色的能力迟缓或很差，在光线较暗时，有的几乎和色盲差不多。色盲或色弱者不宜从事有辨色要求的工作。

5．明视觉、暗视觉

由视网膜的锥体细胞(也称视锥细胞)获得的视觉称为明视觉。在光亮条件下，视网膜的锥体细胞能够分辨颜色和物体的细节。当刺激物作用于视网膜中央凹时视敏度最高，偏离中央凹 5° 时，视敏度降低接近一半，在偏离中央凹 40°～50° 的地方，视敏度只有中央凹的 1/20。视网膜一定区域的锥体细胞数量决定着视觉的敏锐程度。

由视网膜的杆体细胞(视杆细胞)获得的视觉称暗视觉。当亮度减低到一定程度时，锥体细胞将不能工作，由适宜于微光的杆体细胞起作用。杆体细胞不能分辨颜色与细节。

明视觉与暗视觉对照表如表 3-1 所示。

表 3-1　明视觉与暗视觉对照表

视觉	明视觉	暗视觉
感受器	锥体(约 700 万个)	杆体(约 12500 万个)
在视网膜上的位置	在中央凹	在中央凹的外围
功能	强光(如日光)	弱光(如夜光)
波长峰值	555nm(黄色)	505nm(绿色)
颜色视觉	有颜色	无颜色
对光强	低灵敏度	高灵敏度
空间分辨率	高敏锐性	低敏锐性

6．明适应和暗适应

人们都有这样的体验，当环境光突然由暗变亮时，会感到很耀眼，以至于无法辨别物体。同样，当环境光突然由亮变暗时，也需要一定时间才能慢慢看清物体。这种随环境光变化所产生的眼睛对新照度的适应能力就是适应性。明适应是指在光亮中视觉感受性很快下降的过程，暗适应是指人眼对低亮度环境的感受性缓慢提高的过程。

产生明适应和暗适应是锥体细胞与杆体细胞交替作用的结果。当环境亮度发生变化时，锥体细胞与杆体细胞的交替需要一定的时间，在这段时间内会出现暂时的"失明"现象。明适应需要的时间较短(0.5～1min)，暗适应需要的时间较长(完全适应需要 30～50min)。

7．眩光

视野内极高亮度的光源发出的光，或光源与背景亮度对比过大而引起视觉感受性降低的光，都称为眩光。眩光主要分为三种：直接眩光、反射眩光和对比眩光。直接眩光是由极亮的光源直接照射眼睛而产生的(图 3-5)。当光源与视线水平方向的夹角 $\theta \leqslant 45°$ 时，容易产生眩光。光源位置的眩光效应如表 3-2 所示。反射眩光是光线经过一些光滑物体表面反射到眼部引起的(图 3-6)。当光线与垂直方向的夹角 $\alpha \leqslant 40°$ 时，容易产生反射眩光。对比眩光是被视目标与背景明暗差别过大而造成的眩光。总之，引起眩光的主要原因是高亮度的刺激，视网膜的适应状态被破坏，角膜或晶状体等眼组织产生光散射，在眼内形成光幕。

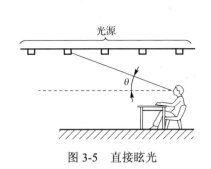

图 3-5 直接眩光

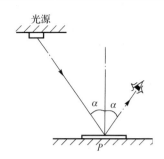

图 3-6 反射眩光

表 3-2 光源位置的眩光效应

角度范围/(°)	0~14	14~30	30~45	45~60	60
区域划分	极强眩光区	强烈眩光区	中等眩光区	微弱眩光区	无眩光区

防止眩光应采取如下措施。一是限制光源亮度。二是合理布置光源：对于直接眩光，使光源与视线水平方向的夹角 $\theta > 45°$；对于反射眩光，应通过变换光源位置或工作面位置，使眩光落在人的视线之外。三是使光源转为散射，使光线经灯罩、天花板或墙壁等漫射到工作场所。四是减少光源与环境的亮度反差，其亮度比不应超过 100∶1，以防止对比眩光的产生。五是采用佩戴护目镜等方式来防止眩光。

8. 视错觉

错觉是对客观事物不正确的知觉。在一定的条件下，人在感知事物的时候，会产生各种错觉，其中最常见的就是视错觉。当人们观察外界物体时，所得的印象与实际形状之间的差异就是视错觉。常见的视错觉有长度错觉、方位错觉、透视错觉、对比错觉、几何错觉、分割错觉、翻转错觉和色彩错觉等。

图 3-7 为常见的几种视错觉。图 3-7(a) 为长度视错觉，同样长度的线，感觉上短下长。图 3-7(b) 和图 3-7(c) 为方位视错觉。图 3-7(b) 两段线段本是在同一直线上，但由于受到垂直线的干扰，看起来已错位，不在一条直线上；图 3-7(c) 若干条相互平行的直线，由于在它们上面加了许多短线而产生不平行的感觉。图 3-7(d) 和图 3-7(e) 为对比视错觉。图 3-7(d) 两组中间的圆本是大小相同的，但看起来用小圆包围的中间圆显得大些；图 3-7(e) 方格之间的阴影实际上也并不存在。

9. 视觉疲劳与视觉损伤

(1) 视觉疲劳。当照度不足时，视觉活动过程开始放缓慢，视觉效率显著下降，这极易引起视觉疲劳，而且整个神经中枢系统和机体活动也将受到抑制。因此，长期在劣质光照环境下工作，会引起眼睛局部疲劳，产生眼痛、头痛、视力下降等症状。此外，长期从事近距离和精细作业的工作人员，由于长时间观看近物或细小物体，睫状肌必须持续地收缩以增加晶状体的曲度，引起视觉疲劳，甚至导致睫状肌萎缩，降低其调节能力。

(2) 视觉损伤。研究表明，眼睛能承受的可见光的最大亮度值约为 $10^6 cd/m^2$，若超过此值，人眼的视网膜就会受到损伤，300nm 以下的短波紫外线会引起紫外线性眼炎。紫外线照射 4~5h 会使眼睛充血，10~12h 会使眼睛剧痛而不能睁开。常受红外线照射会引起白内障。注视高亮度光源(如激光、太阳光等)会引起黄斑烧伤，有可能造成视力减退。低照度或低质量的光环境，会引起眼的折光缺陷或提早形成老花眼。眩光或照度剧烈而频繁变化的光会引起视觉机能的降低。

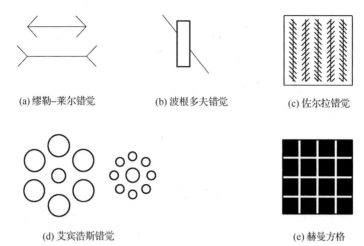

(a) 缪勒–莱尔错觉　　　　　　(b) 波根多夫错觉　　　　　　(c) 佐尔拉错觉

(d) 艾宾浩斯错觉　　　　　　　　　　　　(e) 赫曼方格

图 3-7　常见的几种视错觉

3.1.2　听觉机能及其特征

听觉器官的功能是分辨声音的强弱和高低，以及环境中声源的方向和远近。人类从外界接收的感觉信息中，除了视觉，其余大部分是通过听觉接收的。

1. **人耳的基本结构和听觉原理**

人耳分为外耳、中耳和内耳。对于人耳来说，只有 16～20000Hz 的振动才能产生声音的感觉。对于 500～4000Hz 频率的声波，人耳的感受性最强。

人耳的基本结构如图 3-8 所示，外耳包括耳郭及外耳道，是外界声波传入人耳的通路，有保护耳孔、集声和传声的作用。中耳包括鼓膜和鼓室，鼓室中由听小骨(包括锤骨、砧骨和镫骨)，以及与其相连的听小肌构成听骨链。另外，还有一条通向喉部的咽鼓管，其主要功能是维持中耳内部和外界气压的平衡及保持正常的听力。内耳中耳蜗是感声器官，它是个盘旋的管道系统，有前庭阶、蜗管和鼓阶三个并排盘旋的管道。

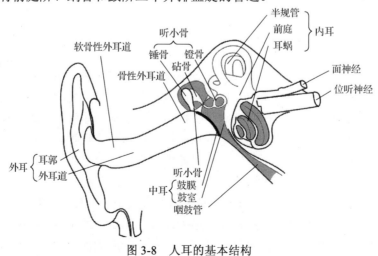

图 3-8　人耳的基本结构

外界的声波通过外耳道传到鼓膜，引起鼓膜振动，随后经听骨链的传递和放大后进入耳内，引起耳蜗中淋巴液的波动并引起基底膜的振动，使耳蜗科蒂氏器官中的毛细胞受到刺激而发放神经冲动。冲动经耳蜗听神经传入大脑皮质颞叶警觉中枢，产生听觉。科蒂氏器官是真正的声音感受装置，听神经纤维就分布在毛细胞下方的基底膜中，机械能在这里转变为听神经纤维上的神经冲动，并以神经冲动的不同频率和组合形式对声音信息进行编码，然后传送到大脑皮质听觉中枢产生听觉。

2. 声音的音调、音强和音色

声音具有音调、音强和音色三个特征。三者的互相组合，形成了许许多多不同的声音，使人们对外界各种复杂的声音能够加以辨别。

声波的频率决定音调，声波的振幅决定音强，声波的波形决定音色。人对频率的感觉很灵敏，对音强的感觉次之。频率小于500Hz或大于4000Hz、频率差达1%时，人耳就能分辨出来；频率为500~4000Hz、频率相差3%时，人耳即可分辨出来。而当一个声音比另一个声音的强度增加26%时，人才能分辨。

3. 声音的方位和远近

声源发出的声音到达两耳的距离不同或传播途中的屏障条件不同，声波传入两耳的时间和强度也不同。人耳利用这种强度差和时间差即可判断声源的方位。高频声的方位主要依据声音强度差判断，低频声主要依据时间差来判断。判断声源的距离主要依据人的主观经验。在危险情况下，正确运用声音特征指示声源位置，可以及时对危险情况进行处理，减少或避免事故的发生。

4. 听觉的适应和疲劳

听觉的适应是指声音较长时间作用于听觉器官时，使其感受性降低的现象。一般在声音停止刺激10s至几分钟后，听觉器官感受性恢复正常。当声音只作用于一侧听觉器官时，两耳都会发生听觉适应现象。设计中，在需要使用听觉传示的场所，应避开现场的声音频率。

听觉疲劳是指由于连续接受过强刺激，听觉器官的感受性在较长的时间内显著降低的现象。如果连续几个月或几年听觉器官经常受到导致疲劳的噪声作用，则听觉正常感受性将不能完全恢复，听力会不断下降，甚至造成耳聋。

5. 听觉的掩蔽现象

听觉器官在接受一种频率的声音时，对另一种频率的声音敏感性下降，称为听觉的掩蔽现象。例如，作业环境中的噪声会对人的语言交流产生掩蔽现象，人们必须全神贯注，才能听清说话的内容。听觉掩蔽效应具有如下特性。

(1)掩蔽声音强度越大，掩蔽效果越强。
(2)掩蔽声对频率接近的被掩蔽声的掩蔽效应最大。
(3)低强度掩蔽声主要影响频率接近的声音，而高强度的掩蔽声对更高频率的声音都有影响。
(4)掩蔽声强度越大，被掩蔽的频率范围越大。

人的听阈的恢复需要一段时间，掩蔽声去掉以后，掩蔽效应并不立即消除，这个现象称为残余掩蔽或听觉残留，其量值可表示为听觉疲劳。掩蔽声对人耳刺激的时间和强度直接影响人耳的疲劳持续时间与疲劳程度，刺激时间越长、强度越大，则疲劳越严重。

6. 听力的范围

人耳能觉察出的声音的临界值是 5～10dB。这时可以听到声音，但分辨不出说的是什么。人耳能知觉的声音的临界值是 13～18dB。这时可以从声音中分辨出某些词，但无法理解由词组成的句子。人耳能理解的声音的临界值是 17～21dB，这时可以理解由词组成的句子所表达的意思。人耳能理解的声音的最佳值是 60～80dB。人耳能忍受的临界上限值是 140dB。

3.1.3　肤觉机能及其特征

人体皮肤内分布着多种感受器，能产生多种感觉。其中，主要的感受器有触觉感受器、温度感受器和痛觉感受器，分别产生触觉、温度觉和痛觉。

1. 触觉

1）触—压觉

触—压觉是指人手非主动运动参与的触觉，它是一种被动的触觉。触—压觉按所受刺激的强度不同，又可分为接触觉和压觉。轻轻地刺激产生接触觉；刺激强度增大就产生压觉。

2）触—摸觉

触—摸觉是指人手主动运动参与的触觉，它是一种主动的触觉。触—摸觉是皮肤感觉与肌肉运动感觉的结合，也称为皮肤—运动觉或触觉—运动觉。触—摸觉是在高级神经支配下，通过手的运动感觉与皮肤感觉把信息传给大脑，经大脑综合分析后获得的触觉信息。不同的触觉感受器决定了对触觉刺激的敏感性和适应出现的快慢。

3）触觉的阈限

对皮肤施加适当的机械刺激，在皮肤表面下的组织将产生位移。在理想的情况下，小到 0.001mm 的位移，就足够引起触觉。冯·弗雷（Van Frey）对皮肤触压觉刺激阈限的实验结果如表 3-3 所示。

表 3-3　皮肤触压觉刺激阈限　　　　　　　　　（单位：kPa）

身体部位	舌尖	指尖	指背	前臂腹侧	手背	小腿	腹	前臂背侧	腰	足掌后部
刺激阈限	2×9.8	3×9.8	5×9.8	8×9.8	12×9.8	16×9.8	26×9.8	36×9.8	48×9.8	250×9.8

4）触觉定位

触觉感受器引起的感觉是非常准确的，触觉能辨别物体的大小、形状、硬度、光滑程度以及表面肌理等。在操纵器设计中，可利用人的触觉特性设计具有各种不同触感的操纵器。触觉不但能够感知物体的长度、大小、形状等特征，而且能够区分出刺激作用于身体的部位，这项功能称为触觉定位。

实验表明，刺激指尖和舌尖，能非常准确地定位，其平均误差仅 1mm 左右。而在身体的其他部位，如上臂、腰部和背部，对刺激点定位的准确性就比较差，其平均误差几乎达到 10mm。

2. 温度觉

冷觉和热觉合称温度觉，分别来源于两种不同范围的温度感受器。冷感受器在皮肤温度低于 30℃时开始产生神经冲动；热感受器则在皮肤温度高于 30℃时产生神经冲动。温度觉的强度取决于温度刺激强度和刺激部位的大小。人体的温度觉对维持正常的生理过程非常重要。

3. 痛觉

痛觉是由各种可能损伤或已造成皮肤损伤的刺激所引起的痛苦感觉，并伴有情绪反应。凡是剧烈性的刺激，无论是冷、热或是压力，肤觉感受器都能感受这些不同的物理和化学的刺激而引起痛觉。机体不同部位的痛觉敏感度不同。痛觉的产生可以使机体产生一系列保护性和适应性反应。

3.1.4 嗅觉和味觉机能及其特征

1. 嗅觉

嗅觉是由挥发性物质分子作用于嗅觉器官的感受细胞而产生的感觉。训练可以提高嗅觉的分辨能力。嗅觉的感受性和植物性神经系统的活动以及内分泌腺的活动有密切的关系。例如，饥饿可使嗅觉感受性提高。

适应在嗅觉中表现极为明显，对一种气味的适应并不只是感受性降低，而是基本感觉不到。气味的相互作用有许多不同的情况，当一种气味的强度大大超过另一种气味的强度时，就有气味的掩蔽现象；当两种气味的强度适宜时，出现气味的混合现象，两种气味彼此越相似，就越容易混合，并且越难把它们区分开来。

2. 味觉

味觉是由溶解性化学物质刺激味觉感受器而引起的感觉。味蕾是味觉感受器，主要分布在舌背和舌缘的舌乳头中。化学物质作用于味蕾的味细胞，产生神经冲动，经各级神经传导，最后到达大脑皮质味觉中枢，形成味觉。舌的不同部位对味觉的感受能力不一样，舌尖对甜味较敏感，舌根对苦味较敏感，舌两侧前部对咸味较敏感，而舌两侧后部对酸味较敏感。某些物质作用于舌的不同部位可引起不同的味觉，如糖精在舌尖部为甜，在舌根部则为苦。味觉的敏感度在食物温度为 20～30℃时最高。味觉与嗅觉相互影响，当嗅觉发生障碍时，味觉也会减退。

3.1.5 本体感觉机能及其特征

人在进行各种操作活动的同时能给出身体及四肢所在位置的信息，这种感觉称为本体感觉。本体感觉系统主要包括两个子系统：一是平衡觉系统，其作用主要是感知身体的姿势及空间位置的变化；二是运动觉系统，其作用主要是感知四肢和身体不同部分的相对位置。

1. 平衡觉

平衡觉系统的外周感受器官是前庭器官。前庭器官由位于内耳迷路中的三个半规管和椭圆囊、球囊组成，是人体感受运动状态和头部所在空间位置的感受器。当机体进行旋转或直线变速运动时，速度的变化会刺激三个半规管或椭圆囊中的感受细胞；当头部的位置与地球引力作用方向的相对位置改变时，会刺激球囊中的感受细胞，这些刺激引起的神经冲动经神经纤维传到大脑皮质，产生相应的感觉。

前庭器官受到过强或过长的刺激时，常会引起恶心、呕吐、眩晕和皮肤苍白等症状。症状较轻时称前庭植物神经性反应，严重时称为晕车、晕船或航空病。

2. 运动觉

人体组织中，有三种类型的运动觉感受器：第一类是肌肉内的纺锤体，能给出肌肉拉伸程度及拉伸速度方面的信息；第二类是位于腱中各个不同位置的感受器，能给出关节运动程度的信息，可以指示运动速度和方向；第三类是位于深部组织中的层板小体，层板小体对形变敏感，能给出深部组织中压力的信息。肌肉收缩的程度和关节伸屈的程度综合起来就可以使人感觉到身体各部位所处的位置和运动程度。例如，综合手臂上双头肌和三角肌给出的信息，操作者便可了解到自己手臂伸张的程度，再加上由双头肌、三头肌腱和肩部肌肉给出的信息就会使人意识到手臂需要给予支持。

在训练技巧性的工作中，运动觉系统有非常重要的地位。许多复杂技巧动作的熟练程度都有赖于有效的反馈作用。例如，汽车驾驶员已习惯于右脚操纵加速踏板和制动踏板，左脚操纵离合器踏板，如果有意识地让左脚去操纵制动踏板，那么驾驶员的下肢及脚部会有不适感。

3.1.6 不同感觉的相互作用

1. 不同感觉器官的识别特征

人体的感觉器官只对一种形式的刺激特别敏感。能引起感觉器官有效反应的刺激称为该感觉器官的适宜刺激，表 3-4 列出了人体各主要感觉器官的适宜刺激及其识别外界的特征及作用。

表 3-4　人体各主要感觉器官的适宜刺激及其识别外界的特征及作用　　（单位：ms）

感觉类型	视觉	听觉	肤觉	嗅觉	味觉	平衡觉	深部感觉
感觉器官	眼	耳	皮肤及皮下组织	鼻腔顶部嗅细胞	舌面上的味蕾	半规管	机体神经和关节
适宜刺激	可见光	一定频率范围的声波	物理和化学物质对皮肤的作用	挥发的和飞散的物质	被唾液溶解的物质	运动刺激和位置变化	物质对机体的作用
感知时间	188～206	115～182	117～201	200～370	308～1082	—	—
刺激起源	外部	外部	直接和间接接触	外部	接触表面	内部和外部	外部和内部
识别外界的特征	色彩、明暗、形状、大小、位置、远近、运动方向等	声音的强弱和高低，声源的方向和位置等	触觉、痛觉、温度觉和压力等	香气、臭气、酸、辣等挥发物等	甜、酸、苦、辣、咸等	旋转运动、直线运动和摆动等	撞击、重力和姿势等
作用	鉴别	报警，联络	报警	报警，鉴别	鉴别	调整	调整

2. 不同感觉的相互作用

某种感觉器官受到刺激而对其他器官的感受性造成影响，使其升高或降低，这种现象称为不同感觉的相互作用。现实生活中，人接受环境的信息常常是多通道同时进行的，不同感觉的相互作用时有发生。经实验发现，微痛刺激、某些嗅觉刺激，都可以使视觉感受性有所提高。微光刺激能提高听觉的感受性，而强光刺激会降低听觉的感受性。

不同感觉相互作用的一般规律是：弱刺激能提高另一种感觉的感受性，强刺激则会使另一种感觉的感受性降低。

3．联觉

联觉是指一种感觉引起另一种感觉的现象。联觉的形式很多，最突出的是颜色联觉。例如，色觉可以引起温度觉，所谓暖色调和冷色调即由此而来。此外，色彩能给人以轻重的感觉也是同样的道理。

4．不同感觉的补偿

当某种感觉受损或缺失后，其他感觉会予以补偿。例如，盲人的触觉常常会较正常人的感受性高。

5．合理选择与整合感觉通道

人的感觉器官各自有其自身的特性、优点及适应能力。对于一定的刺激，选择合适的感觉通道能获得最佳的信息处理效果。表 3-5 为不同感觉通道的适用场合。不同感觉器官能够感知的外部刺激和反应时间各不相同。在进行设计时，应根据操作系统的具体情况合理选择单感觉通道，或整合多感觉通道，尽量缩短人的感知时间，提高人机系统的交互效率。

表 3-5　不同感觉通道的适用场合

	视觉通道	听觉通道	触觉通道
适用场合	① 传递比较复杂或抽象的信息 ② 传递需要延迟的信息 ③ 传递的信息以后还要引用 ④ 传递的信息与空间方位、空间位置有关 ⑤ 传递不要立即做出快速响应的信息 ⑥ 所处环境不适合使用听觉通道的场所 ⑦ 虽适合听觉传递，但听觉通道已经过载的场合 ⑧ 作业情况允许操作者固定保持在一个位置上	① 传递比较简单的信息 ② 传递比较短的或无须延迟的信息 ③ 传递的信息以后不再需引用 ④ 传递的信息与时间有关 ⑤ 传递要求立即做出快速响应的信息 ⑥ 所处环境不适合使用视觉通道的场所 ⑦ 虽合适视觉传递，但视觉通道已经过载的场合 ⑧ 作业情况要求操作者不断走动的场合	① 传递非常简明的、要求快速传递的信息 ② 经常要用手接触机器或其他装置的场合 ③ 其他感觉通道已经过载的场合 ④ 使用其他感觉通道有困难的场合

3.2　人的信息加工特性

3.2.1　人的信息加工系统模型

1．信息理论

1) 信息的概念

人们对信息的理解通常反映在日常生活中，如通过报纸、电视和互联网等看到或听到信息。而当研究人类是如何处理信息时，就需要对信息给出一个较明确的定义。信息理论中，信息通常被定义为不确定性的减少。高确定性事件的发生所含的信息较少,因为它在发生之前几乎是完全可以预料的。例如,"太阳早上升起"几乎不含任何信息,其不确定性几乎没有。相反,低确定性事件则传递了较多的信息。但是在信息的定义里,信息的重要性并不直接被考虑,而只考虑其发生的可能性。

2)信息量

信息量是人机系统设计时考虑的重要参数。信息量的计算通常采用对数进行度量。例如,假定某被传递的消息由 A、B、C、D、E、F、G、H 八个字母构成,若用(0,1)二进制码表示,则每个字母需要用三个二进制码表示,参见表 3-6。

表 3-6　二进制码

消息	A	B	C	D	E	F	G	H
二进制码	111	110	101	100	011	010	001	000

将每位二进制码称作一个比特(bit),那么 8 个字母的消息每个字母就含 3bit 的信息量,即 $8=2^3$。以 2 为底取对数,$\log_2 8 = 3$。进一步推广,若以 H 表示信息量,同时采用二进制编码方式,那么对 m 个符号组成的消息,每个符号所含的信息量为

$$H = \log_2 m \tag{3-2}$$

采用对数度量信息有其方便之处。因为 H 单调地随符号数 m 的增加而增长,而且消息之间还具有可加性。这种可加性意味着几个消息加在一起的总信息量等于每个消息单独存在时的各自信息量之和。用数学语言表示就是

$$\log_2 m = \log_2 (m_1 m_2 m_3 \cdots m_n) = \log_2 m_1 + \log_2 m_2 + \log_2 m_3 + \cdots + \log_2 m_n \tag{3-3}$$

采用对数单位度量也符合人们对信息量的直观认识。例如,对于信息的传输,两个相同的信息通道是一个信道信息容量的 2 倍。采用以 2 为底的对数计算信息量具有实用和直观的优点。

2. 人的信息加工系统模型

为了解释人的认知活动,认知科学家将人模拟成一个与计算机类似的信息加工(处理)系统。人的信息加工系统模型参见图 3-9。该系统由感觉加工与知觉(感知)、认知与记忆、反应选择与执行(决策)、反馈、注意五个阶段组成。其中感知系统类似于计算机的输入系统,决策系统类似于计算机的输出系统。信息加工表现为一系列阶段。每一阶段的功能在于把信息转变成某种其他操作。

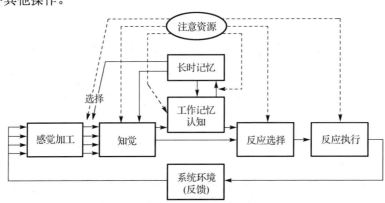

图 3-9　人的信息加工系统模型

3.2.2 感知

人类对任何事物的认识，都是从感觉开始的。感觉是人脑对直接作用于感觉器官的事物的个别属性的反映。客观事物的各种属性分别作用于人的不同感觉器官，引起人的各种不同感觉，经大脑皮质联合区对来自不同感官的各种信息进行综合加工，于是在人的大脑中就产生了对客观事物的各种属性、各个部分及其相互关系的综合的整体的映像，即知觉。可见，感觉是知觉的基础，知觉是在感觉基础上的对客观事物更高一级的认识。在人们认识客观事物的过程中，极少有孤立的感觉存在，客观事物总是以知觉的形式反映。感觉的性质多取决于外界刺激的性质，而知觉却受到人们的知识、经验、情绪、态度等因素的制约和影响，并以此为基础对信息进行选取、理解和解释。所以，不同人对同一事物可能会产生不同的知觉，在设计中应充分考虑这一点。

1. 感觉存储

有学者指出，一切感觉系统都是与一个存在于脑内的短时感觉存储(STSS)相联系的。环境中的信息和事件，总会产生大量的刺激作用于人的感官，这些刺激在人的大脑中引起短时感觉存储。其中，视觉短时存储为 0.5s，听觉短时存储为 2～4s。短时感觉存储中的信息只有在受到注意后，才能进入意识，进而形成短时记忆。当人的注意力集中时，人会产生"选择性知觉"。例如，人在学习时，只对与学习有关的信息引起感觉，而对其他刺激无动于衷。

2. 感知加工

人脑对环境中的信息和事件的加工仅仅经过粗糙的感觉加工是不够的，必须通过知觉阶段加以解释或赋予意义。例如，工厂操控室里看到红色的报警灯，通过知觉加工，就不只是一个刺眼的信号，而是传达了"操控有危险"的有意义的信息。知觉的作用就是从粗糙的感觉加工里"译出"这个意义，而"译出"又同人的长时记忆(详见 3.2.3 节)有关。

知觉加工的信息是通过感觉或较低级神经信息通道从感官接收器进入的，这通常称为自下而上的知觉加工。当感觉证据贫乏时，知觉主要以经验为基础的期望来驱动，这通常称为自上而下的加工，而经验储存在长时记忆中。自下而上和自上而下的加工通常协调一致地工作，它们迅速而精确地支持着知觉工作。

不过有时，不熟悉的情境会消除利用过去经验的能力，导致几乎一切工作都是自下而上的加工。但是，不良的感觉有时会迫使知觉中的人利用自上而下的期待。若这种期待错了，就会发生错误的知觉。

3.2.3 记忆

1. 典型的记忆信息三级加工模型

有学者将图 3-9 所示的模型进行简化，就可以得到一个简略的典型的记忆信息三级加工模型(图 3-10)。该模型认为，外界信息进入记忆系统后，经历三个记忆结构加工，每种记忆结构各有其特定的功能，这三个结构的加工是由低到高的三个层次或阶段。因此，对记忆信息三级加工模型有两种理解：一是强调三种记忆结构是独立的，它们构成了三个加工阶段，这是这个模型原有的含义；二是不着眼于独立的记忆结构，而侧重三个加工阶段，从过程上看记忆信息三级加工模型。

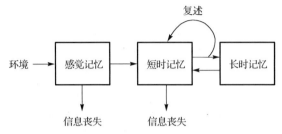

图 3-10　典型的记忆信息三级加工模型

2. 短时记忆

短时记忆被看作信息通往长时记忆的一个环节和过渡阶段。在短时记忆提出之后，有学者提出了工作记忆。与短时记忆相比，工作记忆强调短时记忆的内容随当前完成任务的要求而变化，并重视将信息从长时记忆提取到短时记忆中。

1) 短时记忆容量

(1) 米勒(George A. Miller)的储存有限的观点。容量有限是短时记忆的一个突出特点。19世纪中叶，人们开始进行短时记忆实验。1887 年，Jacobs 给被试者念出一系列无特定顺序的数字，然后要求他们立即写下他们能回忆出的全部数字，结果表明，被试者能够回忆出的数字的最大数量为 7 个。20 世纪 50 年代，许多心理学家应用字母、音节、字词等各种不同材料进行过实验，其结果基本一致，即短时记忆的容量为 7。1956 年，美国心理学家米勒发表了一篇著名的论文《神奇数字 7±2》，明确提出短时记忆的容量为 7±2。该观点为大量实验所验证并得到公认。

1956 年，米勒还提出了"组块"的概念。组块是将若干较小单位(如字母)联合而成熟悉的、较大的单位(如字词)的信息加工，也指这样的组成单位。他认为短时记忆中的信息单位不是信息论中所说的比特，而是组块。例如，由几个字母组成的单词是一个组块。因此短时信息的容量即为 7±2 组块。组块实际上是对信息的组织和重新编码，是人们利用已有的知识经验，即储存于长时记忆的知识对进入短时记忆的信息加以组织，使之成为人所熟悉的较大的有意义的单位。组块的作用是增加每一单位所包含的信息，即在短时记忆容量的范围内增加信息，帮助人完成当前的工作。

(2) Baddeley 的复述回路说。Baddeley 等(1975)认为，短时记忆痕迹的衰减极为迅速，痕迹一般只能维持 2s。如不及时在此期间加以再现或复述，则将消退，即短时记忆反映着人在 2s 内能够加以复述的项目数量。因此，短时记忆的容量取决于一个项目复述所需的时间，复述时间长的项目的容量就小，复述时间短的项目的容量就大。此时可将短时记忆看作一个加工器，它有一个复述回路专司复述。

(3) Klatzky 的观点。Klatzky(1975)认为，可将短时记忆看作一个空间，若储存的项目多，则占的空间就多，可供操作的空间就小，即储存的项目与加工之间存在着此消彼长的关系。该观点将短时记忆容量与加工联系起来，将短时记忆容量看成可变的。Klatzky 的观点也可看作对储存有限的观点的补充。

2）短时记忆信息提取

短时记忆信息提取是指将短时记忆中的项目回忆出来，或者当该项目再度呈现时能够再认。研究表明，短时记忆的提取过程是相当复杂的，它可能包括各种不同的操作，并且依赖许多因素。

已有一些实验表明，短时信息提取的加工速率与材料性质或信息类型有一定关系。Cavanaugh（1972）对不同类别材料进行实验，得出扫描一个项目的平均时间（加工速率），并与相应的短时记忆容量（广度）加以对照，参见表 3-7。

表 3-7　不同类别材料的加工速率与记忆容量

材料类别	加工速率/ms	记忆容量（项目）/个
数字	33.4	7.70
颜色	38.0	7.10
字母	40.2	6.35
字词	47.0	5.50
几何图形	50.0	5.30
随机图形	68.0	3.80
无意义音节	73.0	3.40

3. 长时记忆

长时记忆将现在的信息保存下来备用，或将过去储存的信息用在现在。长时记忆有巨大的容量，可长期保存信息。短时记忆的信息通过复述或精细复述而进入长时记忆。记忆系统中的信息终究要在长时记忆中储存。长时记忆为人们的一切活动提供必要的知识基础，使人们能够识别各种模式，进行学习和操作，进行推理并解决问题。

20 世纪 70 年代后，对长时记忆的研究有两个鲜明的特点：一是采用分析的观点，将长时记忆分为不同的类型或系统，如情景记忆与语义记忆，言语系统与表象系统等；二是着眼于长时记忆的内部加工过程，重视信息的内部表征和组织。

1972 年，Tulving 和 Donaldson 依照所储存的信息类型，将长时记忆分为两种：情景记忆和语义记忆。情景记忆接受和储存关于个人的特定时间的情景或事件以及这些事件的时间—空间联系的信息。语义记忆所储存的事物不依赖个人所处的某个时间或地点，这类信息具有抽象和概括的特性。语义记忆中的事物可用一般的定义来描述。情景记忆以个人经历为参照，以时间空间为框架，而语义记忆则以一般知识为参照；情景记忆处于经常变化的状态，易受干扰，所储存的信息常被转换，不易提取，而语义记忆却很少变化，不太受干扰，比较稳定，较易提取；情景记忆储存特定时间的个人事物，其推理能力弱，而语义记忆储存一般知识，其推理能力强，语义记忆与人的认知活动的关系更为密切。

1975 年，Paivio 从信息编码的角度将长时记忆分为言语系统和表象系统，这两个系统既彼此独立又互相联系。言语系统以语义代码来储存言语信息。表象系统以表象代码来储存关于具体的客体和事件的信息。语义代码是一种抽象的意义表征，又称为命题代码或命题表征。表象代码是记忆中的事物的形象，人的视觉表象特别发达，视觉表象被看作一种主要的表象代码。

3.2.4　注意

第二次世界大战后，由于通信工程的需要，人们开始对注意的分配、保持和转换的特性等进行研究，以保证人机系统的工作效率和可靠性。特别是 20 世纪 50 年代认知心理学兴起后，注意的重要性越来越清晰地显现出来，注意的研究得到广泛的开展，信息加工的观点在注意的研究中占据了统治地位。注意可分为四种类型：选择型注意(selective attention)、聚焦型注意(focused attention)、分割型注意(divided attention)和持续型注意(sustained attention)。

1.　选择型注意

对几个信息来源(或通道)进行监测，以确定某一特定事件有没有发生，或有没有完成某个单项任务，称为选择型注意。选择型注意的使用原则如下。

(1)在必须监测多个通道以寻找信号时，可以增加每个通道的信号发生频率，但要使用尽可能少的通道。

(2)减少监测者的整体压力水平，以便监测更多的通道。

(3)向监测者提供有关各通道相对重要性的信息，使其注意力能够更好地集中于重要通道。

(4)向监测者提供信号将可能在哪个通道发生的预测信息。

(5)训练监测者使用最有效的监测方式和手段。

(6)若有多个视觉通道需要监测，应尽可能地将它们排在一起放置，以减小监测范围。

(7)若有多个听觉通道需要扫描，则必须确保它们没有互相屏蔽。

(8)对于那些要求单独反应的刺激，尽可能在显示时间上相互岔开并使其分别作出反应，应避免非常短的时间间隔(如小于 0.5s 或 0.25s)。如有可能，应该允许操作者自己控制刺激的输入速率。

2.　聚焦型注意

只注意一个或少数几个信息来源(或通道)而排除其他信息来源(或通道)的干扰，称为聚焦型注意。聚焦型注意的使用原则如下。

(1)在物理空间上将竞争通道与应聚焦的通道分隔开。

(2)通过信息来源的其他特征，使竞争通道与应聚焦的通道区分开。

(3)减少竞争通道的数目。

(4)使应聚焦的通道比其他竞争通道更大、更亮、更响，或者离中心位置更近。

3.　分割型注意

同时执行两项或两项以上的单独作业，而又必须对它们都加以注意的情况，称为分割型注意。分割型注意的使用原则如下。

(1)如有可能，潜在信息来源的数量应减少至最小。

(2)尽量把作业项目的难度降到最低。

(3)尽可能使各个作业项目的因素不同，如处理阶段、输入输出通道、记忆编码等方面。

（4）若时间共享可能给人们造成注意力上的压力，则应当提供有关作业项目相对重要性的资料，以便合理分配注意力。

（5）当手动作业与感觉或记忆作业实现时间共享时，手动作业熟练度越高，它对感觉或记忆作业的影响就越小。

4. 持续型注意

在一个比较长的时间段内不休息地维持注意力，以便发现偶尔出现的信号，也称为持续型注意（sustained attention）、监测（monitoroing）、警戒或者警戒注意（vigilance attention），最常用的词为警戒。

警戒的任务形式主要有监视、检测和搜索等，如空中交通管理、机动车辆驾驶、核电站中央控制室、自动化作业和工业质量控制等人机界面中。

在警戒操作中，警戒作业绩效一般分为警戒水平和警戒衰减（vigilance decrement）两个方面。警戒水平是指警戒作业中信号觉察的总体水平，以不同时间段的信号击中率平均值来表示，通常低于理想状态。警戒衰减指被试者的信号觉察能力随时间延续而下降，以信号的击中率随时间下降来表示。实验室研究一致发现这种衰减发生在警戒作业最初的 20～35min。Giambra 和 Quilter（1987）开发出一种指数函数，清晰地描述了在实验室研究中发现的警戒递减的时间进程，其检测到信号的概率是进入作业时间长度的函数（图 3-11）。

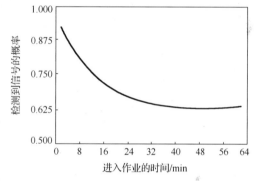

图 3-11　典型的警戒递减图

测量警戒作业绩效的主要指标有击中率、反应时间、误报率、脑电、肌电、心率和体温等。

3.2.5　决策

决策是人们权衡各种候选方案并从中选取一种行动方案的复杂过程。决策是信息加工的核心。根据信息加工的观点，决策往往表征多对一的信息与反应的映射关系。这就是说，为了产生一个决策，往往要处理大量的信息，并要对它们作出评价。

1. 决策的特点

（1）不确定性。结果的不确定性是决策的一个重要特点。如果决策所依据的信息是确定的，那么决策的结果大多是确定的；如果决策所依据的信息是不确定的，那么决策的结果大多是不确定的；如果某些可能的但不确定的结果是令人不愉快的或要付出昂贵代价的，那么通常把这种不确定决策视为有风险的。

（2）熟悉与专业知识。在非常熟悉的情况中或对非常熟悉的选项作决策时，往往是非常快的，是不必深思熟虑的。具有专业知识的专家与刚刚开始学习专业知识的新手相比，所做决策快而且不费力。但研究事实表明，专家所做的决策不总比新手更准确。

（3）时间。时间与决策过程密切相关。

首先，不同类型的决策所需的时间是不同的，例如，购物的选择可以一次完成，所需的时间较短；而医治疑难病症所做的决策则较复杂，所需的时间较长。

其次，时间压力对决策过程有重要的影响。在时间紧迫的情况下，决策者会采用更简单或更迅速的决策策略，甚至会改善绩效。但是，也可能出现因为时间紧迫使决策者倾向于减少所要处理的线索(信息)数量。当决策任务包含较少的相关线索(信息)时，所采用的策略不适合作业任务，而导致作业绩效下降。

2. 决策的信息加工模型

从总的信息加工的背景进行考虑，图 3-12 表示了决策中涉及的信息加工成分的模型，该模型与图 3-9 描述的人的信息加工(处理)系统相对应，淡化了感觉加工和反应执行等成分，但突出了典型的与决策相联系的概念、操作和术语。

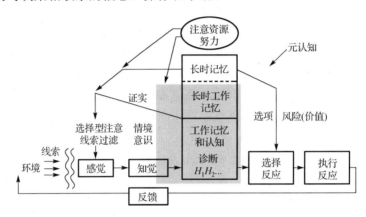

图 3-12　决策的信息加工模型

(1)寻找线索。决策者必须从环境中寻找线索或感觉信息。选择型注意在决策中起到关键作用，它决定选择加工哪些线索，过滤哪些线索。而选择是以过去的经验(长时记忆)为基础的，需要注意资源或需要付出努力。

(2)情境意识。情境意识用来意指知觉、工作记忆、长时工作记忆和诊断的组合操作，也称为"情境评价"，它使决策者能够对事物的当前和将来状态持有假设。选择的和察觉到的线索形成理解、评价或意识决策者面临"情境"的基础，这一过程也称为诊断。诊断依据两个来源的信息：经过选择型注意过滤的外部线索(自下而上的加工)和长时记忆。而长时记忆向决策者提供了系统状态的各种可能假设，以及每一种假设为真的可能性和期望的估计(自上至下的加工)。由于线索的不确定性及它们与假设的模糊的映射关系，或者由于选择型注意和工作记忆的认知加工易损性，因此，决策中的选择所依据的诊断和评价常常是不正确的。最初的假设触发进一步的信息搜索，以证实或否定假设，可以说，许多诊断是重复的。这种特征将重要的反馈环定义为线索过滤，并称为"证实"。

(3)动作选择。决策者能够根据长时记忆生成一组可能的行动路线或操作决定。但是，诊断的不确定性也导致了选择的风险，而风险的考虑需要估计价值(代价与利益)。

(4)反馈。反馈很重要，一是决策结果的反馈有时可用来帮助诊断；二是可以从学习的角度应用反馈，它可改进将来决策的质量(即从错误中吸取教训)。虽然反馈常常是滞后的，但其最终可在长时记忆中进行加工，以使决策者修正其内在决策法则或风险估计。

(5)元认知。元认知是对自己的知识、努力和思维过程的认知，它与情境意识紧密联系在一起。元认知对决策的总质量有重要影响：人认知到自己决策过程中的限度吗？决策者知道他未掌握作出好决策所需要的全部信息吗？要搜索更多的信息吗？

3.3 人的运动与反应特性

3.3.1 关节特性

人体运动系统由骨、关节、骨骼肌组成，约占成年人体重的60%。全身各骨借助关节连接形成骨骼，构成坚硬的骨支架，支撑人体基本形态。骨骼肌附着于骨，在神经系统的支持下收缩和松弛，以关节为支点牵引骨改变位置，产生运动。关节是运动的枢纽，骨骼肌则是动力器官。骨与骨以结缔组织相连接，构成关节。

1. 人体关节运动的基本形式

人体关节的运动可归纳为四种基本形式，即滑动运动、角度运动、旋转运动和环转运动。

滑动运动是一种最简单的运动，相对关节面的形态基本一致，活动量微小。例如，腕骨或踝骨之间的运功。

角度运动通常有屈伸和收展两种形式。邻近的两骨绕轴离开或收拢，可产生角度的增大或减小。关节沿矢状面运动，使相邻关节的两骨互相接近，角度减小时为屈，反之为伸。如肘关节的前臂骨与肱骨接近，角度减小为屈肘，反之为伸肘。关节沿冠状面运动，骨向正中面移动者称为内收，反之称为外展。如手在腕关节的内收与外展运动。

骨环绕垂直轴运动时称为旋转运动。骨由前向内侧旋转时，称为旋内；相反，由前向外侧旋转时则称为旋外。如肩关节的肱骨可沿本骨的垂直轴进行旋内、旋外运动。

骨的上端在原位转动，下端则作圆周运动，全骨活动的结果犹如描绘一个圆锥体的图形，这样的运动称为环转运动。凡具有进行冠状和矢状两轴活动能力的关节都能作环转运动。

2. 主要关节的活动范围

骨与骨之间除由关节相连外，还有肌肉和韧带联结在一起。韧带除了连接两骨、增加关节的稳固性，还有限制关节活动范围的作用。因此，人的各关节的活动有一定的限度，超过限度，将会造成损伤。另外，人体处于各种舒适姿势时，各关节也必然处于一定的舒适范围内。表 3-8 是人体重要活动范围和身体各部分舒适姿势的调节范围，该表中的身体部位及关节名称可参见图 3-13。

表 3-8 人体重要活动范围和身体各部分舒适姿势的调节范围 （单位：（°））

身体部位	关节	活动	最大角度	最大范围	舒适调节范围
头至躯干	颈关节	低头，仰头	+40，−35[①]	75	+12~25
		左歪，右歪	+55，−55[①]	110	0
		左转，右转	+55，−55[①]	110	0
躯干	胸关节腰关节	前弯，后弯	+100，−50[①]	150	0
		左弯，右弯	+50，−50[①]	100	0
		左转，右转	+50，−50[①]	100	0

续表

身体部位	关节	活动	最大角度	最大范围	舒适调节范围
大腿至髋关节	髋关节	前弯，后弯	+120，−15	135	0 (+85～+100)[2]
		外拐，内拐	+30，−15	45	0
小腿对大腿	膝关节	前摆，后摆	+0，−135	135	0 (−95～−120)[2]
脚至小腿	脚关节	上摆，下摆	+110，+55	55	+85～+95
脚至躯干	髋关节 小腿关节 脚关节	外转，内转	+110，−70[1]	180	+0～+15
上臂至躯干	肩关节(锁骨)	外摆，内摆	+180，−30[1]	210	0
		上摆，下摆	+180，−45[1]	225	(+15～+35)[3]
		前摆，后摆	+140，−40[1]	180	+40～+90
下臂至躯干	肘关节	弯曲，伸展	+145，0	145	+85～+110
手至下臂	腕关节	外摆，内摆	+30，−20	50	0[3]
		弯曲，伸展	+75，−60	135	0
手至躯干	肩关节，下臂	左转，右转	+130，−120[1][4]	250	−30～−60

注：① 得自给出关节活动的叠加值。
　　② 括号内为坐姿值。
　　③ 括号内为在身体前方的操作。
　　④ 开始的姿势为手与躯干侧面平行。

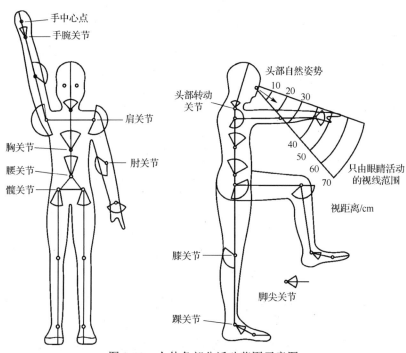

图 3-13　人体各部分活动范围示意图

3.3.2　运动特性

1. 手的运动特征

1) 手的基本位置与基本动作

手的基本位置有正中、尺侧偏、桡侧偏、背侧屈和掌侧屈五种，如图 3-14 所示。正中位置是手的自然位置，在此位置手的腕部受力状态最佳。在手工具设计时，应尽可能使手处于正中位置操纵工具，以避免由于受力状态不合理而造成腕部损伤。

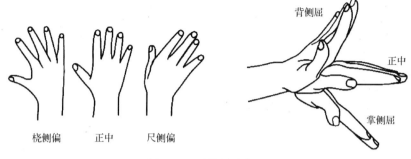

图 3-14　手的基本位置

手的基本动作主要有握住动作、放松动作、装配动作、拆卸动作、运物动作、定位动作、预定动作、伸张动作和恒持动作等。手在操作过程中的运动是由若干基本动作联合而成的复合运动。无论哪种动作，都应尽可能使手处于正中位置进行操作。

2) 手的运动速度与习惯

手的运动速度与运动习惯有关，一般与手的运动习惯一致的运动其速度较快，准确性较高。手的运动速度与习惯如下。

(1) 手在水平面内的前后运动比左右方向运动快，旋转运动较直线运动快。

(2) 手在垂直面内的运动速度比在水平面的快，准确度也比水平面的高。

(3) "从上往下"比"从下往上"的运动速度快。

(4) 一般右手较左手运动快，同时右手向右较向左运动快。

(5) 手朝向身体的运动比离开身体方向的运动快，但后者准确度高。

(6) 顺时针方向的操作动作比逆时针方向的快。

(7) 单手在外侧 60° 左右的直线动作比双手在外侧 30° 左右同时的直线动作速度快，准确度高，如图 3-15 所示。

(8) 从准确度和速度来看，单手操作较双手操作好。

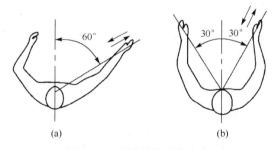

图 3-15　手的最佳动作方向

2. 脚的运动特征

与手相比，脚的运动简单，只能做一些简单的动作。脚的自然位置是脚掌与小腿垂直。在脚操纵器设计时应尽量使脚掌与小腿垂直，以避免由于受力状态不合理而造成的踝部损伤。

脚的基本动作只有蹬、踏两种。脚在操作过程中的运动也是由若干基本动作联合而成的复合运动。在用脚蹬、踏时，应尽可能使脚掌处于与小腿垂直的位置。用脚操纵时应尽可能采用坐姿和单脚操作。

3.3.3 施力特性

1．手的操纵力

手的操纵力是操纵器设计的重要依据。手操纵力的一般规律如下。

(1)左手力量约为右手的90%，但有10%～15%的人是惯用左手者，其情况与惯用右手者相反。

(2)拉力略大于推力。

(3)向下的力量略大于向上的力量。

(4)手臂处于侧面下方时，推、拉力量都较弱，但其向上和向下的力量却较强。

(5)30～40岁的力量最大；40岁时力量降至最大值的90%；50岁时力量降至最大值的85%；60岁时力量降至最大值的80%；65岁时力量降至最大值的75%。

(6)设计时的最大力应采用第5百分位男性或女性的力量数据。

(7)缓慢施力时取第5百分位男性或女性的力量数据的2/3；持久用力时取第5百分位男性或女性的力量数据的1/2；频繁用力时取第5百分位男性或女性的力量数据的1/3。

图3-16和表3-9标明了坐姿手臂的操纵力。

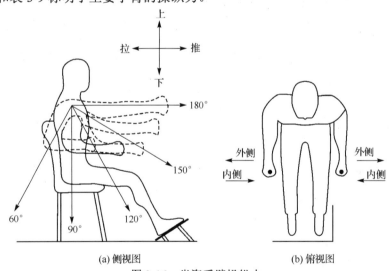

(a) 侧视图　　　(b) 俯视图

图3-16　坐姿手臂操纵力

表3-9　坐姿手臂在不同角度和方向上的操纵力

手臂的角度/(°)	拉力/N						推力/N					
	向后		向上		向内侧		向前		向下		向外侧	
	左手	右手	左手	右手	左手	右手	左手	右手	左手	右手	左手	右手
180	225	235	39	59	59	88	186	225	59	78	39	59
150	186	245	69	78	69	88	137	186	78	88	39	69
120	157	186	78	108	88	98	118	157	98	118	49	69
90	147	167	78	88	69	78	98	157	98	118	49	69
60	108	118	69	88	78	88	98	157	78	88	59	78

立姿操作时，手臂在不同方位角度上的推力和拉力与人体体重的关系见图 3-17。

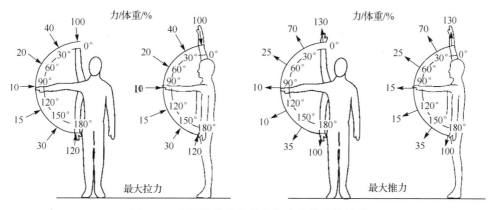

图 3-17　手臂的推力和拉力与人体体重的关系

2. 脚的操纵力

对于操作简单或操纵力要求较大的操纵器，常采用脚操纵。坐姿操作时第 50 百分位男性和女性脚的操纵力（N）参见图 3-18。

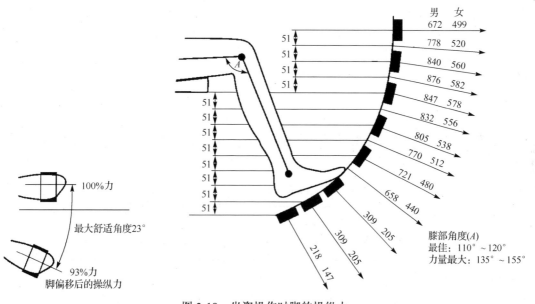

图 3-18　坐姿操作时脚的操纵力

3.3.4　反应特性

1. 反应时间

反应时间是指刺激和反应的时间间隔。反应时间由反应知觉时间和动作时间两部分组成。反应知觉时间是指自出现刺激到开始执行操纵的时间，动作时间即执行操纵的持续时间。

例如，汽车驾驶员突然发现迎面驶来的汽车，驾驶员发现移动物体(汽车)需 0.2s，确认为汽车需 0.4s，做出规避决定需 0.5s，执行规避动作需 0.3s，反应时间合计需 1.4s。如车速为 120km/h，则在反应时间内汽车已行驶 47m。在高速公路上要求控制车距和限制车速都与反应时间因素有关。

2. 影响反应时间的因素

影响反应时间的主要因素有下述几种。

1)感觉器官与刺激形式

同一感觉器官接受的刺激不同，其反应时间也不同。人对于各种不同性质的刺激及其组合的反应时间是不同的。对同一性质的刺激，其刺激强度和刺激方式不同，其反应时间也是有差异的。

2)生理节律

人体对昼夜的反应极为敏感，它表现为睡眠和觉醒这样的生命基本运动。闪光融合频率可用来表示大脑的意识水平，闪光融合频率大，表示大脑的意识水平高。研究表明，闪光融合频率 6 点最低，中午最高；心率的昼夜节律，4 点心率最低，16 点最高。生理节律对人的工作效率有显著影响。瑞典的一家煤气工厂十九年的日统计数据表明，2～4 点的煤气表误检率明显高于一天中的其他时间段，参见图 3-19。

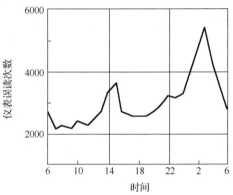

图 3-19　煤气表误检率与时间分布

3)动作部位

人体各个部位的动作反应时间是不一样的。表 3-10 列出了人体不同部位动作一次的最少平均时间。

表 3-10　人体不同部位动作一次的最少平均时间　　　　　　　　　(单位：s)

动作部位	手		脚	腿	躯干	
动作特点	抓取	旋转	直线的	直线的	弯曲	倾斜
动作一次的最少平均时间	0.07～0.22	0.22～0.72	0.36	0.36	0.72～1.62	1.26

心理上的定向作用也会影响反应时间，例如，事先提示操作者进行某一操作，由于定向作用，他对这个操作的反应速度会显著提高。

4)其他因素

其他因素主要包括动机、学习和疲劳等方面的影响。操作者的主体由于存在年龄、兴趣、动机、性别、教育、经验和健康等多方面的差异，在反应时间方面也有所不同。例如，经过训练的人反应时间要短于没有经过训练的人；疲劳会使注意力、动作准确性和协调性降低，从而使反应时间延长；通过学习、训练可提高人的反应速度、准确度和耐久力等。

人的反应速度是有限的，一般条件反射的时间为 0.1～0.15s；需要感觉指导的间断操作的反应时间应大于 0.5s；要进行复杂判断和认知反应的时间平均达 3～5s。当信息出现的速度高于人的信息处理速度时，会导致信息的未处理、处理失误、处理延误、曲解信息内容、降低信息质量、借用其他处理方法或根本不进行处理。因此，在设计中必须考虑人的反应速度极限。

习题与思考题

3-1　什么是视野？为什么设计中一般以双眼视野作为设计依据？

3-2　什么是视色觉和色觉视野？

3-3　什么是颜色恒常性？请举例说明。

3-4　色盲或色弱者具有什么特点？不宜从事哪方面的工作？请举例说明。

3-5　什么是明视觉、暗视觉、明适应和暗适应？在设计中有哪些具体应用？

3-6　什么是眩光？眩光是如何产生的？有何危害？怎样防止和控制眩光？

3-7　什么是视错觉？在设计中怎样利用视错觉现象，请举例说明。

3-8　声音具有哪三个特征？

3-9　什么是听觉掩蔽现象？举例分析某工作环境中的听觉掩蔽现象。

3-10　什么是触觉定位？试举一产品中以触觉定位的实例。

3-11　怎样合理选择与整合感觉通道？

3-12　手的运动速度与习惯是怎样的？

3-13　影响反应时间的主要因素有哪些？如何缩短人的反应时间？

 参考答案

第 4 章　显示器设计

4.1　显示器分类及设计原则

4.1.1　显示器分类

显示器是指在人机系统中给人传递信息或反映系统工作状态的装置。

1. 按人接受信息的感觉器官分类

根据人接受信息的感觉器官不同，显示器分为视觉显示器、听觉显示器和触觉显示器。视觉显示的优点在于能较好地传递复杂信息、公式和图形符号，传递的信息时效长且能够延迟、保存，便于信息的获取；听觉显示的优点在于能够快速传递信息，警示性较强，便于在视觉受阻的情况下传递；触觉显示的优点在于能够快速传递信息，能够减轻视觉及听觉负担。

2. 按显示形式分类

按显示形式不同，显示器可分为数字式显示器、模拟式显示器和屏幕显示器。

3. 按显示功能分类

按显示功能不同，显示器可以分为读数用显示器、检查用显示器、警戒用显示器、追踪用显示器、调节用显示器等。

4. 按信息显示方式的柔性分类

根据信息显示方式的柔性，人机系统中的显示器可以分为传统的物理模拟式显示器和基于计算机软件显示界面的虚拟显示器两大类。传统的物理模拟式显示器，如指针式仪表、机械式数字表和发光二极管显示器等，习惯上称为硬显示器或显示设备。基于计算机软件显示界面的虚拟显示器，如表格和列表、饼图、柱状图、标签和文本信息等各种视图，习惯上称为软显示器或显示页面。现代人机界面中，硬显示器与软显示器常常结合使用。

4.1.2　显示器设计原则

信息显示的方式应与用户使用该信息执行的任务一致。对所有显示要素都应采用一致的界面设计惯例，并与用户所熟悉的标准和惯例保持一致。操作者应易于观察和理解表示进程的特征参数。信息显示系统应提供整体的以及当前具体目标的细节信息。对安全性重要的参数和变量应以一种方便和易于读取的形式显示。显示应包含正常运行条件下的参考值、临界值，以及关键设备参数的极限值，应有当前显示系统的运行是否正常的指示信息。由传感器、仪器和部件引起的信息系统失效应产生明显的显示变化，该变化直接指示所描述的设备状态是无效的。

相关信息应编组。需要比较或心理集成的相关信息应采用邻近布置，并使用相似的颜色编码、外形尺寸和显示形式。应采用直接可用的信息显示形式。如果使用刻度倍增因子（如 10 的若干次幂），则在显示中应明确指示出来。对于重要的显示内容，在最大观看距离和最暗的照明条件下应易于辨认。显示的动态灵敏度的选择应使设备运行中的正常随机变化的显示最小。数字和文字的字体应简单一致。

编码不应影响显示信息的可读性。当用户必须快速区分不同类别的显示数据时须以分界线、下划线或颜色作为分组的编码。应使用有意义的或熟悉的编码，而不使用任意编码。从一个显示到另一个显示的编码含义应保持一致。同时，编码不应增加信息传递时间。

在具体的显示器设计中，针对显示器的不同类型，还有相应的人机界面设计原则要求。

4.2 视觉显示器设计

4.2.1 模拟式显示器设计

1. 表盘、刻度、指针和文字符号的设计

1) 表盘的设计

表盘的形状影响人的认读效率。研究表明水平直线形表盘的认读效率为 72%、半圆形表盘为 83%、圆形表盘为 89%、窗口形表盘的认读效率最高，为 99%。刻度盘的大小直接影响人的认读性。在正常观察视距范围内，圆形表盘的最佳直径为 57～102mm，高精度时可选用直径为 102～152mm 的表盘。当表盘的视角为 2.5°～5° 时，认读效果最佳。

2) 刻度

（1）刻度标记即刻度线，一般分为大刻度、中刻度和小刻度三类。刻度标记的尺寸与人的视觉分辨能力、照明水平、亮度、对比度和观察距离等因素有关。图 4-1 给出了低照明和高照明情况下的目视距离与刻度标记的关系。观察距离与刻度标记高度和字符高度的关系，参见表 4-1。

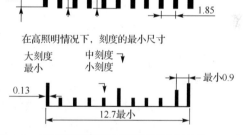

图 4-1　目视距离与刻度标记的关系（单位：mm）

表 4-1　观察距离与刻度标记高度和字符高度的关系　（单位：mm）

观察距离 L	刻度标记高度			字符高度
	长刻度	中刻度	短刻度	
<0.5	5.6	4.1	2.3	2.3
0.5～0.9	10.0	7.0	4.3	4.3
0.9～1.8	19.5	14.0	8.5	8.5
1.8～3.6	39.2	28.0	17.0	17.0
3.6～6.1	65.8	46.8	27.0	27.0

（2）刻度间距是指刻度盘上两个最小刻度标记（或刻度线）之间的距离。刻度间距与人眼的分辨能力、视距有关。

（3）刻度读数进级是指标尺上不同刻度标记指示的数值关系。取自然数 1，2，3，4，5…或 5，10，15…等 5 的倍数便于认读，是优良的刻度读数进级方式；取偶数 2，4，6，8，10…则一般；若取奇数 1，3，5，7，9…则较差。

（4）刻读方向是指刻度盘上刻度值的递增顺序方向和认读方向，其设计应遵循视觉运动规律。通常指针相对表盘的运动从左至右、从下至上和顺时针方向为刻度增加方向。图 4-2 为指针移动式表盘，即表盘不动，指针移动；图 4-3 为表盘移动式表盘，即表盘移动，指针不动。

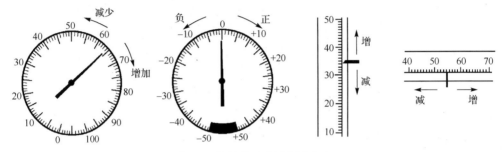

图 4-2　指针移动式的刻读方向

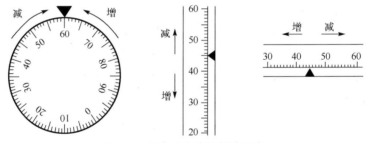

图 4-3　表盘移动式的刻读方向

3）指针的设计

（1）指针的形状应简洁，针尖、针体和针尾比例适当，有明显的指示性。图 4-4 所示是易于识别的两种指针。

（2）指针的颜色应与刻度盘面的颜色有鲜明的对比，并与刻度标记以及字符的颜色尽可能地保持一致，这样才有利于观察读数。

（3）一般来说，针尖的宽度与最小刻度线的宽度相同。对于宽条形指针，不应遮挡刻度标记；对于窄条形指针，可以覆盖刻度标记，但其长度不应超过标记长度。

（4）指针与刻度盘面的间隙要尽可能小，以减少倾斜观察时产生的读数误差。

（5）指针的 0 值位置一般设置在表盘的左下角或 12 点位置。检查仪表水平排列时设置在 9 点位置，垂直排列时设置在 12 点位置。

4）文字符号的设计

刻度盘中的数字、字母和汉字等均称为文字符号。文字符号的大小、形状和颜色不仅影响认读效果，也影响造型的美观。

（1）字符的形状应简明易读，最佳汉字字体是仿宋体和黑体。

（2）字符的高度通常为视距的 1/300～1/200。字符的高宽比一般为 3∶2，拉丁字母的高宽比为 5：3.5，夜间的发光字用 1：1 的方形字为好。字体的笔画宽与字高比为 1：8～1：6。此外，还应考虑照明水平、字符与背景的对比度的影响。

（3）数字立位是指数字相对于刻度标记和刻度盘的位置。表盘上的数字在读数位置都应当是正立位。图 4-5（a）在指针处（读数位置）数字是正立位的，便于认读；图 4-5（b）在指针处（读数位置）数字是倒立位和水平的，难以认读。

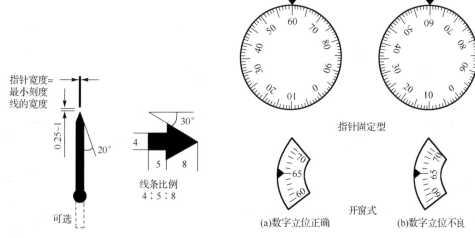

图 4-4　易于识别的两种指针　　　　　　　　图 4-5　数字的立位

（4）研究表明，墨绿色的刻度盘配以白色的刻度标记或者黄色的刻度盘配以黑色刻度标记，误读率最低，即色彩匹配最佳。灰黄色刻度盘配以白色刻度标记，误读率最高。表盘的配色和误读率的关系参见表 4-2。

表 4-2　表盘的配色和误读率的关系

刻度盘的颜色	墨绿	淡黄	天蓝	白	淡绿	深蓝	黑	灰黄
刻度标记的颜色	白	黑	黑	黑	黑	白	白	白
误读率/%	17	17	18	19	21	21	22	25

一般情况下，字符与背景的关系，以亮底暗字为好；当仪表在暗处时，以暗底亮字为好。字符的色彩明度与背景的色彩明度在芒塞尔（Munsell）色系中应相差两级以上，以保证认读。

2.　模拟式显示器设计要点

常用的模拟式显示器及其设计要点如下。

1）窗口表盘（图 4-6）

（1）用于定量数值数据，指针固定，表盘移动。

（2）刻度读数沿顺时针方向增加，表盘沿逆时针方向转动，读数增加。

2）圆形表盘（图 4-7）

（1）用于定量/定性和快速查看。

（2）数字沿顺时针方向增加，数字竖直并且在刻度外侧。

（3）0 值一般在表盘的左下角，在顶部 12 点位置也可以。

（4）最佳表盘直径为 57～102mm，高精度要求在 102～152mm。

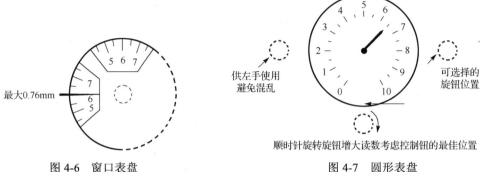

图 4-6　窗口表盘　　　　　　　　　　　图 4-7　圆形表盘

3) 半圆形表盘(图 4-8)

(1) 用于定量/定性和快速查看。

(2) 建议数字在刻度外围。

(3) 避免各种表盘面出现干扰标识。

(4) 数字和刻度标志的间距决定表盘的大小。

4) 直线形表盘(图 4-9)

(1) 用于定量/定性和检查,刻度固定而指针移动。在用于定量统计时,如果标尺太长可采用刻度移动的标尺。

(2) 建议使用表盘固定而指针移动的标尺。

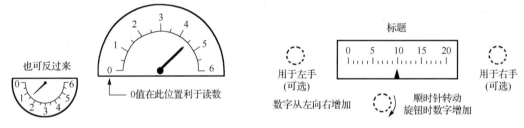

图 4-8　半圆形表盘　　　　　　　　　图 4-9　直线形表盘

5) 多表盘表盘(图 4-10)

(1) 表盘指针限制在两根以内。

(2) 通常警铃是在扫描指针指向红区,而且指针警告不显著的时候才闹响的。

6) 图形显示表盘(图 4-11)

(1) 用于发光二极管和液晶显示。

(2) 适用于定性信息,可采用图形来显示。

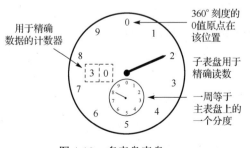

图 4-10　多表盘表盘

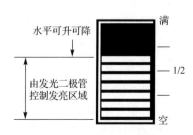

图 4-11　图形显示表盘

4.2.2　数字式显示器设计

数字式显示器是用数码显示相关参数以及工作情况的装置。其优点是读数直接简单、快速、精度高，而且不易产生视觉疲劳；缺点是认读连续变化的数值困难。数字式显示器可分为机械数字式显示器和电子数字式显示器。

机械数字式显示器一般是用印有字符的卷筒来显示变化的数值，其优点是结构简单，缺点是会有卡住或显示半个字符的情况。在显示数字时，不能使用狭长的字符，否则会产生视觉变形，字符间隔不宜过大；连续显示时，其时间间隔应该在 0.5s 以上，否则就会影响观察的准确性。

电子数字式显示器主要有液晶显示(LCD)和发光二极管显示(LED)两类。电子数字式显示器的优点在于可方便地与其他电气连接，利用显示的不同颜色进行编码，便于控制，自身能产生亮度来增强显示的清晰度等。电子数字式显示器显示的形式有两种：一种是用小亮圆点表示字符，利于认读；一种是用直线块表示字符，显示的字符没有圆滑过渡的边角，字符的间距大小不一，不利于观察。

常用的数字式显示器及其设计要点如下。

1)机械数字式显示器(图 4-12)

(1)所有字符都应该竖直，不使用竖写单词。

(2)字的笔画宽度与字高之比为：1：6 白底黑字，1：8 黑底白字。

(3)对于视力不好者使用较大的数值，关键刻度的移动刻度为 5～8mm，静止刻度为 4～8mm，非关键刻度为 1.3～5mm，其他目视距离与此距离的数值成正比。

标准字高

面板标题6.4mm
大标准4.8mm
小标题3.2mm
便携式字符2.3mm

目标距离为710mm时的字高

图 4-12　机械数字式显示器

2)电子数字式显示器

电子数字式显示器分为点阵显示(图 4-13(a))和块阵显示(图 4-13(b))。

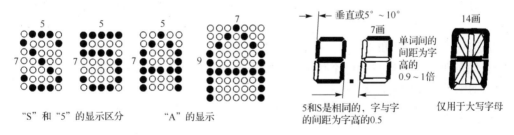

"S" 和 "5" 的显示区分　　　　"A" 的显示

(a) 点阵显示

垂直或5°～10°

7画

单词间的间距为字高的 0.9～1倍

5和IS是相同的，字与字的间距为字高的0.5

14画

仅用于大写字母

(b) 块阵显示

图 4-13　电子数字式显示器

(1)点阵显示设计要点如下。

① 用于发光的二极管电视、电子管灯等。

② 应避免少的点阵。

③ 字高为 5～17mm，最小点的直径为 0.5mm。

④ 5×7 点阵适用于数字和字母，7×9 点阵是常用的，不可减少点阵数，也可显示东方文字或阿拉伯数字，8×14 点阵用于加粗字符(2 倍笔画宽)。

（2）块阵显示设计要点如下。

① 用于液晶显示、发光二极管、电视，不如点阵显示得清楚。

② 液晶显示（LCD）在低照明情况下读数较困难。

③ 7画的块阵嵌花显示格式可用于数字和10个大写字母，14画的用于字母数字混合编排，也可用8画、10画、11画、20画和54画。

4.2.3 屏幕显示器的设计

屏幕显示器不仅占用空间小，显示格式灵活多变，而且具有综合显示的独特优点，既能显示图形、符号、信号和文字，又能作追踪显示，还能显示动态画面，因而得到迅速发展。

1. 屏幕显示器的设计原则

屏幕显示应适宜感知和理解，应遵循可探测性、可辨别性、明晰性、易读性、一致性、简明性和易理解性。对话原则应遵循关于任务的适宜性、自我描述性、可控性、与用户期望的符合性、容错性、适宜个性化和适宜学习的要求。其主要内容如下。

（1）仅向用户提供与任务有关的信息；帮助信息要面向任务；考虑任务相对于用户技术和能力方面的复杂性；为经常性任务提供支持，如保存动作序列等。

（2）提供用户操作反馈；重要的操作在执行前应提供说明并请求确认；宜采用一致的、源于任务环境的术语提供反馈或说明；显示与任务有关的对话系统状态变化；消息应易于理解，并客观明确地表达和呈现。

（3）交互的速度应依照用户的需要和特性来确定，系统应始终处于用户的可控制状态之下；如果交互过程是可逆的，应至少能够撤销最后一个对话步骤；输入输出设备可选时，用户应能方便地选择。

（4）在一个对话系统中，对话的行为和显示应前后一致；实现状态变化的行为方式应始终如一；应使用用户熟悉的词汇；相似的任务应使用相似的对话；反馈信息应出现在用户预期之处。

（5）适应用户的语言和文化；适应用户关于任务领域的个体知识和经验，以及用户的知觉、感觉和认知能力；允许用户按照个体偏好和待处理信息的复杂性选择呈现方式。

（6）向用户提供有助于学习的规则和基础概念；允许用户为了记忆活动而建立自己的分组策略和规则；提供有关的学习策略；提供再学习工具；提供不同手段以帮助用户熟悉对话要素。

（7）在显示方式的选择和组合方面应遵循：关键信息使用冗余；数值和定量信息应考虑基于语言的媒体（数字文本、数字表格）；显示一组数值的组内关系和组间关系以及概念之间的关系，应考虑非现实图像（如图示、图形、图表）；对于复杂或连续的行为，应考虑运动图像媒体；重要事件和问题的警告信息应考虑使用音频媒体（如语音或声音）报警等。

（8）各个操作界面中，相同功能的区域，其位置应该保持大体上的一致。例如，标识区、输入/输出区、控制区和信息区等，标识区通常在输入/输出区之上，参见图4-14。

1 标识区

2 输入/输出区

3 控制区

4 信息区

图4-14 操作界面中功能区分布

(9)颜色使用：颜色只能作为辅助编码；应该避免不加选择和区分地使用颜色；一种颜色应该只能代表一个种类的信息；应该遵循现有的颜色使用习惯；颜色的数量最好不超过六种；应该避免在以黑色为背景的画面上使用深蓝色的文字或图标；前景颜色应该与背景颜色区别较大；应该避免采用高纯度的颜色和白色作为背景颜色。

2. 屏幕显示器的设计要点

屏幕显示器种类繁多，迄今为止还没有一种完善的分类方法。

1)目标

目标条件包括它的大小、形状、颜色、亮度、运动速度和呈现时间等。

(1)目标的大小应与视距相适应，当视距为 0.5m、1m 和 3m 时，荧光屏上字符的直径或方形字符的对角线长应分别为 3mm、6mm 和 10mm。字符的高宽比可取 2∶1 或 1∶1。字符笔画与字高比可取 1∶8 或 1∶10。

(2)目标的形状和颜色也是影响辨认效率的因素。其形状的优劣次序为三角形、圆形、梯形、方形、长方形、椭圆形和十字形。当干扰光点强度较大时，方形目标优于圆形目标。采用红色或绿色作为目标颜色时，与采用白色的视觉辨认效果相似，但红色刺激性强，易引起视觉疲劳，故常用绿色和白色作为目标色，而以深色或黑色作为背景色。采用蓝色则视觉辨别效率稍差。

(3)目标亮度越高越易于察觉，但也有其限度。目标的适宜亮度为 $34.26cd/m^2$。

(4)虽然运动的目标比静止的目标更容易为人所知觉，但从辨认效果看，运动目标比静止目标难以分辨清楚，而且运动速度越快，辨认效果越差。

(5)一般来说，目标持续呈现时间达到 0.5s 时，即可基本满足视觉辨认的需要，呈现时间为 2～3s 时即可清晰辨认目标。

2)屏面

(1)屏面的形状有方形和圆形两种。屏面的大小与视距有关。例如，当视距为 355～710mm 时，雷达屏面直径以 127～178mm 为最佳。对于最佳屏面尺寸，还应根据显示目标的大小、显示器的分辨率和颜色等因素综合考虑确定。分辨率越高，显示的信息清晰度越好。在真彩色显示方式下，屏面显示颜色过渡平滑，更接近于自然状态，认读效率高。屏面的位置最好垂直于人的视线。若是立姿观察，则屏面处于人眼、屏面中心的连线与视水平线向下成 5° 的位置为宜；若是坐姿观察，则屏面处于人眼、屏面中心的连线与视水平线向下成 15°～20° 的位置为宜。

(2)屏面亮度即为目标的背景亮度。目标的可见性首先取决于目标与背景的亮度对比度，即

$$亮度对比度=(目标亮度-背景亮度)/背景亮度$$

当目标亮度使亮度对比度高于能见的阈值时，目标才能被看见。就亮度对比感受而言，$68cd/m^2$ 可以视作背景亮度的最优数值。

屏面以外的照明，即周围照明或环境照明，也影响屏面的清晰度。实践证明，屏面亮度与周围亮度相一致时，目标观察、识别和追踪效率都达到最优。

(3)屏幕显示器的观察视角参见图 4-15。

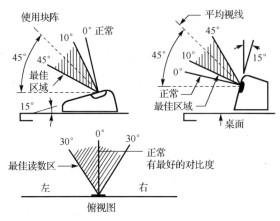

图 4-15　屏幕显示器的观察视角

3. 显示页面与显示元素设计

1）显示页面设计

显示页面是指一个单独显示单元的信息集合，它的功能是通过计算机图形用户界面实现的。显示页面的内容通常旨在提供系统某一方面的组合视图。例如，用一个显示页面提供主系统高级别状况的概览。显示页面通常都有标签，用户可以将其作为一个独立的显示使用。一个好的页面布局应该允许用户把注意力集中在一个兴趣点上，同时在它周围显示足够的相关信息。显示页面由窗口、菜单、图标、文本和色彩等元素组成。显示页面的设计应遵循下列原则。

（1）每一个显示页面应以标题开始，简要地介绍显示的内容。每个显示页面应有唯一的识别特征，以便在需要显示该页面时提供索引信息。对于含有多个层次的标题或标签，系统应提供视觉提示以帮助用户区分标题的层次。

（2）显示页面的各种功能区，如数据显示区、控制区或消息区的位置应明显。显示应呈现与它们功能相一致的最简单的信息。不应显示与任务无关的信息。信息显示应尽量整齐。

（3）当信息显示分为多页时，功能或任务相关的数据项应在同一页内显示。应用多页显示时，应为用户在显示序列中提供页面位置的参考。当用户观察较大显示中的一部分时，应提供可见部分在整个显示中的位置指示。

（4）为便于用户理解，显示信息应根据任务、系统、功能或顺序编组。各组之间应借助颜色编码、使用空白分隔或分界线等方法使得各组在视觉上有所区别。

（5）应使用统一的不分散注意力的背景颜色，并且其色调或对比度应保证可以很容易地看到数据，同时不产生曲解或妨碍显示编码。

（6）整体标签、行或列标签的位置应沿着显示边缘的顶部或底部、左端或右端。

（7）暂时遮盖其他显示数据的显示信息不应擦除被遮盖的数据。

2）显示元素设计

显示页面由窗口、菜单、图标、文本和色彩等显示元素组成。下面逐一介绍这些元素的设计原则。

（1）窗口设计原则。窗口能对多进程多任务的运行情况进行显示。窗口能根据用户的需求完成打开、关闭、创建、缩放、移动和删除等操作。按照窗口的构造方式可将窗口分为滚动窗口、开关式窗口、分裂式窗口、瓦片式窗口、重叠式窗口和弹出式窗口。窗口一般由窗口标题、边框、菜单、用户工作区、滚动条等部件构成。一个窗口被创建后有三个状态：最大化、最小化和还原。窗口的设计原则可归纳如下。

① 每个窗口的组成元素都要以简练的形式表现，对于那些没有用处的配置部件可以直接删除。例如，不需要滚动区的界面就可以将滚动区直接删除。

② 窗口内的一切组件都需要有一定相关性，组成一个隐喻系统，方便认知和识别。例如，窗口中将最小化、还原、关闭三种窗口状态按钮排列在一起，方便查找。

③ 窗口内重要的、频繁使用的功能应该放在方便使用的位置，不常用的功能放在辅助区域。

④ 可以通过窗口现在显示的状态看出该窗口是否处在工作状态。例如，Windows 系统中的多个窗口同时打开时，只有当前操作的窗口标题栏为彩色，而其他窗口的标题栏颜色显示为灰色。

(2)菜单设计原则。菜单是访问系统功能的工具，它已经成为窗口环境的标准特征。菜单的操作方式、标记方式、位置与结构现在都已标准化，减少了用户的学习时间。菜单的种类可分为全屏幕菜单、条形菜单、弹出式菜单、工具栏、下拉菜单、图标菜单和滚动菜单。菜单设计应遵循以下原则。

① 菜单设计需要将系统功能合理分配并且按类分组，将所有的措辞结构尽量缩短，力求上下文环境、操作方式等一致。增加用户对菜单的信任感。

② 良好设计的菜单在其顶层或一级菜单上不要超过 15～20 个子菜单项；子菜单需要更严格的限制，尽量不要超过 7～9 个菜单项。

③ 菜单选项应该有利于提高菜单选取速度，可依据各种逻辑排列。例如，根据使用频率或使用顺序进行排列。

④ 菜单内的文字和图表都要易于理解。在一个菜单之内，不同的字体与尺寸之间组合的数量不应该超过三种。

⑤ 菜单设计需要具有反馈性，在用户进行操作时及时地将所做的操作表现出来。例如，移动光标进行菜单选择时，凡是光标经过的菜单项应提供亮度或其他反馈性提示。

⑥ 设计时为菜单操作留有多种选择，初学者使用菜单可以和指点设备(如鼠标)进行配合，但是熟练用户和高级用户可以用快捷键等形式进行操作。

(3)图标设计原则。图形和标识统称为图标，它以图形符号的形式来规划并处理信息和知识。图标因其传递的信息量大、抗干扰能力强和易于接受而在显示界面上广泛应用。图标在屏幕显示设计中具有二重性，一方面人们把图标看作其他对象的代表，而另一方面又把图标作为其代表本身的对象。图标的直观性使其优于文字，并跨越了特殊人群理解文字的障碍，方便了用户的识别；同时图标具有形、色和意，可多通道地刺激用户的感觉器官，便于用户使用。图标的标准化使不同文化背景、不同年龄和不同学历的人都能接受图标传递的信息。图标便于记忆，还能加强视觉效果和美化界面。图标的设计原则可归纳如下。

① 图标的图形编码应与其表示对象相似，为了方便识别，在设计时应该注意避免图标过于抽象。一个系统内的图标类型不宜过多，一般不要超过 20 种。

② 当不同的目标出现时需要不同的图标表示，如果有图形相似、表达含义不清楚的需要配以简单文本标注。

③ 虽然过分的细节强调可能导致人的认知退化，但研究结果表明，熟悉系统的用户更喜欢图标中的细节应用，并能在使用中利用细节减少搜索及识别的时间。所以每个图标应当有自己的细节。

④ 图标是为了方便人们记忆和搜索的显示形式，因此保持颜色、图形、样式、尺寸和风格的一致性可以增加用户的认知度，便于记忆。

⑤ 在不影响识别的情况下，图标尽量设计得小巧，并与文字相匹配。

(4)文本设计原则。文本的设计原则可以归纳如下。

① 文本需易读，设计时需要区分字母和单词的形状。字母必须清晰，能与背景色分开。环境光线必须充足，没有障碍物阻挡。总之，文本设计的第一规则就是让用户很轻松就理解文本的意图。

② 可读性影响用户对文本的阅读理解能力。人对文本的理解受多方面影响，如长度、行间距、格式等。此外，用户的能力也是其中重要的一个方面。从这个角度来讲设计需要符合以下规则：一是尽量使用用户语言，避免专业术语，例如，界面上出现了 Exit 这个词，那么就可以用类似的词语代替如 Close；二是尽量避免使用不明确文本，用户必须理解界面为了使它们完成任务而要求它们做什么，文本不能具有二义性，同时注意文本不能过长，以免影响用户理解。

③ 用户阅读是一个多种因素影响的过程，没有一个独立的因素可以提高阅读能力。物理因素是所有设计因素中唯一能够量化的因素，它包括文字大小、每行长度、页边空白宽度、垂直行间距、文本对齐、对比度、滚动条与分页。

(5)色彩设计原则。屏幕显示设计色彩应用原则如下。

① 在一帧屏幕上显示色彩的种类数目应该加以限制，除了黑白，一般为 4～7 种，因为人们在观察屏幕时很难同时分辨多种色彩。

② 根据对象的重要性选择不同的颜色加以区分。

③ 在同一个操作系统或者应用程序中的色彩应用应当一致，减少用户的记忆和判断时间。

④ 为了使色彩醒目应选用好的前景色和背景色搭配，例如，背景色应选用饱和度低的浅色，表 4-3 是好的色彩组合方案。

表 4-3 好的色彩组合方案

序号	1	2	3	4	5	6	7	8
背景色	白	黑	红	绿	蓝	青	品红	黄
前景色	蓝黑红	白黄绿	黄白黑	黑蓝红	白黄青	白黄青	黑白蓝	红蓝黑

⑤ 并不是每个人都能以全彩色来观察世界，在人群中有 8%的男性和 1%的女性有不同程度的色盲或者色弱，因此，所有的色彩标记应该与其他显示手段并用，提高这部分人的接受能力。

⑥ 应该遵循熟悉的颜色使用习惯，例如，红色＝禁止，黄色＝警告，绿色＝好的或有益的。同时需要注意地域人文差异，颜色运用应该与操作习惯和不同的风俗习惯一致，减少人与显示界面间的隔阂。

4.2.4　指示灯的设计

指示灯是用灯光的形式传递信息的视觉显示器。指示灯的作用主要是提请操作者注意，指示操作者应作某种操作，或者告诉人们某个指令、某种状态或某些条件正在执行的情况。当机器设备发生故障或者产生异常情况时，指示灯将及时准确地发出信号，报告事态性质和发生位置。指示灯广泛应用于航天、航空、航海、铁路和公路交通以及仪器仪表板上。

(1) 亮度。根据使用场合的背景照明强度和指示灯的颜色来确定指示灯的亮度。由于强光信号比弱光信号刺激性大，容易引起注意，所以指示灯的亮度至少高于背景亮度的两倍。在用来显示危险或紧急状态的警告灯和指示灯并用的场合，警告灯的亮度应明显高于指示灯的亮度。

(2) 颜色。不同颜色的指示灯有不同的含义。因为人们常常对不同的颜色赋予不同的意义，例如，舒适宁静的绿色与安全、正常、通行联系在一起。指示灯的颜色设计必须与人们所形成的这些概念相一致。表 4-4 为 GB 2682—1981《电工成套装置中的指示灯和按钮的颜色》中规定的电工成套装置中的指示灯的颜色及含义。

表 4-4　电工成套装置中的指示灯的颜色及含义

颜色	含义	说明	举例
红	危险或告急	有危险或须立即采取行动	润滑系统失压；温度已超过(安全)极限；因保护器件动作而停机；有触及带电或运动的部件的危险
黄	注意	情况有变化，或即将发生变化	温度(或压力)异常；当仅能承受的短时过载
绿	安全	正常或允许进行	冷却通风正常；自动控制运行正常；机器准备启动
蓝	按需要指定用意	除红、黄、绿三色之外的任何指定用意	遥控指示；选择开关在"设定"位置
白	无特定用意	任何用意，例如，不能确切地用红、黄、绿时，以及用作"执行"时	

(3) 闪光信号。闪光信号通常用于引起操作者特别注意，指示紧急情况，需要操作者立即采取行动，因此警告指示灯宜用闪光信号。有时也用以表示速度快慢。闪光信号的闪烁频率为 0.67~1.67Hz。亮与灭的时间比在 1:4~1:1。亮度对比较差时，闪烁频率可稍高。

(4) 指示灯形状。当信号较多时，指示灯采用多维度同时编码，即不仅用颜色编码，还用形状编码。指示灯的形状设计，最好能与其所代表的意义有逻辑上的联系，例如，用"×"指示方向，用"×"或"⊖"指示禁止，用"!"指示危险等。

(5) 指示灯的位置和观察距离。最重要的指示灯和警告灯应安置在视野中央 3° 的范围内；所有警告灯均应安置在视野的 30° 范围内。具体位置的确定还应考虑与其他显示器和操纵器的空间兼容关系。指示灯的观察距离受其光强、光色、闪动特性等因素的影响。

4.3　听觉显示器和触觉显示器设计

4.3.1　听觉显示器设计

听觉显示器是利用听觉信号传递信息的装置。听觉显示器具有易引起人的注意、反应快速和不受照明条件限制等优点。听觉传示装置分为两类：一类是音响及报警装置；另一类是言语传示装置。

1. 音响及报警装置

常见的音响和报警装置特点及用途参见表4-5。

表 4-5　常见的音响和报警装置特点及用途

使用范围	类型	平均声压级/dB		频率/Hz	用　途
		距其2.5m处	距其1m处		
用于较小的区域(或低噪声环境中)	钟	69	78	500~1000	提示时间
	低音蜂鸣器	50~60	70	200	用作指示性信号
	高音蜂鸣器	60~70	70~80	400~1000	用作报警信号
	1in铃	60	70	1100	较安静环境中使用，如电话、门铃，也可用于小范围的报警信号
	2in铃	62	72	1000	
	3in铃	63	73	650	
用于较大的区域(或高噪声环境中)	4in铃	65~77	75~83	1000	有噪声的环境中使用，如工厂、学校、机关上下班信号及报警信号
	6in铃	74~83	84~94	600	
	10in铃	85~90	95~100	300	
	角笛	90~100	100~110	5000	高噪声环境下报警，有吼声和尖叫声
	汽笛	100~110	110~121	7000	紧急状态时报警，或作远距离的音响传送
	报警器	120以上	120以上	由低到高富有变化	防空警报、救火警报

注：1in=2.54cm。

2. 言语传示装置

用于传递和显示言语信号的装置称为言语传示装置。用言语作为信息载体，可使传递和显示的信息含义准确、接收迅速，且信息量较大，但其易受噪声的干扰。无线电广播、电视、电话和对话器等都是经常使用的言语传示装置。在某些追踪操纵中，言语传示装置的效率并不比视觉信号差，例如，战机着陆导航的言语信号和舰船驾驶的言语信号等。在言语传示装置的设计中应注意以下问题。

1) 言语的清晰度和强度

这是言语传示装置首先要考虑的问题。所谓言语的清晰度是通过人耳正确听到和理解的语言的百分数。言语清晰度为75%~85%时，人主观感觉满意。所以在进行言语传示装置的设计时，必须保证其清晰度在75%以上，才能正确传示信息。

汉语的平均感觉阈限是27dB。当语音强度增至刺激阈值以上时，言语清晰度逐渐增加，直到语音几乎被全部正确听到。言语传示装置的言语强度最好在 60～80dB。当言语强度达到 130dB 时，受话者将有不舒服的感觉。

2) 噪声环境中的言语传示

噪声将影响言语传示的清晰度。不同强度和频率的噪声对言语有不同的掩蔽作用，在设计时，应注意尽量避开掩蔽作用强的噪声部分，以保证高的言语清晰度。

为保证有噪声干扰的作业环境中讲话人和受话人之间能进行充分的言语通信，可采用相应的措施。例如，按正常噪声和提高了的噪声定出极限通信距离，在此距离内，可期望达到充分的言语通信，即通信双方的言语清晰度达到 75% 以上。再如，通过扬声器对言语信号进行放大。

4.3.2　触觉显示器设计

触觉显示是指主要通过手或手指触摸物体的表面情况以及凸凹或轮廓线来传达信息。触觉显示通常不能用于表达主要的信息，除非是视觉和听觉无法显示的场合，以及作为其他感觉通道的替代，或用于感官有缺陷的人群。

触觉显示常作为其他类型显示的补充，例如，操纵器的形状设计可以通过触摸来识别，这样视觉系统可用于其他感知任务。

手部的触觉显示灵敏度非常高，因此触觉显示应该被设计成手操纵式，而且必须在操作者手可触及范围内。触觉显示应没有尖锐的边缘或尖角。如果操作者必须戴手套，触觉的灵敏度就会降低。

触觉显示不应该用于需要操作者同时分辨多个显示的场合。触觉信号编码应该具有简单的几何形状，并且操纵器之间的形状要易于分辨。

在某些情形中，显示的信息值可以通过触觉编码增强。在这种情况下，触觉显示的编码应该和编码操纵器符合或相似。

4.4　显示器编码方法

(1) 视觉信号编码。视觉信号显示器的编码可以从下列方法中选择，但不限于这些方法 (表 4-6)。这些编码可以单独使用也可以组合使用。

表 4-6　视觉信号编码

编码类型	说　明
色调编码	用不同的色调进行编码，通过视觉识别。色调的选择应与传递的信息相关
对比度编码	用不同的对比度进行编码，通过视觉识别
符号编码	用不同的符号进行编码，通过视觉识别
频率编码	用不同的频率进行编码，通过视觉和听觉识别
位置编码	用不同的位置进行编码，通过视觉和触觉识别
形状编码	用不同的形状进行编码，通过视觉和触觉识别
结构编码	用不同的结构进行编码，通过触觉识别

(2) 听觉信号编码。听觉信号显示器的编码可以采用声强、持续时间、音调、音色、脉冲重复频率和双音调声音等方式。听觉信号编码可用于表示危险、注意、报警解除等状态和通告信息。

(3)触觉信号编码。触觉信号显示器的编码可以采用有源信号或无源信号的方式。有源信号触觉编码包括振动、位置改变、定位销或按扣、刚性制动器定位；无源信号触觉编码包括形状、表面粗糙度、凹凸和相对位置。

习题与思考题

4-1　显示器是怎样进行分类的？

4-2　显示器的设计原则是什么？

4-3　模拟式显示器的设计要点有哪些？

4-4　屏幕显示器的设计原则是什么？

4-5　显示页面的设计应遵循哪些原则？

4-6　显示页面元素有哪些?设计原则是什么？

4-7　听觉显示器的特点及用途是什么？

4-8　显示器的编码方法有哪些？

 参考答案

第 5 章　操纵器设计

5.1　操纵器分类及基本设计原则

5.1.1　操纵器分类

操纵器是指在人机系统中操作者用以操纵机器或调整系统工作状态的装置。

(1)按人体的操纵部位分类，操纵器可分为手动操纵器、脚动操纵器、声音操纵器和眼动操纵器。手动操纵器包括手轮、摇柄、操纵杆、按钮、按键、旋钮和扳钮开关等；脚动操纵器主要有踏板和踏钮等。手动操纵器适合于精细和快速的调节；脚动操纵器适用于动作简单和操纵力较大的操作。脚动操纵器应在坐姿和有靠背的条件下选用。

(2)按操纵时运动的轨迹分类，操纵器可分为旋转式操纵器、摆动式操纵器、按压式操纵器、滑动式操纵器和牵拉式操纵器等。

(3)按功能分类，操纵器可分为开关式操纵器、转换式操纵器、调节式操纵器和紧急停车式操纵器等。

(4)根据人与操纵器的接触方式不同，操纵器可分为硬操纵器与软操纵器。硬操纵器的控制功能是通过人与操纵器的直接物理接触实现的。因此，硬操纵器的人机界面设计应考虑操纵器的操纵力、形状和尺寸。为避免发生干涉和误操作，操纵器之间还应保持一定的间距。同时，操纵器还应放置在人手(或脚)的触及域内。

软操纵器的控制功能是通过在软件界面上单击图标或拖动滚动条等动作实现的。因此，软操纵器的设计不涉及操纵力。操纵器的形状、尺寸和间距也与手(或脚)的尺寸无关，而更多的与人的感知特性和软操纵器的定位精度有关。此外，软操纵器不仅可以控制设备，还可以控制计算机软件界面本身。

5.1.2　操纵器基本设计原则

(1)操纵装置应满足用户任务要求，并提供视觉或听觉反馈,证明系统已经接收操纵输入。应防止操纵器的意外操纵而导致的系统功能、元件或数据的改变。在用户的操纵位置，应保证操纵器可操纵。操纵器或操纵方法的精确性应与该操纵器的功能相称。

(2)每个操纵器都应该是必需的、占据空间最小且对其任务来说是最简单有效的。操作者穿着防护设备时，应保证操纵器易于识别、触发或使用。当需要严格地按顺序触发时，应为操纵器提供明显位置标识和锁定机构，避免操纵器跳过某个位置。同时，操纵器的运动应符合人的固有习惯。

(3)操器的编码系统在整个人机界面上应该是一致的。通过绝对尺寸来识别操纵器时，其尺寸不应超过三种。执行相同功能的操纵器的尺寸应相同。应优先考虑按外形来区分操纵器。操纵器的颜色和背景应形成对比。当颜色编码用于操纵器和与其相联系的显示器时，该显示器和操纵器的颜色应相同。操纵器的布置应易于与其功能和功能组联系。从一个面板到另一个面板，具有相似功能的操纵器应布置在相同的位置。

5.2　手动操纵器设计

5.2.1　人体手部尺寸

设计中需要的人体手部尺寸可参见 GB/T 16252—1996《成年人手部号型》。目前，我国国标中列出的计测项目较少，图 5-1 为美国男性和女性常用的手部尺寸，供对比和参考。图中，LM 和 LW 分别代表 P_{99} 的男性和女性手部尺寸；MEAN 分别代表 P_{50} 的男性和女性手部尺寸；SM 和 SW 分别代表 P_1 的男性和女性手部尺寸。

5.2.2　手动操纵器的设计要点

1. 单手操作的操纵器人机工程设计要求

(1)单手操作的操纵器应配置在操作者动作手臂的一侧。

(2)操纵杆应配置在操作者的上臂和前臂的夹角成 90°～135°，以便手在推、拉方向用力。

(3)无手柄手轮的转动平面应与前臂成 10°～60° 角。

(4)带柄手轮应使其转动平面与前臂成 10°～90° 角，若仅用手部转动，其转动平面应与前臂成 10°～45° 角。

(5)对设备进行"开、关"控制的扳钮开关，配置时应布置在垂直面内，向"上(开启)、下(关闭)"扳动。若为满足设备控制与功能协调的需要，也允许沿水平面布置，向"左(开启)、右(关闭)"扳动。

(6)按压式操纵器，如按钮和按键式开关等，应能显示"接通"和"断开"的工作状态。"断开"状态按钮或按键应高于面板 5～10mm；"接通"状态应高于面板 1～3mm，必要时应加其他视觉信号显示。

2. 手动操纵器的设计要点

常用的手动操纵器及其设计要点如下(长度单位为 mm，力单位为 N)。

(1)把手(图 5-2)。把手必须适合手的运动，应使用舒适。一般使用圆柱形把手或球形把手。直径为 22～32mm 的把手最合适。

(2)旋钮(图 5-3)。大力矩旋钮是坚固的开关旋钮，其直径为 38～76mm。它的周边有适于手指握的凹槽。使用直径为 25.4mm 的旋钮用于非精确性调整，直径为 51mm 的旋钮用于精确调整。

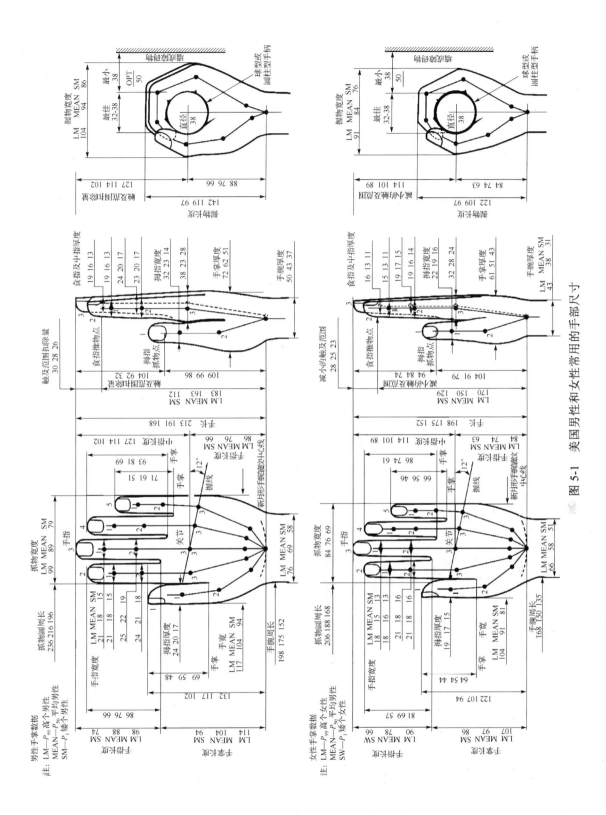

图 5-1　美国男性和女性常用的手部尺寸

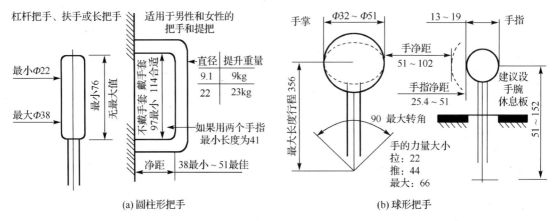

(a) 圆柱形把手　　　　　　　　　(b) 球形把手

图 5-2　把手

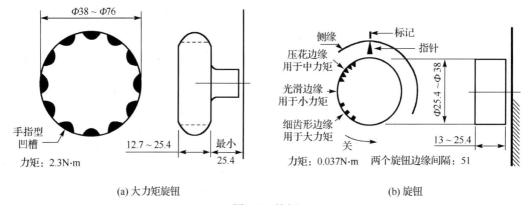

(a) 大力矩旋钮　　　　　　　　　(b) 旋钮

图 5-3　旋钮

(3) 手柄（图 5-4）。

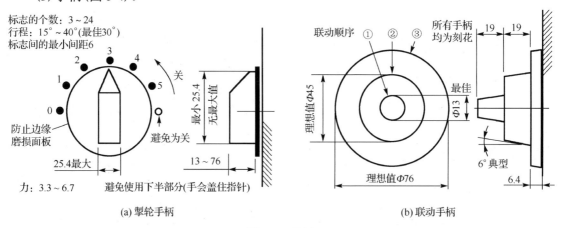

(a) 掣轮手柄　　　　　　　　　(b) 联动手柄

图 5-4　手柄

(4) 摇柄（图 5-5）。摇柄适用于超过 180°的旋转，常用于机械工具和精细工作。对于所有成年人建议使用半径为 203mm 的摇柄，且固定在适当高度的托台上。

(5) 手轮（图 5-6）。手轮适用于汽车、飞机、工具和阀门。在有大荷载的地方应提供手指握槽。对于汽车，建议方向盘的大小为 Φ178～Φ533mm。

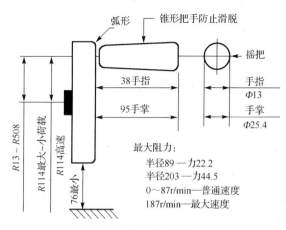

图 5-5　摇柄

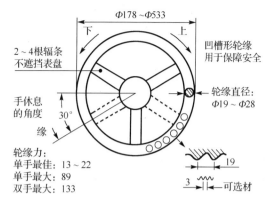

图 5-6　手轮

（6）按钮（图 5-7）。按钮有多种不同类型。按钮高 13～25mm，长 13～51mm。按钮应给出被激活的反应信息，在按下时发出敏感清脆的声音。

（7）按键开关、拨动开关和滑动开关（图 5-8）。按键开关在面板上有重要信息和标题。按键开关与拨动开关有相同的方向规定："关"通常是向下或向左。滑动开关必须向下或向左为"关"。

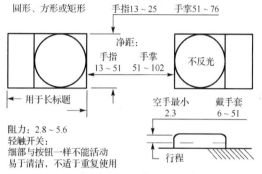

图 5-7　按钮

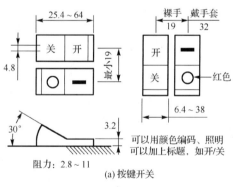

(a) 按键开关

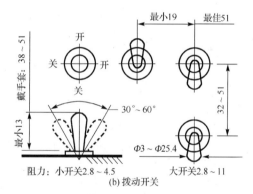

(b) 拨动开关

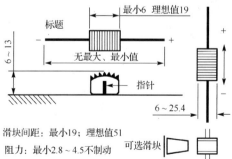

(c) 滑动开关

图 5-8　开关

(8)指轮(图 5-9)。指轮读数很困难，必须向下或向左为"关"。

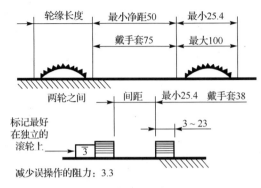

图 5-9　指轮

(9)扳机和工具抓手(图 5-10)。对于最小直径为 27mm 的戴手套使用的扳机，应提供全部手指把握的把手。

(10)操纵杆和光笔(图 5-11)。操纵杆比光笔更实用，光笔使用起来容易感到疲劳，因为它必须精确地放置于目标上。操作杆最大直径为 152mm，偏移为 25.4mm；最佳直径为 76～102mm，偏移为 20.3mm；最小直径为 32mm，偏移为 10mm。

(11)拉环和拉手(图 5-12)。

图 5-10　扳机和工具抓手　　　图 5-11　操纵杆和光笔

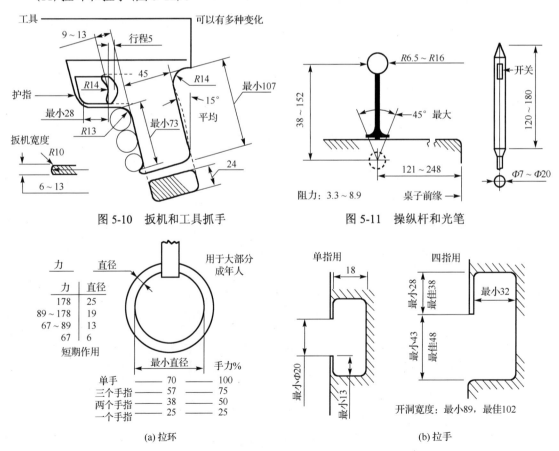

(a)拉环　　　　　　　　　　　　　　　(b)拉手

图 5-12　拉环和拉手

（12）计算机鼠标、键盘及衬垫（图 5-13）。

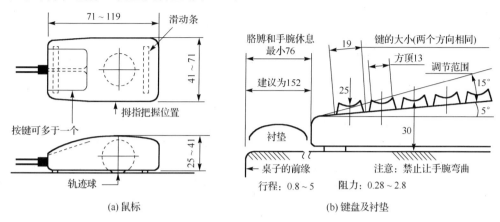

(a) 鼠标　　　　　　　　　　　　　　(b) 键盘及衬垫

图 5-13　计算机鼠标、键盘及衬垫

5.2.3　手工具设计原则

这里提到的手工具设计原则主要是与人手的生物力学相关的原则。

1）保持手腕处于正中状态

当手腕处于掌侧屈、背侧屈、尺侧偏和桡侧偏状态时，腕道内的肌腱会发生挤压，产生腕部酸痛和握力减小的现象，如果长时间处于这种状态，就会引起腕部的各种疾病。理想的情况是手在正中状态下操作工具，此时腕关节处于自然状态。例如，传统的剪刀设计，手腕是处于尺侧偏的状态操作，腕部易产生疲劳。改进后的剪刀设计，可以保证手腕处于正中状态进行操作，改善了腕部受力，参见图 5-14。有资料显示，改进后的剪刀设计在减少腕部累积性伤害方面作用显著。

传统设计　　　　　　　　　　　　　改良设计

(a)　　　　　　　　　　　　　　　　(b)

图 5-14　剪刀的设计

2）避免组织的压迫受力

在手工具或器具的操作中，应避免在手掌上聚集很大的压力，尤其应避免压力敏感区有重要的血管和神经，特别是有尺动脉和桡动脉。避免工具抵进掌心，压迫血管，造成血流受阻或局部缺血，导致手指麻木和刺痛。

如可能，手柄应设计成具有较大的接触面来分布压力，并将这些压力引导到不敏感的区域，如拇指和食指间的组织上。例如，传统的刮漆刀（图 5-15(a)）压迫尺动脉，改进的刮漆刀（图 5-15(b)）手柄靠在拇指和食指间的组织上，这样就防止了压力作用在手掌的重要区域上。

3）避免手指的重复动作

通常应避免频繁使用食指作扳机动作，以免形成“扳机指”。应该由拇指来操作控制器。

但是，不要使拇指过度伸展，那样会导致疼痛和发炎。连指控制器是优于拇指控制器的设计，这样可以让几根手指来分担负荷，拇指还可以抓握和引导工具。图 5-16 为拇指操作和凹进式连指操作的控制器的设计对比。

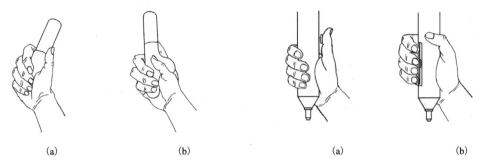

　　　　(a)　　　　　　　　　　(b)　　　　　　　　　　　　(a)　　　　　　　　　　(b)

图 5-15　刮漆刀的设计　　　　　　图 5-16　拇指操作和凹进式连指操作的控制器的设计对比

4) 考虑女性和惯用左手者

女性约占全世界人口的 50%，但是很多手工具的设计并不适合女性群体。与男性相比，女性的手长比男性平均短 2cm，女性的平均握力大约是男性的 2/3。由于女性已经越来越多地参与到那些传统上由男性支配的行业中，因此手工具设计应反映出男性与女性在人体尺寸和工效学上的差异。

工具应使操作者能用自己的惯用手来使用，因此工具的设计应考虑到左手操作者的使用，部分左手工具如图 5-17 所示。

　　　　(a) 左手剪刀　　　　　　　　　(b) 左手鼠标　　　　　　　　(c) 左手园林修枝剪

图 5-17　部分左手工具

5.3　脚动操纵器设计

5.3.1　脚动操纵器的选用

1. 脚动操纵器的一般人机工程设计要求

脚动操纵器应在坐姿条件下采用，为了保证操纵舒适，用力方便，操纵器须配置在肢体动作一侧，在偏离人体正中矢状面 75～125mm 时；座椅应能按身高进行调节，使大腿与小腿间夹角为 90°～110°，以便于用力，需大力蹬踏时夹角可达 160°。不操作时双脚应有足够的自由活动空间。当必须立姿操作时，脚动操纵器的接触面高出地面距离不应超过 160mm，并应在踏压到底时与地面持平。

2. 脚动操纵器的选用

一般在下列情况下选用脚动操纵器：一是需要连续进行操作，而用手又不方便的操作位置；二是无论是连续性操作还是间歇性操作，其操纵力超过 49～147N 的情况；三是手的操作工作量太大，需要脚来辅助完成操作任务时。脚动操纵器主要有脚踏板和脚踏钮。当操纵力超过 49～147N，或操纵力小于 49N 但需要连续操作时，宜选用脚踏板；当操纵力较小且不需要连续操作时，宜选用脚踏钮。

使用脚动操纵常常会限制使用者的姿势，使得转身或移动小腿的位置变得困难，因此脚动操纵较多地应用于坐姿操作的场合。

3. 影响脚动操纵器绩效的因素

一些重要的设计参数会直接影响脚动操纵器的绩效，例如，负载大小(对脚的施力要求)，操纵时脚与腿部胫骨间的角度，施力时支点的位置(踏板是铰接的)和操纵器相对于操纵者的位置等。

与使用者相关的影响脚动操纵器的绩效因素包括反应时间、动作时间、操作速度、准确度、性别、身体状况、心理素质和个人偏好等。

4. 脚动操纵器的适宜用力

脚动操纵器的适宜用力首先应符合人脚的施力特性，参见图 3-18 坐姿时脚的操纵力。

脚动操纵器的种类较多，由于其功能特征、式样和布置的位置不同，脚的操纵方式也不相同。对于用力大、速度快和准确性高的操作，宜用右脚。但对于操作频繁、容易疲劳，且不是很重要的操作，应考虑左右脚交替进行。即使同一只脚，用整只脚、脚掌或脚跟去操纵，其操纵、控制效果也有差异。例如，当操纵力较大(大于 50N)，操纵频率较低时宜用整只脚踏；当操纵力较小(小于 50N)，且需要操纵迅速和连续操纵时宜用脚掌与脚跟踏。

一般的脚动操纵器都采用坐姿操作，只有少数操纵力较小(小于 50N)的才允许采用立姿操作。脚动操纵器适宜用力的推荐值参见表 5-1。

在操纵过程中，人脚往往都是放在脚动操纵器上，为防止脚动操纵器被无意碰到或误操作，脚动操纵器应有一个起动阻力，它至少应大于脚休息时的搭载力。

表 5-1　脚动操纵器适宜用力的推荐值

(单位：N)

脚动操纵器	推荐的用力值
脚休息时脚踏板的承受力	18～32
汽车脚踏板(如制动踏板)	45～68
功率制动器	直至 68
离合器和机械制动器	直至 136
飞机方向舵	272

5.3.2 脚动操纵器的设计

1. 脚踏板的设计

脚踏板可分为往复式、回转式和直动式三种，如图 5-18 所示。直动式脚踏板有以脚跟为转轴和脚悬空两种。例如，汽车的加速踏板是以鞋跟为轴的踏板，制动踏板是悬空踏板。脚踏板多设计成矩形和椭圆形，以便于施力。

脚踏板的长宽尺寸主要取决于工作空间和踏板间距，表 5-2 给出了脚踏板的设计参数推荐值。

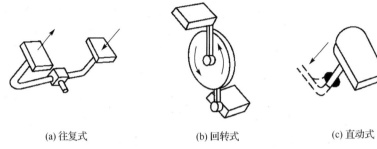

(a) 往复式 (b) 回转式 (c) 直动式

图 5-18 脚踏板类型

表 5-2 脚踏板的设计参数推荐值

名称		最小	最大
踏板大小/mm	长度	25	取决于可用空间
	宽度	75	
踏板位移/mm	一般操作	13	65
	穿靴操作	25	65
	踝关节弯曲	25	65
	整脚运动	25	180
阻力/N	脚不停在踏板上	18	90
	脚停在踏板上	45	90
	踝关节弯曲	—	45
	整脚运动	45	800
踏板间距/mm	单脚任意操作	100	150
	单脚顺序操作	50	100

2. 脚踏钮的设计

脚踏钮可设计成矩形，也有圆形。在不方便手操作的情况下，脚踏钮可取代手按钮进行操纵，它可以迅速操作，但一般要占较大的面积。若圆形直径为 13~51mm，则脚踏钮阻力最小为 17.8N，最大为 88N。

5.4 操纵器编码方法

操纵器常用的编码方式有形状编码、位置编码、尺寸编码、颜色编码、操作方法编码和字符编码等。

（1）形状编码。用不同的形状进行编码，通过视觉和触觉进行识别。设计时着重考虑两点：一是操纵器的形状应反映其功能，使人易于识别和记忆；二是要考虑操作人员在戴上手套或不能目视的情况下也能分辨与操作。

图 5-19 是亨特（D. P. Hunt）通过实验在 31 种旋钮形状中筛选出的三类 16 种适合于不同情况、识别效果好的形状编码旋钮。A 类适用于 360°以上的连续转动或者频繁转动；B 类适

合于旋转调节范围不超过或极少超过 360° 的情况；C 类适合于旋转调节范围不超过 360° 的情况，旋钮的偏转位置可提供重要信息，如用以指示状态。

(2)位置编码。用不同的布置位置和方向进行编码，通过触觉即可进行识别。试验结果表明，当不用目视进行操作时，垂直排列操纵器辨认的准确性优于水平排列布置的操纵器。

(3)尺寸编码。用不同的几何尺寸进行编码，通过视觉和触觉进行识别。用尺寸编码时操纵器的尺寸差异应大于 20%，且少于三种。尺寸编码在识别上没有形状编码有效。

(4)颜色编码。用不同的颜色进行编码，通过视觉进行识别。人眼可辨别的颜色很多，但用于操纵器编码的颜色通常只有红、橙、黄、绿、蓝等几种。颜色编码一般不单独使用，常与形状编码、尺寸编码合并使用。按操纵器功能的不同，其颜色可参见表 5-3 进行选用。

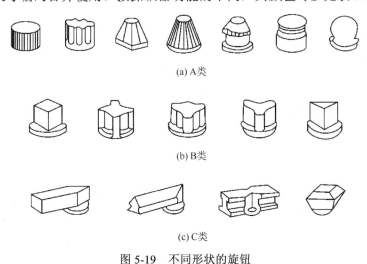

(a) A类

(b) B类

(c) C类

图 5-19　不同形状的旋钮

表 5-3　操纵器的功能和配色

功　能	易用色	忌用色
停止、断开、事故	红	绿
起动、通电	绿、白、灰、黑	红
起停两用	黑、白、灰	绿、红
复位	蓝、灰、白	绿
复位、停止	红	绿

(5)操作方法编码。用不同的操作方向和阻力等进行编码，通过手(脚)感知进行识别。

(6)字符编码。用文字、符号进行编码，通过视觉进行识别。所用的文字和符号应简明易懂，不易误解。

5.5　软操纵器设计

5.5.1　软操纵器的基本设计原则

1. 软操纵器的基本设计原则

软操纵器是相对于硬操纵器而言的。硬操纵器采用物理接触的方式操纵，每种操纵器都有一个对应的物理实体形态。软操纵器的操纵方式并非传统的物理接触方式，因此，很多软操纵器并没有与之对应的物理实体形态。软操纵器的含义较硬操纵器要宽泛得多，命令语言、菜单、功能键、表格、问答对话以及语音对话等都是软操纵器，用于软操纵控制。

软操纵器应采用一致的界面设计形式和一致的编码含义，并与用户所熟悉的标准和惯例保持一致。与软操纵器相关的显示信息应邻近布置。对于关键的设备参数应有极限值标志和指示操作的限制。不同类别的软操纵器编码应易于快速区分，并保证在所有观察距离和照明条件下易于辨认。尽量采用图形编码表现动作属性。

如果图标用于操纵动作，那么应有指示该动作的标签。图标应尽可能是简单、封闭的图形。采用抽象符号编码时应符合用户惯例，且每个图标和符号应只代表一种操作，并易于与其他图标和符号区分。图标和符号的方向应始终处于垂直位置，以便于正常认读。图标和符号的尺寸应大到能让用户感知。当用户选择某图标或符号时，该图标或符号应能突出显示。

2. 软操纵对象的显示设计

软操作对象的显示包括软操纵器显示、输入数据区显示和输入数据格式显示等，它们是通过计算机显示界面呈现给用户的。软操纵对象显示设计的优劣对用户可靠地使用软控制系统至关重要。

5.5.2 软操纵器的类型及特点

软操纵器包括命令语言、菜单、功能键、宏命令和可编程功能键、表格、直接操纵、自然语言、问答对话、语音对话等类型。类型的选择要基于预期的任务要求、系统响应时间及用户技能等用户任务。表 5-4 为用户任务与类型选择。

表 5-4 用户任务与类型选择

任务/对象	命令语言	菜单	功能键	宏命令和可编程功能键	表格	直接操纵	自然语言	问/答对话	语音对话
任意的输入序列	√					√			
减少手动操作									√
不可预测恢复							√		√
宽范围控制输入	√								
频繁操纵/处理			√	√					
小的命令集合		√	√						
复杂操纵			√	√	√				
大的命令集合		√		√					
例行数据输入								√	
输入顺序约束								√	
需要输入数据灵活性					√				
少量任意数据输入		√				√			
慢的计算机响应时间					√				
快的计算机响应时间		√				√		√	
高度训练的用户	√								
中度训练的用户				√	√		√		
没有训练的用户		√				√		√	√

5.6　手握式产品设计实例——厨刀设计

5.6.1　厨刀人机设计流程图

刀设计的目的：①研究握柄形状，增加持握稳定性，避免意外伤害事故的发生；②研究握柄角度，以保证手腕处于顺直状态，减少腱鞘炎、腕道综合征等重复性积累损伤；③研究刃口角度，以利于运刀、施力，缓解手臂的疲劳；④解决食指因局部受力而引发的疼痛问题；⑤解决粘刀问题，减少无效动作，提高工作效率。

厨刀人机设计流程图如图 5-20 所示。

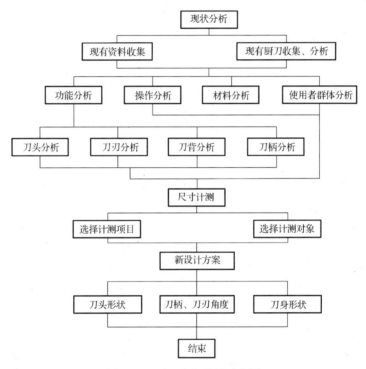

图 5-20　厨刀人机设计流程图

5.6.2　现状分析

1. 现有资料收集

厨刀的主要功能是完成对蔬菜、肉类的切削、分割工作。切、剁、砍、割、片(削)、顿是厨刀最常用的操作动作。这些动作可以满足绝大部分切削、分割工作的要求。新厨刀设计应在满足人机工程学设计原则的前提下，较好地完成这些操作。

2. 现有厨刀收集

1)厨刀的用途与分类

通过市场调查发现，厨刀随着其用途不同而表现为不同的形态。厨刀的用途与分类参见表 5-5。

表 5-5　厨刀的用途与分类

分类	图例	主要用途
大(中、小)片刀		适合各种食物的切割，分为大、中、小三种型号，基本上可以满足所有的切削，是日常家居最常用的菜刀种类
大(小)砍刀	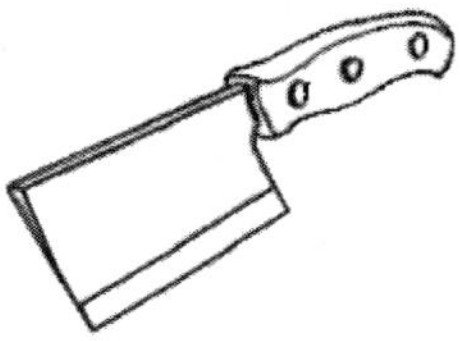	主要用于切割较为坚硬的骨头，也用于各种不易砍断的大块食物的粗略分割
多用刀		适合大多数厨房烹调用的蔬菜、肉类、瓜果的切割，一般用于大量、粗切、快速的切削工作
蔬菜刀	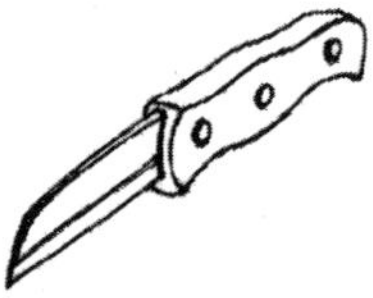	用于切割小的蔬菜、瓜果，不适合大规模、快速的切削工作
厨房刀	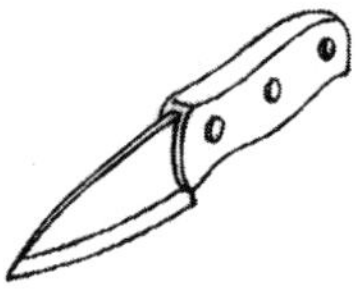	用于切削蔬菜、瓜果，偏向日常烹调使用
西厨刀	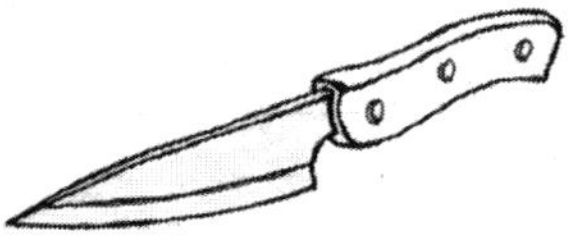	用于西餐的一些长条状食品的切削
西瓜刀	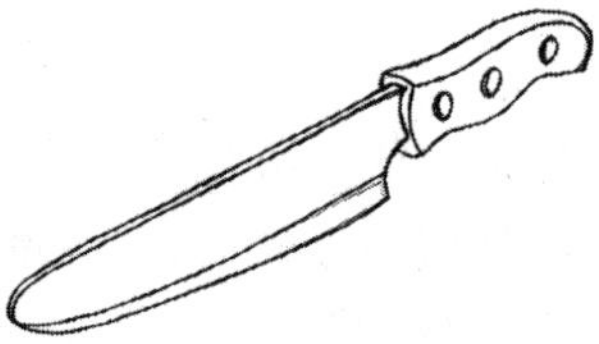	用于大型瓜果蔬菜的切削，如西瓜、冬瓜、哈密瓜等

由于片刀是日常居家最常用的厨刀，因此，以片刀设计为例，进行人机工程的应用研究。

2)片刀尺寸的测量统计值

通过对收集到的 26 把片刀的尺寸测量，得到目前市场上片刀的基本尺寸统计值如表 5-6 所示。

3. 现有产品分析

1)功能分析

通过对市场现有厨刀的功能、结构、材质的市场调查，整理出几种具有代表性的厨刀结构，并对这些结构进行了功能分析(表 5-7)。

表 5-6 片刀的基本尺寸统计值

测量内容	平均值 $\bar{x}$	标准差 S
圆刀柄直径/mm	28	2.1
矩形刀柄高度/mm	29	2.7
矩形刀柄宽度/mm	18	1.5
刀柄长度/mm	100	5.3
刀身长度/mm	175	10.4
刀身宽度/mm	84	7.5
刀背厚度/mm	2.5	0.6
重量/kg	0.5	0.12

表 5-7 厨刀的结构及功能分析

名称	图示	功能分析
冻肉刀	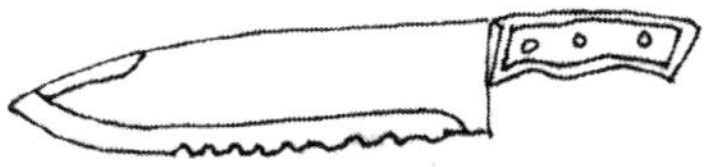	长扁的刀身和锐利的刀尖适合刺入的操作。锯口利于锯坚固的冻肉。刀柄符合手形曲线。刀体较轻，便于操作
多功能刀		刀身长宽比例适中，切、割、片的操作都较适合，但背部的锯齿不利于双手配合操作
西瓜刀		刀体长而轻，适合切质地软而个头大的物体
阳江十八子		刀背上的尖口可以起瓶盖，但进行该操作时，刃口容易伤人，很不安全
剔骨刀	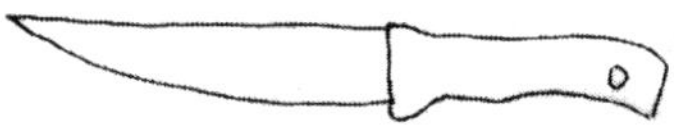	刀体短小，尖端锋利，操作灵活
片刀		刃口呈弧形，便于操作时进退刀，但上翘的刀体尖部容易造成误伤
盛达剔骨刀		刀尖呈锥形，利于刺入，刃口的弧形使进退刀都很方便

续表

名称	图示	功能分析
大砍刀	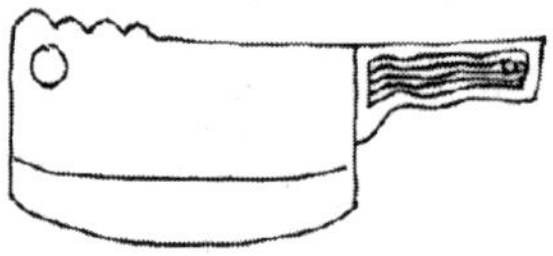	重心离刀柄较远，砍操作时较省力，但刀柄设计在施力较大时易脱手，不安全
日本特钢刀	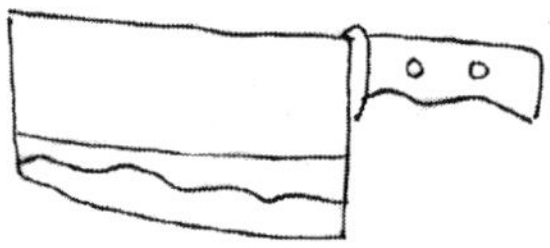	刃口倾斜一定的角度，与切削用力方向吻合
怪刀		刀柄与刀体形成一定的夹角，切削时可以减小刃口的阻力与刀柄上施加的力所形成的转动力矩，改善了施力条件。同时，可使腕部关节处于顺直状态，消除了静态肌力
概念刀	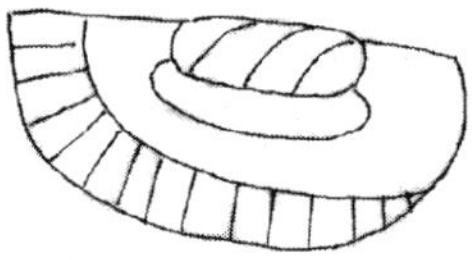	在进行割的操作时，该造型受力状态最合理，切削力与施加的力共线。但切、砍、剁、顿却非常吃力

为了便于详尽地分析，将厨刀的结构再细分为四个部分：刀头、刀刃、刀背和刀柄。分别讨论各部分的形状和功能。

（1）刀头。刀头的形状和功能分析见表5-8。由于半弧形刀头切削灵活，适用范围较广，因此，可选用这种形式的刀头作为片刀刀头。

表5-8　刀头的形状和功能分析

刀头形状	图示	功能分析
半弧形		常见于一些切肉、菜类的刀具中。半弧形刀头使刀身前端重量较轻，适合进行大量、快速的切削操作，适用范围较广
平头形	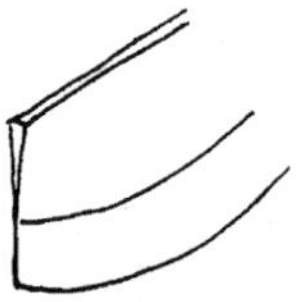	常见于大砍刀一类的刀具中，适合切削质地坚硬的食物，前端的平头可增加刀身前端重量，有利于砍切用力
圆弧形		最常见于西瓜刀的设计中，它的前端无切削功能，刀头呈圆形。刀身较轻，适于用力不大的切瓜果操作
尖形		西厨用刀、剔骨刀的刀头设计，刀身较轻，适于精细操作

（2）刀刃。刀刃的形状和功能分析见表 5-9。其中，弧线后部凸起结构使用灵活、省力，受力状态合理。因此，可选用这种形式的刀刃作为片刀刀刃。

表 5-9 刀刃的形状和功能分析

形状		图示	功能分析
直线	水平		普通菜刀刀刃。其特点是：刀刃平直，一次动作的有效切削长度较大。但平直的刀刃限制了手臂运刀的角度，易引发手腕、臂、肩疲劳
	前倾		大、小片刀刀刃。其特点是：刀刃略微倾斜，可以减小切削时的阻力与用力所形成的转动力矩
弧线	后部凸起		普通切蔬菜、肉类刀具的常见刀刃。其特点是：刀刃后部凸起，前后均呈弧形，中部为主要受力部位。刀刃前端稍翘起且略呈弧形的设计，可以减小刃口与被切物的接触长度，增加单位长度上的切削力，使切削变得省力。同时，可以减小切削时的阻力与用力所形成的转动力矩。此外，还可以避免直线形刀刃对手臂运刀角度的限制
	中部凸起		大的刀片或大型菜刀刀刃。其特点是：中部略凸起，前后两端微向上翘，适于大块物品的切割。前后端略微翘起，略带圆弧的刀刃设计，便于刀的切、割等往复运动的操作
	前部凸起		砍刀刀刃。刀刃前部凸出，重心也在前部，便于砍切用力
锯齿	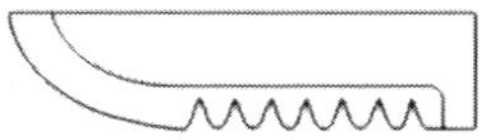		冻肉刀刀刃。其特点是：刀刃中间有细小的锯齿刃，便于切割冻肉制品，以及面包一类软质食品的切割

（3）刀背。刀背的形状及功能分析见表 5-10。一般来说，应尽量少采用这类附加功能，主要是因为在利用刀背操作时，另一侧的刀刃很容易引起误伤。

表 5-10 刀背的形状及功能分析

刀背结构	功能分析
	背部有凸起，目的是砸碎大而硬的骨头；圆孔结构可以将刀挂起来放置
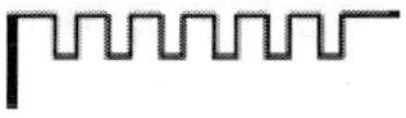	锯齿形结构可以用来刮鱼鳞
	瓶启结构，用于开启瓶盖

（4）刀柄。刀柄的形状及功能分析见表 5-11。刀柄横截面一般为矩形、圆形或椭圆形。其中，矩形刀柄虽然持握稳定，但舒适性较差；圆形刀柄虽然持握舒适，但容易旋转，持握稳定性较差；椭圆形刀柄持握较圆形稳定，不易旋转，也较舒适。因此，可选用椭圆形刀柄作为片刀刀柄。

表 5-11　刀柄的形状及功能分析

刀柄横截面	刀柄侧面	功能分析
矩形		刀柄上部外形与人手持握的弧线相吻合，持握舒适。但是，下部弧线的曲率与手的大小密切相关，过于突出的弧线设计会使适用范围受限
		上部前端尖凸起为止推结构，防止滑脱，便于施力。上下部过于突出的弧线设计会使适用范围受限
		棱角式刀柄，中间有防滑块。中间较细为双向止推结构，防止滑脱。持握舒适性差
		下部前后都有凸起，防止手向前、向后滑动。过于突出的凸起结构，会使适用范围受限。手小了起不到止推作用；手大了会妨碍持握
		有较好的向下倾斜角度，可以改善施力状态。前部向下倾斜用于止推，同时带有防滑块
圆形、椭圆形		中间突起圆形刀柄结构可以防止沿轴向的滑动，但不能防止沿圆周方向的转动
		曲线型圆截面刀柄可以防止沿轴向的滑动，但容易产生转动，不利于持握
		带有防滑纹理的圆柱形渐变刀柄。可以防止沿轴向的滑动，但同样不能防止沿圆周方向的转动

4. 操作分析

1）片刀持握方式及基本操作方式

（1）片刀常见的持握方式分为竖握方式（两种）和横握方式（一种），参见图 5-21 和图 5-22。

(a)

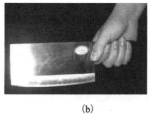
(b)

图 5-21　竖握方式

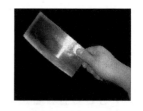

图 5-22　横握方式

　　由图 5-21 和图 5-22 可见，三种持握方式食指都直接与刀身尾部端面接触，在切削操作时，受到较大的局部压应力。常常造成食指中部出现红肿、压痕或不适；对竖握持握方式，由于拇指直接按压在刀背上，也会受到较大的局部压应力。因此，在食指与刀身尾部端面接触处和刀背拇指按压处均需加以改进，以改善食指、拇指的受力状况（图 5-23 箭头位置）。对于横握方式，拇指直接按在金属刀身上，也应加以改进（图 5-24 箭头位置）。

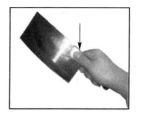

图 5-23 拇指、食指受到较大的局部压应力　　　　图 5-24 拇指直接按在金属刀身上

(2)片刀基本操作方式有砍、剁、切、割、顿、片(削)六种。表 5-12 列出了片刀的基本操作分析。

表 5-12 片刀的基本操作分析

操作方式	操作图示	操作分析
砍		砍的动作是菜刀操作中动作幅度和施力最大的一种。在刀接触被切物时，刀刃垂直向下。砍的动作要求较大的持握力，以免刀柄旋转和滑脱。砍的动作准确度低
剁		剁的动作是菜刀操作中动作较大的一种。其动作幅度和施力较砍相对小些。与砍的动作相比，准确度也高一些。适于切碎物品。长时间操作易引起前小臂的疲劳和肘部的酸痛
切		切的动作在菜刀操作中使用频率最高、切削精度最高。适用于切削薄片、细丝。操作时腕部常常处于某一固定姿势不变。如设计不良，腕部就会长时间在较大的静态肌力下工作。易引发腱鞘炎和腕道综合征
割		割的动作是一种往复式运动。刀刃的前部、中部和后部依次与被切物接触。为保证运刀流畅，刀刃应呈弧形，且前部和后部应有圆角
顿		顿主要是用刀的后端进行操作。它是针对质地较硬的物体，如小骨头的切断动作，用力较大
片(削)		此操作刀刃是水平方向运动的，主要用于片削大的薄片。用力时主要是前小臂的横向运动，由肘部来带动，前小臂和肘部都较易疲劳

2) 刀柄、刀刃的倾角

由市场调查发现，目前市场上绝大部分片刀的刀柄为直线式刀柄，如图 5-25 所示。使用直线式刀柄进行切的操作时，手腕处于尺侧偏状态，见图 5-26。

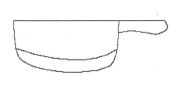

图 5-25　直线式刀柄

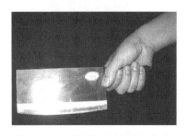

图 5-26　手腕处于尺侧偏状态

长期在这种状态下操作会引发腱鞘炎、腕道综合征等积累性损伤。若使手腕处于顺直状态，刀刃与水平面会有一倾角，参见图 5-27。为使手腕处于顺直状态，可以将刀柄向下弯曲一个角度，即使用弯折式刀柄，见图 5-28。有文献提出，工具的把手与工作部分成 10° 左右角时，效果最好。通过计测，本设计所取角度为 12°。

图 5-27　手腕处于顺直状态

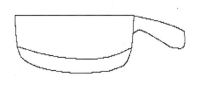

图 5-28　弯折式刀柄

切削时腕部不仅需要克服来自刃口的阻力，还需要克服由于阻力与用力不共线而产生的旋转力矩，见图 5-29。它增加了腕部负荷，加快了疲劳的来临。为减小旋转力矩，提高用力效率，应尽可能使刀刃切削时的阻力与用力共线，见图 5-30。

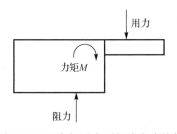

图 5-29　阻力与用力不共线产生旋转力矩

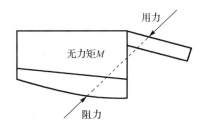

图 5-30　刀刃切削时的阻力与用力共线

为缓解直线形刀刃对手臂运刀时角度的限制，保证运刀动作流畅，刀刃的前部和后部应采用圆弧形过渡。这样，既缩短了刃口与被切物接触线的长度，增加了单位长度上的切削力，同时，也利于进刀和退刀。

3) 刀具重心分析

(1) 重心在刀身前部进行砍、剁等施力较大的操作时省力，但在切、割、顿、片时容易产生疲劳，参见图 5-31。

（2）重心在刀身后部在切、割、顿、片时很灵活，但在砍、剁的操作中施力困难，参见图 5-32。

（3）重心在刀身中部是前面两者的综合，适应面较广，参见图 5-33。

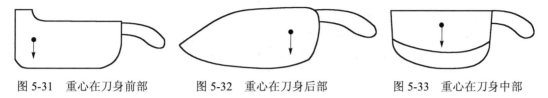

图 5-31　重心在刀身前部　　　　图 5-32　重心在刀身后部　　　　图 5-33　重心在刀身中部

5. 材料分析

1）刀片材料

由于不锈钢具有在腐蚀性介质中高度稳定、高硬度、高耐磨性、易清洁和美观等特点，因此绝大多数厨刀均选用不锈钢作为刀身材料。3Cr13、7Cr17M、Mo717-1、Mo717-2、Mo717-3 等型号的不锈钢都是很好的刀身材料。在添加了 Mo 元素后，不锈钢可以具有更好的韧性和耐磨性。

2）刀柄材料

（1）金属刀柄一般采取刀片与刀柄一体化，结实，但手感不好，且容易滑脱。

（2）塑料刀柄脆性较大，在强振动下易破裂。易滑脱，易老化，手感不好。

（3）橡胶刀柄手感较好，与手之间的摩擦适中。但存在老化问题，与人的亲和力也较差。

（4）木制刀柄手感好，摩擦适中，与人的亲和力强。

（5）电木刀柄手感、强度等性能均较好。

（6）组合式刀柄一般采用金属加木质或电木结构，刀柄牢固，手感也好。可满足刀柄的多种功能要求，同时还能起到装饰作用。

6. 使用者群体分析

厨刀的使用者主要是成年人，使用者群体可定位在 20～50 岁的年龄段，应同时适合男性和女性使用。

5.6.3　尺寸计测

1. 选择计测项目

片刀设计的尺寸计测项目计测内容如表 5-13 所示。

2. 选择计测对象

计测对象可选择 20～50 岁的男性和女性。

3. 尺寸计测

由于条件限制，本设计选取 20 名（男女各 10 名）22 岁的大三学生作为计测对象，计测结果参见表 5-13。

表 5-13　持握片刀的尺寸计测项目及计测值　　　　　　　　　（单位：mm）

项目	图示	平均值	标准差
持握时的握柄长度 1	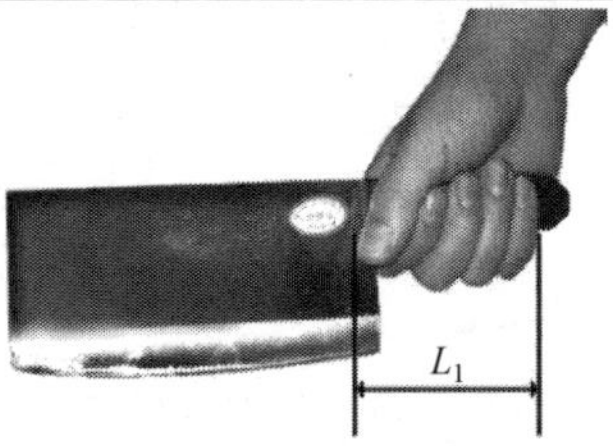	81	9.2
持握时的握柄长度 2	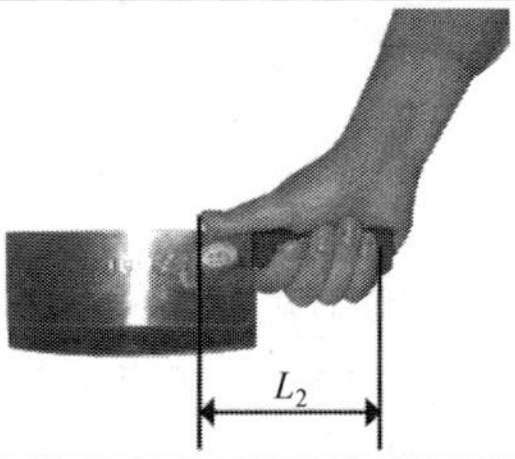	94	9.9
持握时的握柄长度 3	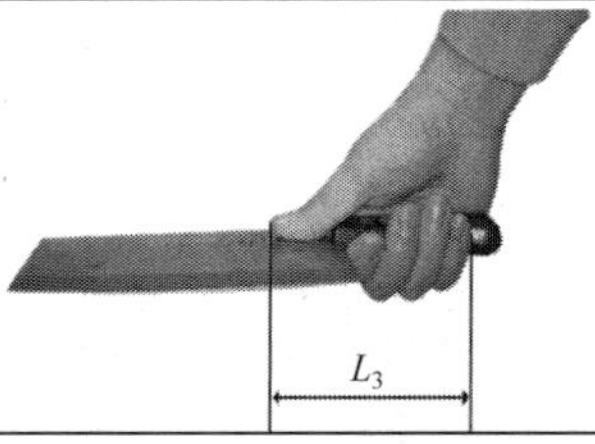	97	9.7
拇指指宽	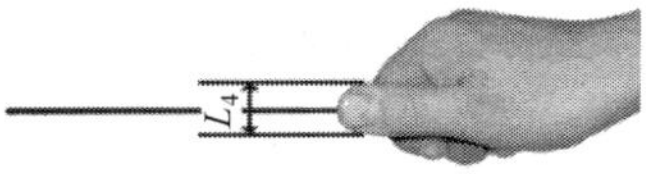	23	1.7
握柄倾角	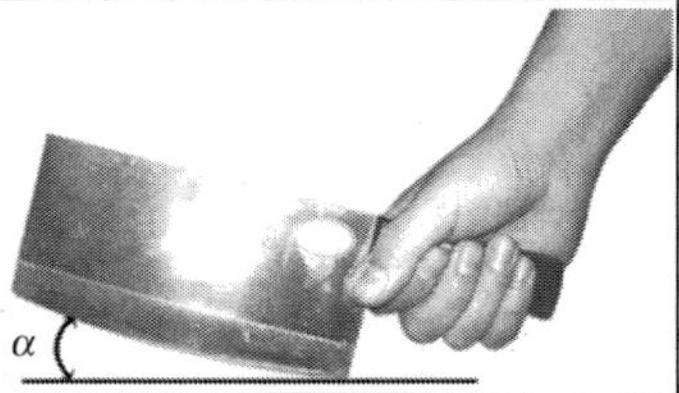	12°	2.1°
握柄直径	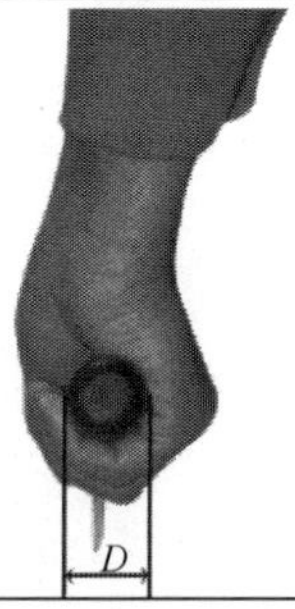	25	2.2
四指容指空间	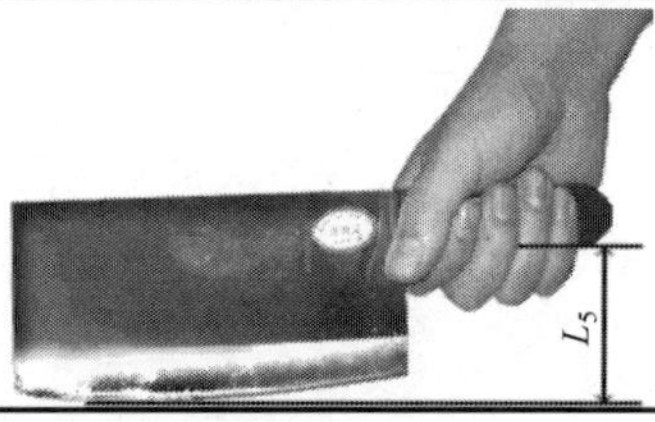	39	4.1

5.6.4　新设计方案

1.　刀柄形状

刀柄形状与人手持握的弧线相吻合。椭圆形截面使人持握时有稳定感、舒适、易于施力、不旋转。鱼腹形(中间突起)刀柄,可以防止轴向滑脱。在刀柄上方增加了竖握拇指按压结构(凹坑),在两侧均添加了横握拇指按压结构(凹坑),见图 5-34,它可以同时满足惯用右手和惯用左手操作者的操作需要。此外,还增加了食指保护结构(护板),见图 5-35。这些结构可使拇指、食指免受较大的局部压应力,避免了拇指直接按在金属刀身上所产生的不适感;增加了持握的稳定性和操作的舒适性,体现了宜人性设计的人机工程设计理念。

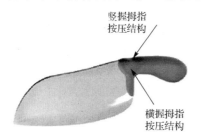 

图 5-34　竖握、横握拇指按压结构　　　　　　　图 5-35　食指保护结构

2.　刀柄、刀刃角度

本设计采用弯折式刀柄,以保证操作者持握刀具时手腕处于顺直状态。通过计测得到的弯折角为 12°。

为避免切削时产生旋转力矩,刀刃所受阻力最好与刀柄施加的切削力共线。因此,取刀刃切削部分与刀柄平行。

3.　刀身形状

(1)刀刃呈弧形设计,前部弧形大约与菜板成 12° 角。既保证了刀刃切削时的阻力与用力共线,也缓解了直线形刀刃对手臂运刀的角度的限制。前端倾角便于往复切削,后端弧形便于退刀操作。

(2)刀头最前端的刀尖便于进行戳、挑、刺等操作。

(3)刀背略凹,与刀身整体形状相呼应,并利于另一只手辅助施力。刀身两侧开有防粘连凹槽,能有效地防止被切割物粘在刀身上阻碍视线。节省了切菜时去除粘贴物的时间,提高了工作效率。

4.　材料

刀柄采用木质或电木材料;刀体选择马氏体不锈钢 3Cr13。

5.　重量

重量取 0.5kg。新片刀设计效果图参见图 5-36,尺寸图参见图 5-37。

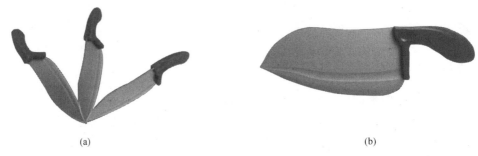

(a)　　　　　　　　　　　　　　　　　　　　(b)

图 5-36　新片刀设计效果图

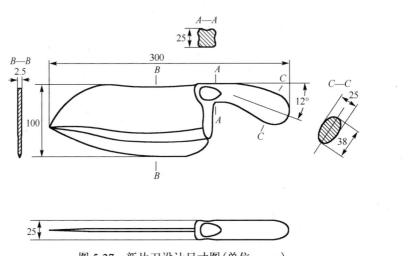

图 5-37　新片刀设计尺寸图（单位：mm）

5.6.5　设计总结

通过以上分析，厨刀的设计应考虑如下内容。

(1) 人体的腕部是完成切削动作的关键部位，长时间不正确的操作方式会造成腕部的积累损伤。

(2) 刀柄是人手持握的部位，它直接影响到使用的功效和人体的舒适程度，是设计的重点。

(3) 刀刃与刀柄的倾角应便于施力。

(4) 必须保证刀柄与刀体连接的强度。

(5) 刀背上的辅助（结构）功能应慎重使用。以防止用刀背操作时，由刀刃引起的误伤事故。

(6) 刀柄的材料应选择与人亲和性好、手感好、摩擦系数大的材料来制作。

(7) 刀体的材料应具有高强、耐磨和耐腐蚀性能。

(8) 应防止被切割物粘附于刀身上。

(9) 刀的重量及重量分布应根据刀的功能来定。

(10) 腕部的合理姿势与工作台的高度有关。工作台的高度应保证司厨者在进行切削操作时上臂处于自然下垂位置。

总之，刀的设计应满足切、剁、砍、割等基本功能，刀的重量、长度、厚度、材料等的组合应使人使用起来最舒适和最有效。

习题与思考题

5-1 操纵器是怎样进行分类的？

5-2 操纵器的基本设计原则是什么？

5-3 手动操纵器的设计要点有哪些？

5-4 手工具的设计原则是什么？

5-5 影响脚动操纵器绩效的因素有哪些？

5-6 操纵器的编码方法有哪些？

5-7 软操纵器的基本设计原则是什么？

5-8 软操纵器的类型及特点是什么？

5-9 仔细分析厨刀设计实例，掌握手握式产品的人机设计流程，并选取一件手握式产品，依据人机设计流程，进行设计。

 参考答案

第6章 作业空间设计和座椅设计

作业空间是指人在作业时所需要的操作活动空间及属具和作业对象所占用的空间。作业空间设计，就是以人机工程标准和原则为指导，科学合理地布置作业属具和作业对象，为操作者提供满足其生理和心理特性的作业空间。

作业空间的尺寸与人体尺寸、属具尺寸和作业姿态等物理因素有关，同时还与作业环境、人的性别、年龄和意识形态等因素有关。作业空间设计主要包括作业区域设计、作业空间布置、控制台和作业属具设计。

6.1 作业空间设计要求

6.1.1 物理方面要求

1. 作业空间的设计要求

从物理方面，作业空间的设计要求如下。

1) 人体尺度要求

作业空间设计必须以人体尺寸为依据，满足视觉、听觉和运动器官的生理要求。操纵装置应布置在人体易于触及的空间范围内；显示器应布置在易于观察的视觉范围内；音响传示装置的位置应保证操作者能听清。同时，应有足够的活动空间供操作者调整操作姿态和出入。作业空间受工作过程、工作设备、作业姿势及在各种作业姿势下工作持续时间等因素的影响。人在作业中常采用的作业姿势有立姿、坐姿、坐立交替姿、单腿跪姿、仰姿和卧姿等。作业姿势不同，所需的作业空间尺寸也不同。

2) 机器尺度要求

对于小型机器设备，经常采用坐姿操作方式；对于大中型机器设备，往往采用立姿、坐姿和立姿交替、立姿和行走结合的操作方式。对于立姿和行走结合的操作方式，在作业空间设计中还需要增加通道的设计。

3) 人与机器相对位置的要求

人与机器相对位置应便于人观察显示器，迅速而准确地操作操纵器，满足视觉可达性、听觉可达性和操纵可达性的设计原则。

4) 人与机器联系的要求

操作者应能通过视觉、听觉和触觉与机器发生联系。

5) 人与人联系的要求

应根据具体需要，使操作者能(或不能)听到其他操作者的声音、能(或不能)看到其他操作者。

6)机器与机器联系的要求

机器之间相对位置的排列应满足使用顺序原则和功能匹配原则。

2. 作业空间的设计原则

从物理方面，作业空间的设计应遵循以下原则。

(1)工作面高度应适合操作者的身体尺寸及所要完成的工作类型。座位、工作面和工作台应能保证操作者舒适的身体姿势。身体躯干能自然挺直，身体重量能恰当地得到支撑，两肘可舒适地置于身体两侧、并使前臂呈水平状。

(2)座椅应可调节，以适应不同身材操作者生理和解剖学特点。

(3)应为身体的活动(包括头、手臂、手、腿和脚)提供足够的活动空间。

(4)操纵器应布置在人体可触及的范围内。

(5)操作者的工作姿态依据工作要求确定，应优先选用坐姿。

(6)对必须用较大的肌力才能完成的工作,应采用合适的身体姿势,提供适当的身体支撑,使通过身体的力或力矩最小。

(7)应为操作者提供变换身体姿势的空间，避免因长时间采用一种姿势而导致身体疲劳。

6.1.2　社会方面要求

人的性别、年龄、民族、文化习俗、社会地位和所处环境等也是影响作业空间设计的重要因素。人对作业空间社会方面的要求可分为人身空间和领域性两个方面。

1. 人身空间

人身空间是指一个人的周围所具有的不可见边界线的封闭区域。该区域随人的移动而移动，其他人闯入会引起人的心理上和行为上的反应。人身空间的大小，可用人与人交往时的距离来衡量。通常分为四种距离，即亲密距离(0~1 个手臂长度)、个人距离(1~2 个手臂长度)、社会距离(2~3 个手臂长度)和公共距离(大于 3 个手臂长度)。不同的距离，允许进入的人的类别不同。

人身空间呈椭球形。实验表明，人对身体正面的人身空间要求较大，后面其次，对侧面空间要求最小。人身空间的大小不是固定不变的值，它随人的性别、个性、年龄、民族、文化习俗、社会地位和环境等因素的变化而变化。例如，在战时环境下，士兵执行巡逻、警戒和侦察任务时对人身空间的要求较大。

2. 领域性

领域性是指人为保证在一定的区域内不受外人干扰而提出的社会空间要求。领域可分为私有领域和公有领域。对于私有领域，所有者有权禁止他人进入；而对于公有领域，任何人都可以进入。与人身空间不同，领域的边界通常是固定的、可见的，它不随人的移动而移动，具有可识别的标记。

满足人的社会空间要求，可以通过增加个人的可用空间，降低人员的密度来实现。如果无法增加个人的可用空间，设置分隔标志也是满足人的领域要求的有效方法之一。例如，用扶手将座位隔开，用活动式屏风将办公区分隔开等。

在作业空间设计中考虑人的作业空间社会要求，可以使人明确自己的作业范围，提高作业的效率，保证操作者拥有适宜的作业空间和良好的心理状态。

6.2 作业区域及控制台设计

作业区域是构成作业空间的主要组成部分，是操作者采用立姿、坐姿、单腿跪姿、仰姿和卧姿等姿势进行作业时的活动范围。作业区域分为手的作业区域和脚的作业区域，常用水平面作业区域、垂直面作业区域和空间作业区域来表示。

6.2.1 手的作业区域

1. 手的水平面作业区域

水平面作业区域是指操作者采用立姿或坐姿操作时，手臂在水平面上移动形成的轨迹所包含的区域。我国电力行业标准 DL/T 575.3—1999《控制中心人机工程设计导则》将坐姿水平面上手操作区按第 5 百分位数男子人体尺寸划分为舒适操作区（Ⅰ）、有效操作区（Ⅲ）和扩展操作区（Ⅳ），参见图 6-1。图中，SDP 为肩关节。舒适操作区是指上臂靠近身体、曲肘，前臂平伸做回转运动所包括的范围；有效操作区指正直坐姿状态、手臂伸直，手能达到的操作区域；扩展操作区指坐姿情况下，身体改变姿势，手能达到的操作区域。

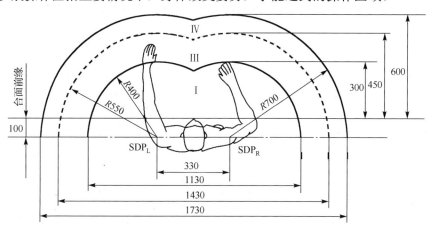

图 6-1　控制台台面上手操作区划分（单位：mm）

2. 手的垂直面作业区域

垂直面作业区域也可分为最大作业区域和正常作业区域。最大作业区域一般定义为以肩峰点为轴，手臂伸直在正中面上移动时，手的移动轨迹所包含的范围；将正常作业区域定义为上臂自然下垂，以桡骨点为轴，前臂在矢状面上移动时，手的移动轨迹所包含的范围。

DL/T 575.3—1999 将坐姿矢状面内手操作区按第 5 百分位数男子人体尺寸划分为舒适操

作区（Ⅰ）、精确操作区（Ⅱ）、有效操作区（Ⅲ）和扩展操作区（Ⅳ），参见图 6-2。图中，r_A 为手的触及域半径。舒适操作区是指坐姿肩关节中心的高度（h_s）与工作台台面之间所包括的空间；精确操作区是指坐姿眼高（h_e）与工作台台面之间所包括的空间；有效操作区为坐姿眼高以上，手功能可触及范围内的空间；扩展操作区是指躯干前倾时(肩关节中心前移 150～200mm)手功能可触及范围内的空间。

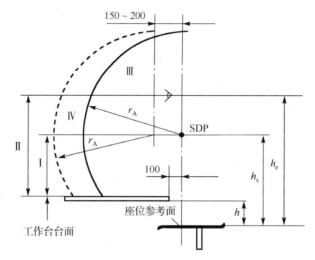

图 6-2　矢状面内坐姿手操作区划分(单位：mm)

在实际操作中，手既有水平方向的运动，也有垂直方向的运动。因此，手的作业范围是水平面作业区域和垂直面作业区域的综合，是一个近似椭球状的空间范围。

6.2.2　坐姿控制台设计

坐姿作业中，当作业面高度在人的肘上 25mm 至肘下 25mm 之间时，对工作效率无明显不良影响，但最佳作业面高度应略低于人的肘高。对于坐姿作业，可使作业面高度恒定，根据操作者肘高和作业特点，通过调节座椅高度，使肘部和作业面之间保持适宜的高度差，并通过调节搁脚板高度，使操作者的大腿处于舒适的位置。

根据作业时使用视力和臂力的情况，可以把作业分为三个类别：Ⅰ类是使用视力为主的手工精细作业；Ⅱ类是使用臂力为主，且对视力也有一定要求的作业；Ⅲ类为兼顾视力和臂力的作业。国标建议的坐姿工作岗位座椅与工作台台面之间的相对高度 H_1 值参见表 6-1和图 6-3。

表 6-1　坐姿工作岗位座椅与工作台台面之间的相对高度 H_1　　（单位：mm）

作业类别	P_5 女	P_5 男	P_{50} 女	P_{50} 男	P_{95} 女	P_{95} 男
Ⅰ	400	450	450	500	500	550
Ⅱ	250		300		350	
Ⅲ	300	350	350	400	400	450

控制台腿部和脚部空间基本尺寸、坐姿相邻工作岗位间距参见图 6-3、图 6-4 和表 6-2。

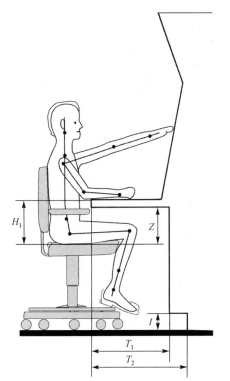

图 6-3　控制台腿部和脚部空间基本尺寸

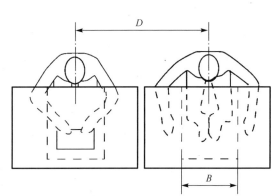

图 6-4　坐姿相邻工作岗位间距

表 6-2　控制台腿部和脚部空间基本尺寸

(单位：mm)

尺寸名称	尺寸值
腿部空间进深 T_1	≥330
大腿空间高度 Z	135(P_5 男性)，175(P_{95} 男性)
脚空间进深 T_2	≥530
脚空间高度 I	≥120
腿部空间宽度 B	≥480
相邻工作岗位(中心线)的间距 D	≥1000

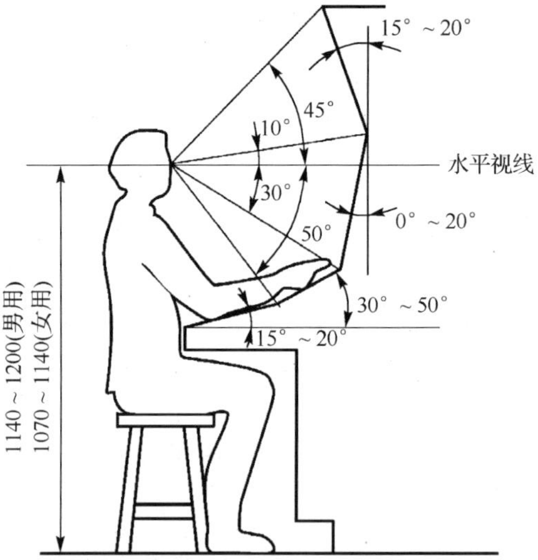

图 6-5　坐姿控制台面的位置与倾斜角度

　　国标规定的坐姿控制台面的位置与倾斜角度参见图 6-5。坐姿控制台高度的最大值应小于 1800mm，工作台台面高度为 760～800mm。

6.2.3　开口尺寸

　　除上面提到的几种常用的作业姿势，在进行设备检修和维护时，有时需采用蹲、坐、屈膝、跪、仰卧、俯卧等姿势进行操作。在上述作业区域设计时必须为检修和维护操作人员留出能够接近设备的通道、容身空间和操作空间。对需要使用工具和设备进行检修与维护的操作，还必须考虑工具和设备所需的空间。

1．人体进入机械的开口尺寸

机械的开口分为通过开口和进入开口。通过开口是指允许整个身体进入活动的开口，通过此开口可以进行如操作、监控和检查等工作。进入开口是指允许人体局部通过的开口，人通过该开口可向前俯探身体、向前触及，或是伸展上身、腿或足，能够进行操纵、修理或对显示器进行监控等。其中，通过开口尺寸均为最小功能尺寸；进入开口尺寸均为最小功能尺寸和触及的最大尺寸。

人体进出机械开口所需的尺寸除应考虑相应的人体基本尺寸，还应该考虑衣着的厚薄、携带的工具、佩戴的防护装备、进入的姿态、作业的频次、开口的通道的长度、要求的通过时间、人体支撑物的位置与尺寸等。GB/T 18717.1—2002《用于机械安全的人类工效学设计第 1 部分：全身进入机械的开口尺寸确定原则》和 GB/T 18717.2—2002《用于机械安全的人类工效学设计第 2 部分：人体局部进入机械的开口尺寸确定原则》，分别提出了全身和局部进入机械的开口尺寸确定原则。

2．辅助进入的空间尺寸

在实际装备中，人体进入机械开口时还必须提供相应的辅助进入空间。GB/T 18717.2—2002 给出了进入开口辅助空间配置最小尺寸要求。

6.3　作业空间中的元件布局

布局问题广泛地存在于运输中货箱的摆放、机械行业中零件的布局、生产车间中的设备布局、航空航天的驾驶舱布局以及建筑和电路板的元件布局问题中。例如，电路板元件布局的目标是使其在完成所有功能的前提下实现布局空间最小和布局元件距离最短。

作业空间元件布局的任务是依据一定的指标或者准则，将人机界面中元件合理地布置在一定空间范围内，以保证人机界面发挥其最大工效。元件布局对于人机系统的运行效率、安全及舒适性有重要影响，是影响人机界面设计质量的一个重要因素，同时也是人机界面设计中比较复杂的部分。因为在现代控制系统中，元件数量规模通常比较大，而且元件间关系复杂，所以很难准确地确定元件的空间位置关系。这里的元件泛指任何需要布局在指定空间里的物理实体，可以是人，也可以是物。

6.3.1　元件的布局原则

元件的布局原则主要包括重要性原则、使用频率原则、功能组原则、操作顺序原则、相关性原则和显控协调性原则。

(1) 重要性原则。根据作业元件的重要程度，把重要的元件布置在便利位置，以确保其重要性的发挥，提高操作的工效与系统运行安全性。通常是将重要的显示器和操纵器布置在人的最佳视野范围内或者手部的最佳操作范围内。元件重要性的确定通常是由系统运作方面的专家来决定的。

(2) 使用频率原则。将操作过程中使用次数多的作业元件布置在便利位置，以减轻作业人员的工作负荷。将比较常用的显示器和操纵器放在便于观测和操作的位置，并与其他不常用的显示器和操纵器分离开，能提高操作的速度和准确性，并减轻操作人员的生理和心理负担。

(3) 功能组原则。按功能、用途对作业元件进行分类，功能相近的成组布置，以便于识别和操作。例如，将显示速度和控制速度的元件成组布置，将显示方向和控制方向的元件成组布置。

(4) 操作顺序原则。作业过程中，某些任务的观察和操作过程可能具有一定的程序，为了方便快捷地完成作业任务，相应的作业元件应按照使用顺序进行布置。这样能保证操作具有条理性，不会因为元件布局的不合理而在面板中艰难地找寻下一个所要使用的元件。这在紧急情况下显得尤为重要。

(5) 相关性原则。元件的相关性是操作或观察时指元件之间相互影响的程度，是布局中需考虑的重要原则。相关性值越大的元件在空间位置布置时就应该布置在越相近的位置。相关性数据应当由专家和对系统操作熟悉的人员来确定。

(6) 显控协调性原则。该原则是指操纵和显示之间关系与人的期望一致。包括空间协调性、运动协调性、概念协调和习惯模式。

① 空间协调性是指显示器、操纵器在空间位置上与人的期望值一致，主要包括两方面：一是显示器与操纵器在设计上存在相似的形式特征；二是显示器与操纵器在位置布局上要对应而且逻辑上相适应。

② 运动协调性是指显示器和操纵器的运动关系，包括观察、操作关系与人的心理和生理特性相一致。操纵器的动作、显示器指示部分的运动、所操纵变量的增减方向是决定运动关系协调性的主要因素。

③ 概念协调是指显示器与操纵器在概念上与人期望的一致性。如绿色通常表示安全，黄色表示警戒，红色表示危险。

④ 习惯模式是下意识和自动行为的一种自然的条件反射。在显控系统协调设计中，考虑显示与操纵相应的动作应符合人的习惯模式。根据人的生理和心理特征，人对显示界面与操作界面的运动方向有一定的习惯定式，如顺时针旋转或自下而上，人的心理期望值增加，反之则减少。

以上布局原则中，没有某一个单一原则能够适用于所有场合，并解决所有的布局问题。工程实践中的布局过程通常需要综合考虑多条原则，或根据具体情况重点考虑某一条或两条原则。

在作业空间中，最理想的情况是把每一个元件都放在最优的位置上，以取得最佳的作业绩效。但实际上，将每一个元件都放在其最优位置上通常是无法实现的。因为某些场合会存在布局原则相互冲突，无法同时满足的情况。例如，如果将重要的操纵器安置在最优的操作区域里，可能就造成它与其相关显示器的分离。如何综合考虑众多布局原则，以及分清布局原则之间的主次关系是布局过程中需要解决的一个难题。

6.3.2　元件的布局方法及步骤

元件的布局方法包括传统手工布局方法和计算机辅助布局方法。传统手工布局方法是目前使用最普遍的方法，通常是由设计人员根据布局相关的资料，结合布局原则及个人的主观经验进行布局。传统手工布局方法在很大程度上依赖于设计人员的主观判断和偏好，因此布局结果往往也是因人而异的。

　　传统布局和计算机辅助布局都需要收集元件布局相关的资料、分析单个元件的信息、分析元件间各种关系的信息、进行布局及对布局结果进行验证。

　　1. 收集相关资料

　　收集得到完整的元件布局相关资料对于布局过程非常重要。获得相关资料的方法很多，咨询有相关经验的人员是一种重要手段，也可以参照原系统或相似系统资料,或者从设计要求、概念、方案中推出将要执行的作业活动的信息。元件布局相关资料通常包括以下三个方面。

　　(1)人体的相关资料。与元件布局最相关的人体相关资料包括人体测量和生物力学的资料，还包括人的感觉、认知、心理、动作和技能等方面的资料(可参见第3章)。例如，人眼睛的视域和手部的可达域关系到操纵人员是否能够接触到操纵器、观测到显示器，是布局过程中需要重点考虑的人体因素。

　　(2)作业的相关资料。这里将工作活动称为作业。作业的相关资料是指与特定系统里或作业环境下人们从事(或可能从事)的工作活动有关的资料(可参见第8章)。

　　(3)环境的相关资料。环境的相关资料是指作业环境的特征，如热环境、照明、噪声、振动和辐射等(可参见第7章)。

　　下面主要讨论与作业活动有关的资料。在元件布局中，与作业相关的有用信息可分为两类：一类是关于单个元件的使用信息；一类是使用多个元件时，有关彼此之间联系的信息。

　　2. 分析单个元件的信息

　　对于单个元件,信息分析工作主要是通过收集到的资料来确定其使用频率(或可能的使用频率)和重要性。单个元件的重要性通常依靠专家的评估；单个元件的使用频率通常倾向于使用现有系统的资料来确定，也可采用专家评估方式。

　　重要性和使用频率并不是完全正比的关系，使用频率高的元件通常是重要的，但有些重要元件的使用频率却很低，如飞机弹射座椅的拉杆只在飞机出现要坠毁情况时才被使用。因此，常常采用频率—重要性综合指标进行评估，这种评估方法需要通过重要性和频率的得分及权值来计算。常见的计算方法包括：①相加；②相乘；③赋权重相加，即分别赋予频率及重要性以不同的权重，然后将它们相加；④赋权重相乘，即分别赋予频率及重要性以不同的权重，然后将它们相乘。计算方法的不同，也会带来排列顺序的差异，需要设计者根据布局设计的具体特点加以选择。

　　还可通过操纵器接近性指数进行评定。该指数是由 Banks 和 Boone(1981)开发的，根据使用频率、操纵器对于操作员的相对位置和操作员伸手可触及的范围三项指标，来确定该指数的最后得分。

　　频率—重要性综合指标、接近性指数都可用于作业空间范围或一般的临近区域内的操纵器的定位。

　　3. 分析元件间各种关系的信息

　　元件之间的关系称为联系，这里的元件是指人和显控元件。

　　1)联系的种类

　　联系一般可以分为信息联系、操纵联系以及移动联系三种类型。

（1）信息联系被看作功能性的，包括视觉（人对人或者设备对人）；听觉，语音（人对人、人对设备、设备对人）；听觉，非声音（设备对人）；触觉（人对人或人对设备）。

（2）操纵联系被看作功能性的，包括操纵器（人对设备）。

（3）移动联系一般反映从一个元件到另一个元件的移动顺序，包括眼睛移动；手部移动，脚部移动，或者两者都移动；身体移动。

2）联系的信息种类

联系的信息种类一般包括元件被发生关系的频率；联系发生的顺序；联系的重要性。

3）联系资料的总结和表达

（1）Links 表法。联系的资料通常被总结在 Links 表中。通过使用以下量度表来评价每个元件和任何一个其他元件之间的联系（表 6-3）。图 6-6 所示为一计算机房元件间的 Links 表实例。

（2）相邻布局图形表示法。图 6-7 为在爬升演习中，飞行员在飞机仪表间的眼睛移动（联系）的相邻布局示意图。连接线的粗细代表该项联系的频率或重要性：连接线越粗，表示该项联系发生得越频繁或越重要。这种表达方法的缺点是无法说明元件被使用的顺序。

表 6-3　元件间的联系

元件间的联系	说明	表示方法
绝对必要	两个元件被安排得彼此靠近是绝对必要的	A
必要	两个元件被安排得彼此靠近是必要的	E
重要	两个元件被安排得彼此靠近是重要的	I
普通	所考虑的两个元件之间保持普通的接近度是可接受的	O
不重要	若连接不存在，则两个元件是否布局在一起是不重要的	U
不希望	两个元件布局在一起是不希望的	X

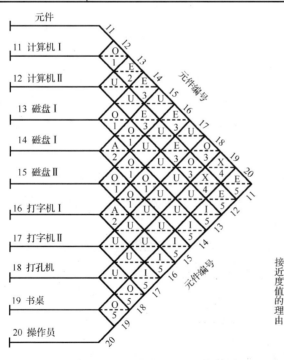

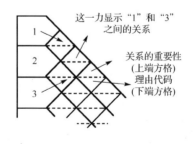

代码	理由
1	需要相似的服务
2	相似的服务
3	需要同时性服务
4	防止拥挤
5	需要操作员
6	
7	
8	
9	

图 6-6　一计算机房元件间的 Links 表实例

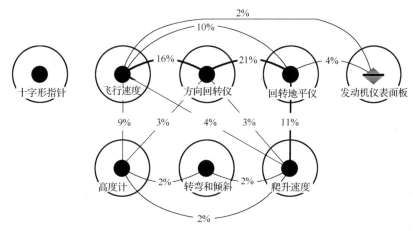

图 6-7　飞行员在飞机仪表间的眼睛移动(联系)的相邻布局示意图

(3)空间操作顺序图形表示法。空间操作顺序示意图是在作业空间表示图上,以示意图的方式描绘出操作的实际顺序。图 6-8 为操作员在阴极射线显示屏上追踪一架飞机的空间操作顺序示意图。它显示了追踪飞机作业的感觉、决策和操纵活动的顺序。

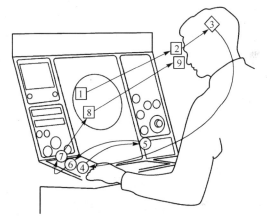

图 6-8　飞行员追踪飞机的空间操作顺序示意图

4. 元件布局

使用布局相关资料(尤其是元件的联系资料)进行元件布局,常采用的方法有实验法、定量分析法及计算机辅助布局法。

1)实验法

结合联系资料进行元件布局时,实验法是使用最为普遍的方法。设计者对于元件的比例样图进行实体布局,设法最大化满足通常是彼此冲突的指标。当布局元件以使用频率或重要性联系的长度最小化时,要设法把使用最频繁的元件布置在最有利的位置,同时还要考虑操作顺序和功能组原则。实验过程通常会是反复进行的。

在这个过程中,一些定量分析的技术可以来协助设计者。对布局结果进行验证,需要让实际的操作人员在原型或模拟器上执行实际或模拟的作业。

2)定量分析法

对元件数量多,元件关系复杂的系统,采用定量分析是有必要的。线性规划是常采用的方法,该方法通过控制多个自变量,使某些目标函数或因变量最优化。最优化就是在某些情况下使得目标函数值最小化(或最大化)。

Huebner 和 Ryack(1961)采用线性规划方法将飞机面板上的 8 个控制器布置在 8 个指定区域内。其基本原理是根据操纵器的使用频率值和手动定位准确性值,计算得出每一种布局方案的总效用成本,然后选择总成本最低的布局方案。

使用频率值和手动定位准确性值来源于:①在 C-131 飞机中进行模拟货运飞行任务(超过 139 个 1 min 的操作作业周期)时,飞行员对于 8 个操纵器的使用频率资料(Deininger,1958);

②在不同区域内手动定位的准确性资料。基于 Fitts(1947)的研究,这里只用了 20 个目标区域准确性资料中的 8 个。准确性的分值采用距离 8 个区域中目标的平均误差的英寸数。

使用线性规划分析资料的具体方法是:将每个操纵器的使用频率值(摘自 Deininger)乘以各个区域里的定位准确性值(摘自 Fitts),获得每个操纵器在不同区域的效用成本。例如,操纵器 C 的使用频率值(20 次),乘以各区域内定位准确性值(2.14~3.49),其在这 8 个区域中的效用成本值位于 42.8~69.8。对于各种可能的布局方案,将各操纵器在布局方案中指定位置上的效用成本相加,可以得到该布局方案的总效用成本。使用线性规划的方法,可以找出总成本最低的方案。

此外,还有 Palmiter 和 Elkerton(1987)为汽车厂设计操纵面板的工作,以及 Pulat 和 Ayoub(1985)为过程操纵行业设计操纵面板的工作的例子。

3)计算机辅助布局法

由于人工布局存在效率低、布局结果因人而异和随机性大等问题,专家学者对采用计算机进行辅助布局设计展开研究,其基本方法是:根据操作任务、功能要求和布局准则,在布局元件之间建立约束条件,构造布局目标函数,采用优化理论进行优化设计,最终求得满足优化条件的布局方案解。约束条件、布局目标函数的构建及优化理论的选择是其关键性问题。

比较典型的辅助布局模型有 1964 年 Buffa 等提出的 CRAFT 模型,仅采用功能单元使用频率准则。其目标函数为:操作过程中眼和手的运动最少。最终布局方案的特点是:使用频率最高的功能单元被布置在最佳操作区,其他功能单元按使用频率高低依次由最佳操作区域向外布置。该模型被用于某种飞机的控制面板设计,使初期设计费用减少了 30%。

Bonney 等于 1977 年提出 CAPABLE 模型,主要针对坐姿操作控制面板设计。考虑了五个准则:功能单元重要性准则、功能单元使用频率准则、功能单元按功能分组准则、功能单元使用序列准则和操作空间相容性准则,基本包含所有人机工程学对控制面板设计的要求。该模型曾被用于处理棒磨机控制室的操纵器以及其他元件的布局设计。优化后的布局不考虑细节内容,预计可以节省 31~35m 的肢体移动。原布局中,操作者处于舒适姿态与位置的时间为 50%,改进后可达到 98%。

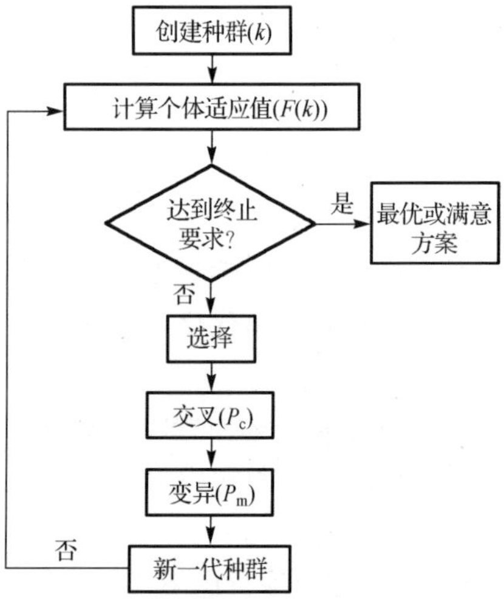

作者开发了基于遗传算法的人机界面计算机辅助布局系统。该系统模仿生物遗传和进化机制,将元件的每一种排列方式作为种群中的一个染色体个体,单个元件作为染色体基因,通过染色体的选择、交叉及变异等行为产生新的子代染色体个体。经过逐步迭代,最终可获得最优或满意个体,即元件排列方式。其目标函数综合考虑了元件重要性、使用频率、操作顺序及联系四条原则。还考虑了多工况下的元件操作顺序问题,适用于复杂人机界面布局。

基于遗传算法的布局优化方法通过初始化种群、适应值检验、选择、交叉和变异等操作来搜索最优解,基本流程参见图 6-9。

图 6-9　基于遗传算法的布局优化基本流程

(1)创建初始种群。初始种群规模为 k，即种群包含 k 个染色体个体。

(2)根据适应值函数计算种群中每个个体的适应值。将个体按适应值的大小递减排列。

(3)删除适应值低的劣势个体，复制适应值高的优势个体到下一代种群中。

(4)从现有种群中选择优异个体用于交叉和变异。将交叉和变异产生的新个体加入下一代种群，并与上代高适应值个体一起组成新种群。

(5)核对终止标准。如果种群个体符合终止标准，搜寻过程停止；否则，继续重复以上寻优过程。

6.3.3 作业空间中显示器和操纵器的基本布局特点

1. 显示器和操纵器布局设计的一般准则

在工作空间设计中，元件的联系值可以作为有价值的参考。显示器和操纵器的作业空间设计的通用的设计准则如下。

第一优先级：主要的视觉作业。

第二优先级：与主要的视觉作业相交互的主要操纵器。

第三优先级：操纵—显示关系(将操纵器靠近与之相关的显示器，以及兼容的移动关系等)。

第四优先级：顺序布局要使用的组件。

第五优先级：将频繁使用的组件布局在方便的位置。

第六优先级：与本系统内部或其他系统布局的一致性。

国标对控制台面上操纵机构和信息显示等装置的布局进行了规定。图 6-10 为坐姿操作操控台的操作机构和信息显示等装置的布局区域，最常用的信息显示器应布置在区域 1、2 和 3 内，最常用的操纵机构应布置在区域 4 和 5 内。图 6-11 为坐—立姿操作操控台的操作机构和信息显示等装置的布局区域，最常用的信息显示器应布置在区域 1、2 和 3 内，最常用的操纵机构应布置在区域 5 和 6 内。

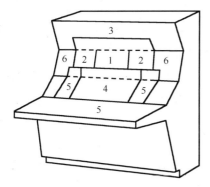

图 6-10 坐姿操作操控台的布局区域

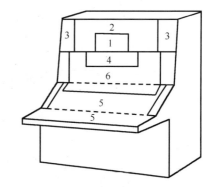

图 6-11 坐—立姿操作操控台的布局区域

坐姿工作时，控制台面上操纵机构的信息显示等装置在水平面上的布局区域与手能达到的操作区域有关，可参见图 6-1。

2. 操纵器间距要求

操纵器的最小间距主要取决于：一是人体的尺寸因素(如手指和手)；二是在操纵器使

用中产生的正常心理运动的精确度。操纵器间距增加，误碰率显著下降，但作业效率也会下降。

GB/T 14775—1993《操纵器一般人类工效学要求》也给出了在同一平面相邻且相互平行配置的操纵器不产生相互干涉的内侧间隔距离的规定，参见图 6-12 和表 6-4。

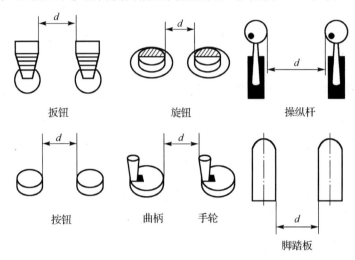

图 6-12　操纵器间距要求

表 6-4　操纵器间距要求　　　　　　　　（单位：mm）

操纵器型式	操纵方式	间隔距离 d	
		最小	推荐
扳钮开关	单（食）指操作	20	50
	单指依次连续操作	12	25
	各个手指都操作	15	20
按钮	单（食）指操作	12	50
	单指依次连续操作	6	25
	各个手指都用	12	12
旋钮	单手操作	25	50
	双手同时操作	75	125
手轮、曲柄	双手同时操作	75	125
操纵杆	单手随意操作	50	100
踏板	单脚随意操作	100	150
	单脚依次连续操作	50	100

6.4　座 椅 设 计

6.4.1　坐姿对人体的影响

1. 坐姿对人体脊柱形态的影响

坐姿状态下，人的身体由脊柱、盆骨、腿和脚支撑。脊柱位于人体背部中央，由颈椎、胸椎、腰椎、骶骨和尾骨组成,椎骨间由椎间盘和韧带联结。腰椎、骶骨、椎间盘及软骨组织承受坐姿时上身大部分的负荷。

研究表明,人处于不同姿势时,脊柱形态不同。当人舒适侧卧,大腿和小腿稍作弯曲时,脊柱呈自然弯曲状态,椎间盘内压力最小,人感觉最舒适。舒适的坐姿关节角度参见图 6-13。

2.　坐姿的体压分布

坐姿时,人体重量作用在靠背和座椅坐垫上的压力分布称为体压分布,它与人的坐姿、座椅靠背角、靠背和坐垫的硬度与形状密切相关。合理的体压分布是:人体大部分的重量应由骨盆下的两块坐骨结节承担,以较大的支撑面积、较小的压力分布在坐垫和靠背上。体压由坐骨结节向外,压力逐渐减少,直至椅面前缘与大腿接触处压力应为最小。靠背上体压的分布应由肩胛骨和腰椎骨两部分承担。

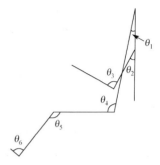

$\theta_1 - 10° \sim 20°;$　　$\theta_2 - 15° \sim 35°$

$\theta_3 - 80° \sim 90°;$　　$\theta_4 - 90° \sim 115°$

$\theta_5 - 100° \sim 120°;$　$\theta_6 - 85° \sim 95°$

图 6-13　舒适的坐姿关节角度

为保证臀部压力分布合理,椅垫应软硬适中。过于松软的椅垫会使臀部与大腿的肌肉受压面积加大,容易产生疲劳,不仅改变坐姿困难,还增加了躯干的不稳定性。

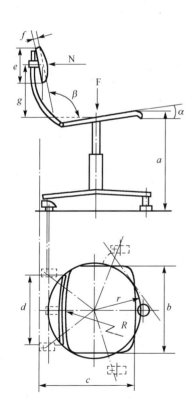

图 6-14　工作座椅结构形式

6.4.2　座椅的设计原则

1.　座椅设计的基本原则

(1)座椅的形式和尺度应满足其功用。

(2)座椅的尺寸必须依照人体测量数据,与就座者的人体测量尺寸相适宜。

(3)椅面硬度适当,保证身体的主要重量由臀部坐骨结节承担,并使其有助于体重压力均匀地分布于坐骨结节附近区域。

(4)座椅的靠背结构和尺寸应给予腰部以充分的支撑,使脊柱接近自然弯曲状态。

(5)座椅前缘处,大腿与椅子之间压力应尽量减少。

(6)座椅应能使就座者方便地变换坐姿,灵活平稳地进行体态调节,同时要防止滑脱。

2.　座椅尺寸设计

国标 GB/T 14774—1993《工作座椅一般人类工效学要求》给出了工作座椅的结构形式和主要尺寸数据,其结构形式参见图 6-14,主要尺寸数据见表 6-5。对于有扶手的座椅,应满足表 6-6 座椅扶手的基本尺寸要求。

表 6-5　工作座椅主要尺寸数据　　　　　　（单位：mm）

参数	符号	数值
座高	a	360～480
座宽	b	370～420，推荐值 400
座深	c	360～390，推荐值 380
腰靠长	d	320～340，推荐值 330
腰靠宽	e	200～300，推荐值 250
腰靠厚	f	35～50，推荐值 40
腰靠高	g	165～210
腰靠圆弧半径	R	400～700，推荐值 550
倾覆半径	r	195
座面倾角	α	0°～5°，推荐值 3°～4°
腰靠倾角	β	95°～115° 推荐值 110°

表 6-6　座椅扶手的基本尺寸　　　　　　（单位：mm）

参数	数值
扶手上缘与座面的垂直距离	230±20
两扶手内缘间的水平距离	最大 500
扶手长度	200～280
扶手前缘与座面前缘的水平距离	90～170
扶手倾角	0°～5°（固定式）

3. 典型座椅的设计

座椅的舒适与否是一个难把握的问题，除了要考虑人体尺寸的不同，还要大量听取人们对已有椅子的评价。因此，这里以图表形式介绍了从许多有关资料中收集来的可借鉴的内容，以向设计人员提供基本设计依据。

将座椅分为工作座椅或秘书椅、制图椅、一般用椅、高级人员办公用椅、靠背椅和轻便椅六类进行介绍。

1）工作座椅或秘书椅

图 6-15 是工作座椅或秘书椅，其他参考尺寸参见表 6-7。设计时依据的两个重要的人体尺寸是臀部-膝腘部长度和膝腘部高度。该椅的靠背能恰好支撑住腰部。

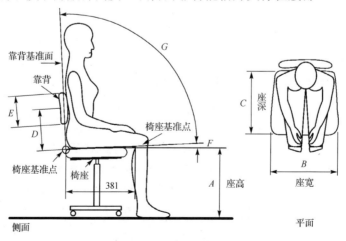

图 6-15　工作座椅或秘书椅

表 6-7　工作座椅或秘书椅的参考尺寸　　　　　　　　　　　　　　　（单位：mm）

资料来源	A 座高/mm	B 座宽/mm	C 座深/mm	D 从座面到靠背中心线的高度/mm	E 靠背高/mm	F 座椅表面倾斜度/(°)	G 靠背角度/(°)
CRONEY（美国）	356～482	432	336～381	127～190	102～203	0～5 或者 3～5	95～115
DIFFRIENT（美国）	345～523	406	381～406	229～254	152～229	0～5	95
DREYFUSS（美国）	381～457	381	305～381	178～279	129～203	0～5	95～105
GRANDJEAN（瑞士）	378～528	400	400		200～300	3～5	可调节
PANERO-ZELNIK（美国）	356～508	432～483	394～406	192～254	152～229	0～5	95～105
WOODSON-CONOVER（美国）	381～457	381	305～381	178～254	152.4～203.2	3～5	20

2）制图椅

图 6-16 是制图椅，它与秘书椅相似，其他参考尺寸参见表 6-8。

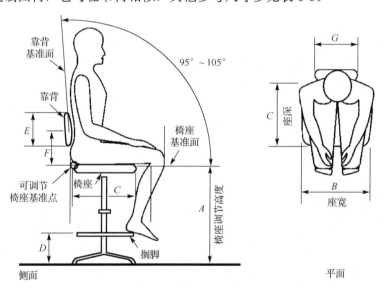

图 6-16　制图椅

表 6-8　制图椅的参考尺寸　　　　　　　　　　　　　　　（单位：mm）

A 椅座调节高度	B 座宽	C 座深	D 搁脚高度	E 靠背高	F 从座面到靠背中心线的高度	G 靠背宽度
762 可调	381	394～406	最大 305	152～229	254 可调	305～356

3）一般用椅

图 6-17 是短时间使用的一般座椅。它的座高为 406～432mm，除了非常矮小的女性，它适用于大多数成年人，其他参考尺寸参见表 6-9。

4) 高级人员办公用椅

图 6-18 是高级人员办公用椅，适合较长时间使用。人的臀部-膝胭部长度决定了座深。该椅座深为 381mm，适合 95%的男性和女性使用，其他参考尺寸参见表 6-10。

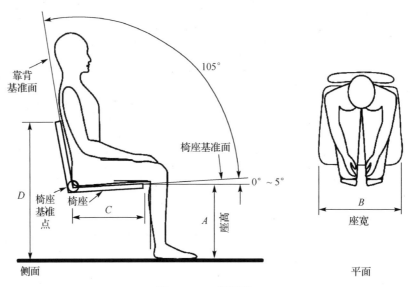

图 6-17　一般用椅

表 6-9　一般用椅的参考尺寸

（单位：mm）

A	B	C	D
座高	座宽	座深	靠背到地面距离
406~432	406~432	394~406	787~838

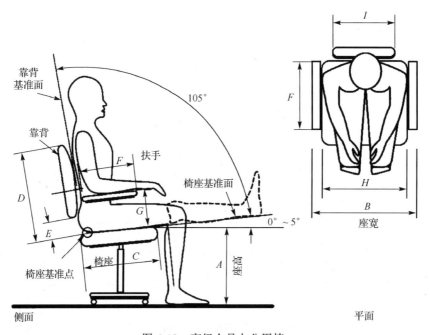

图 6-18　高级人员办公用椅

表 6-10　高级人员办公用椅的参考尺寸　　　　　　　　（单位：mm）

A	B	C	D	E	F	G	H	I
座高	座宽	座深	靠背到椅座基准点	靠背下端到椅座基准点	扶手前缘与座面前缘的水平距离	扶手高度	椅面宽度	靠背宽度
406~432	610~711	394~457	432~610	0~152	305	203~254	457~508	254

5）靠背椅

图 6-19 是靠背椅，其他参考尺寸参见表 6-11。由于没有扶手，难以确定座位的边界。因此，假设人们一个挨一个地按他们自己喜欢的姿势坐着，东西放在身边，形成各自的占用空间。此种座椅使用时可以容许人体之间有一些接触。因为涉及许多心理上的因素，这种座椅的实际使用效率是不易确定的，图 6-20 中表示了两种可能的就座情况，各自都由所涉及的人体尺寸决定。图 6-20(a) 以使用者的肘部展开为依据，人们可能有一些活动，如正在看书或多占一些地方放东西等，这时假设每个人占 762mm 宽的空间是合理的。图 6-20(b) 表示了较紧凑的就座情况。

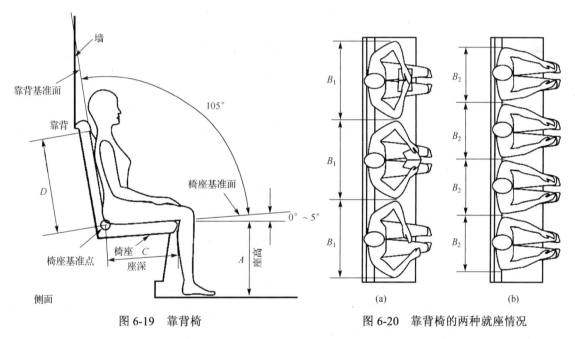

图 6-19　靠背椅　　　　　　　　　图 6-20　靠背椅的两种就座情况

表 6-11　靠背椅的参考尺寸　　　　　　　　　　　　（单位：mm）

A	B₁	B₂	C	D
座高	座宽	座宽	座深	靠背长
406~432	762	610	394~406	457~610

6）轻便椅

图 6-21 是轻便椅，其基本要求是使人舒适地休息。由于使用面广，不易定出标准尺寸。图中提供出一些初步设计时所要用的尺寸，同时还包括以下几条基本的建议，其他参考尺寸参见表 6-12。

(1) 人的大腿与躯干之间的角度不小于 105°，否则很不舒服。

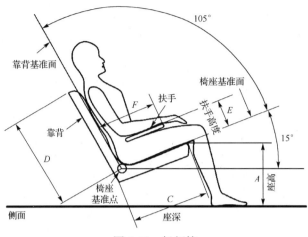

图 6-21　轻便椅

表 6-12　轻便椅和制图椅的参考尺寸　　　　　　　　　　　　　　（单位：mm）

A	C	D	E	F
座高	座深	靠背长	扶手高度	扶手前缘与靠背的垂直距离
406～432	419～445	457～610	216～229	254～305

(2)设计的椅子应能允许使用者变换姿势。

(3)椅子边缘应做成圆滑的，以防硌痛。

(4)椅子靠背应根据人的腰椎曲线设计。

(5)椅座表面应向后倾斜，但如果倾斜角太大，会使人很难站起来，尤其是老年人，所以这个角度大约 15° 比较适宜。

(6)如果靠背与垂直面的夹角大于 30°，就需要在靠背上再附加一个靠颈垫或者把靠背本身加长，使头能枕在上面得以休息。

(7)扶手应该有软垫，并设计成水平的或与椅座表面平行。

习题与思考题

6-1　作业空间设计的要求有哪些？

6-2　手的作业区域是如何划分的？举例说明作业区域划分在产品设计中的应用。

6-3　坐姿作业的特点有哪些？坐姿作业空间设计的主要内容有哪些？

6-4　通过开口和进入开口的含义是什么？确定设备中的开口尺寸时应考虑哪些因素？举例说明。

6-5　作业空间中元件的布局原则是什么？

6-6　元件的布局方法及步骤是怎样的？

6-7　显示器和操纵器布局设计的一般准则是什么？

6-8　座椅设计的基本原则是什么？以汽车座椅为例进行人机工程分析。

6-9　座椅是怎样进行分类的？

　参考答案

第7章 环境因素对人机系统的影响

环境因素是多种多样的,其对人和机器设备的影响具有多样性与复杂性。本章将环境因素分为热环境、振动环境、噪声环境、照明环境、气体环境、颗粒物环境和电磁环境,分别介绍各种环境因素对人和机器设备的影响,并提出了相应的防护措施和建议。

7.1 热 环 境

热环境由空气温度、空气湿度、气流速度和热辐射等因素组成。适宜的热环境是指空气温度、湿度、气流速度以及环境热辐射都很适当,使人体易于保持热平衡,使机器设备易于维护和使用。

1) 空气温度

空气温度是评价热环境的主要指标,分为舒适温度和允许温度。

舒适温度是指人的主观感觉舒适的温度或指人体生理上的适宜温度。常用的是以人主观感觉到舒适的温度作为舒适温度。生理学上对舒适温度规定为:人坐着休息,穿薄衣、无强迫热对流,在通常地球引力和海平面的气压条件下,未经热习服(也称为热适应,指人长期在高温下生活和工作,相应习惯热环境)的人所感到的舒适温度。按照这一规定,舒适温度应在 $21\pm3℃$。影响舒适温度值高低的因素有季节、劳动强度、衣着厚度、地域、性别和年龄等。例如,夏季的舒适温度偏高,冬季的舒适温度偏低;劳动强度高,要求的舒适温度低;衣着厚度与舒适温度的高低成反比;寒冷地区的人对舒适温度的要求较低。

允许温度通常是指基本上不影响人的工作效率、身心健康和安全的温度范围。其温度范围一般是舒适温度 $\pm(3\sim5)℃$。

2) 空气湿度

空气的干湿程度称为湿度。湿度有绝对湿度和相对湿度两种。作业环境的湿度通常采用相对湿度来表示。相对湿度在 80%以上称为高气湿,低于 30%称为低气湿。空气相对湿度对人体的热平衡和温热感有重大作用,特别是在高温或低温的条件下,高气湿对人体的作用就更明显。高温高湿时,人体散热困难;低温高湿下人会感到阴冷。一般情况下,相对湿度在 30%~70%时使人感到舒适。

3) 气流速度

气流是在温度差形成的热压力作用下产生的。气流速度通常以米每秒(m/s)表示。据测定,在室外的舒适温度范围内,气流速度为 0.15m/s 时,人即可感到空气新鲜。在室内,即使温度适宜,但由于空气流动速度小,也会有闷热感。

4) 热辐射

热辐射包括太阳辐射和人体与其周围环境之间的辐射。任何两种不同温度的物体之间都有热辐射存在,它不受空气影响,直至两物体的温度相平衡。当物体温度高于人体皮肤温度时,热量从物体向人体辐射而使人体受热,称为正辐射。相反,热量从人体向物体辐射时,称为负辐射。人体对负辐射不太敏感，往往一时感觉不到。人会因负辐射散失大量热量而受凉。负辐射有利于人体散热，在防暑降温上有一定意义。

5) 热环境的主观评价

人体的主观感受是研究热环境的重要依据之一，几乎所有的热环境评价标准都是在研究人的主观感受的基础上制定的。有文献给出了我国上海地区工厂工人的热环境人体舒适感主观评价调查数据(表 7-1)可作为热环境设计评价的参考。

表 7-1　热环境人体舒适感主观评价

空气温度/℃	25.1~27.0	27.1~29.0	29.1~31.0	31.1~32.0	32.1~33.0
热辐射温度/℃	25.6~27.8	27.8~29.7	29.7~32.0	32.5~32.7	33.4~33.5
空气相对湿度/%	85~92	84~90	76~80	74~79	74~76
气流速度/(m/s)	0.05~0.1	0.05~0.2	0.1~0.2	0.2~0.3	0.2~0.4
人体温度/℃	36.0~36.4	36.0~36.5	36.2~36.4	36.3~36.6	36.4~36.8
皮肤温度/℃	29.7~29.9	29.7~32.1	33.1~33.9	33.8~34.6	34.5~35.0
出汗情况	无	无	无	微少	较多
人体活动特征	可穿衬衫，工作愉快，有微风时清凉，无微风工作仍适宜，吃饭不出汗，夜间睡眠舒适	可穿外衣，有微风时工作舒适，无微风时感到微热，但不出汗，夜间睡眠感舒适	稍感到热，有微风时工作尚可，无微风时出微汗，夜间不易入睡，蒸发散热增加	有风时勉强工作，但较干燥，较热，口渴；有微风时仍出微汗，夜间难睡，主要靠蒸发散热	皮肤出汗，感到闷热，家具表面发热，虽有风，工作仍感困难
主观评价	凉爽，愉快	舒适	稍热，尚可	较热，勉强	过热，难受

7.1.1　热环境对人体机能的影响

1. 热环境对人体的影响

1) 高温对人体的影响

高温环境条件通常是指高于允许温度上限的气温条件。烫伤是高温对人体最普遍的伤害，当高温使皮肤温度达到 41~44℃时，人会感到灼痛，若温度继续升高，则皮肤基础组织便会受到损伤，发生局部烫伤。

高温还会对人体造成全身性的影响。当局部体温达到 38℃时，人体便会有不适反应。人体的新陈代谢速度加快，产热量也增加，虽然体温调节加强了散热过程，但仍落后于产热过程。人体温升高时，会出现呼吸和心率加快现象。当人体深部体温达到 39.1~39.4℃时则会出现高温极端不舒适反应，这是人体对高温适应能力的极限值。全身性高温的主要症状为头晕、头痛、胸闷、心悸、恶心、视觉障碍和抽搐等，温度过高，还会引起虚脱、昏迷等，甚至威胁生命。

在高温环境条件下，人的知觉速度和准确度以及反应能力均有不同程度的下降。注意力不集中、烦躁不安和易于激动，对工作的满意感也大为降低。

2) 低温对人体的影响

低温环境条件通常是指低于允许温度下限的气温条件。冻伤是低温对人体最普遍的伤害。人体易于发生冻伤的部位是手、足、鼻尖及耳郭等。冻伤与温度及暴露时间有关，温度越低，形成冻伤所需的时间越短。

低温还会对人体造成全身性的影响。在低温条件下，皮肤毛细血管收缩，使人体散热量减少；通过增强肌肉收缩（表现为肌肉紧张、颤抖），使人体产热量增加。当产热量小于散热量时，人体热平衡遭到破坏，机体体温继续下降，会出现一系列的低温症状。首先出现的生理反应是颤抖、呼吸和心率加快，接着出现头痛等不适反应，神经系统机能处于抑制状态。

3）湿度对人体的影响

湿度与温度密切相关，也是热环境中对人体产生影响的基本因素。湿度对人体的影响参见表 7-2。

表 7-2　湿度对人体的影响

温度条件	湿度条件（相对湿度）/%	对人体的影响
舒适温度的范围内	30～70	人体是舒适的
气温高于 25℃	大于 70	人体蒸发散热能力降低，引起人的不适
低温条件下	大于 80	增加了人体冷的感觉，更易引发冻疮
	低于 15	引起皮肤皲裂、眼干燥、鼻黏膜出血等反应

4）气流速度对人体的影响

气流速度对人体皮肤直接产生机械刺激，并明显增加人体散热。表 7-3 列出了气流速度对人体的影响。

表 7-3　气流速度对人体的影响

温度条件	气流速度/(m/s)	对人体的影响
舒适温度	0.15～0.5	感觉舒适，随温度的升高，气流速度可略增加
高于舒适温度	合适速度	有助于人体维持热平衡
低于舒适温度	任何速度	对保持温度不利

2. 热环境对操作的影响

1）高温对操作的影响

高温对操作效率有影响。当温度在 27～32℃时，使用肌肉用力的工作的效率下降。当温度高达 32℃以上时，需要注意力集中的工作以及精密工作的效率也开始下降，而且还可能诱发事故。

大量实验表明，热负荷对操作准确度、反应速度、灵活性、记忆、判别、警戒、监视和注意力分配等均有不同程度的影响，出现注意力不集中，错误次数增多，运动的准确性、协调性降低，疲乏和失眠等现象，并容易引起意外伤害事故。对操作难度大，目标难以捕捉的任务影响更大，会造成工效降低，事故增加。

2）低温对操作的影响

对人的工作效率有影响的低温，通常是在 10℃以下。在低温下工作所消耗的体力，通常比在常温环境下要高。工作效率在人体不能保持体温时才起变化。

低温对操作的影响明显表现在手的动作的准确性和灵活性方面。有研究表明，随着温度的降低，操作的灵活性下降，在相同温度条件下，暴露时间越长，手的灵活性越差；当环境温度为 7℃时，手工作业的效率仅为最舒适温度下的 80%；缓慢冷却手指比快速冷却手指对动作的不良影响更为严重。

7.1.2　减轻热环境对人体机能影响的方法

1. 减轻高温环境影响的方法

生理学上对人体有一个最适宜的温度和湿度，另外还有人们主观感受的舒适温度和湿度。预防热环境的影响应从两方面入手，一是提高人体耐受潜力，减轻温度应激下生理、心理紧张度；二是采用技术手段改善人的局部工作环境。

1) 提高人体耐受潜力

(1) 合理补充水分、盐分。人体内的水盐平衡对提高肌体的耐受力起着至关重要的作用，及时补充水分与盐分对维持体内环境稳定，调节体温，防止由于失水所致的耐力下降有着重要作用。一般情况下，口服水温 30℃ 以内的 0.1%～0.5% 的淡盐水对提高人体的耐受力效果明显。同时，应遵循"提前、少量、分时、定时和非随意饮水"的饮水原则。

(2) 科学的热习服训练。热习服是人长时期生活和工作于高温环境后，人体对高温环境的适应，它是大脑皮质逐步形成的综合性条件反射的结果。经过热习服训练的人在高温下的生理反应主要表现为：散热增加，产热减少；最大发汗率增加，而汗液中氯化钠的浓度降低；皮肤温度及深部体温提高的幅度减小；心率减慢，血压降低，以减轻心血管的负担；基础代谢降低，劳动代谢率的增长幅度降低。热习服应分阶段循序渐进，刚开始时，最好有 50% 的时间在高温下工作，随后每天增加 10% 的时间。

(3) 科学安排作息时间。科学安排作息时间、确定合理的工作与休息时间比例，对于提高操作人员的耐受力也有很大的作用。当工作负荷线性增加时，工作耐力随时间呈指数下降，而需要休息的时间呈指数增加。

2) 改善热环境

穿着防护服，或采用其他技术保障措施是改善局部高温环境对人的影响的有效方法。例如，现已研制出多种人体防护设备，有冰袋式马甲、气冷式马甲、水冷式马甲、水冷式头罩、气冷式头罩等，有学者研究指出，工人在热环境下穿戴这些设备，可以降低热损伤，并使其迅速适应热环境。

2. 减轻低温环境影响的方法

(1) 设置必要的采暖设备。低温环境下，应采取设置必要的采暖设备、使用防护装备等措施使人体保持舒适，并使工作绩效最大化。例如，防护装备应包括全身性的防护，包括上衣、裤子(可以是连体服)、帽子、手套、鞋等。也可采用红外线辅助取暖装置。还可设置固定的取暖室，用于作业人员的取暖。

(2) 适当增加作业负荷。适当增加作业负荷，可以使作业者降低寒冷感。但工作负荷的增加，不应使作业者过多流汗，以避免休息时寒冷。

7.1.3　热环境对机的影响

热环境对机的影响是多层次、多方面的，环境因素对机的作用常常是多种因素作用的综合。

1. 高温

(1) 高温使材料软化，导致结构强度减弱。

(2)高温使材料化学分解和老化，使材料性能变坏，甚至损坏。

(3)高温使设备过热，致使元件损坏、着火、低熔点焊锡开裂，焊点脱开。

(4)高温使油黏度降低，导致轴承损坏。

(5)高温使金属膨胀，导致活动部分被卡住，紧固装置出现松动；接触装置出现接触不良。

(6)高温使金属氧化，导致接点接触电阻增大，金属材料表面电阻增大。

(7)高温与其他环境因素的综合作用参见表 7-4。

表 7-4　高温与其他环境因素的综合作用

环境因素	湿度	沙尘	太阳辐射
高温	湿气渗透率提高，增加了湿度的破坏作用	沙尘的腐蚀速率提高，但降低了沙尘的渗透能力	对有机材料的影响增大

2. 低温

(1)低温使材料变脆，导致结构强度减弱、电缆损坏、蜡变硬和橡胶发脆等。

(2)低温使油和润滑脂黏度增大，导致轴承、开关等产生黏滞现象。

(3)低温使材料收缩，导致活动部分被卡死，插头座、开关片等接触不良。

(4)低温使元件性能改变，导致铝电解电容器损坏，石英晶体往往不振荡，蓄电池容量降低。

(5)低温使密封橡胶硬化，导致气密设备的泄漏率增大。

(6)低温与其他环境因素的综合作用参见表 7-5。

表 7-5　低温与其他环境因素的综合作用

环境因素	湿度	沙尘	太阳辐射
低温	导致湿气凝结；温度过低，会结霜和结冰	沙尘的渗透能力增加	可能减少对机的影响

3. 高低温循环

高低温循环使元器件在激烈的膨胀与收缩时产生内应力，并产生交替的冷凝冻结与蒸发，会加速元件、材料的机械损伤，使机器的性能下降。

4. 高湿

(1)水汽凝聚，导致绝缘电阻降低，出现漏电和飞弧等，介电常数增大，介质损耗增大。

(2)吸收水分，导致某些塑料零件隆起和变形，电性能变化，结构破坏。

(3)金属腐蚀，导致结构强度减弱，活动部分被卡死，表面电阻增大。

(4)化学性质变化，导致电接触不良，其他材料受新腐蚀物的污染。

(5)水在半密封设备中凝聚，可能出现材料的溶解和变化。

5. 干燥

失去水分，导致木材、皮革、纤维织物等材料变干和变脆。

6. 湿热交替

材料产生毛细管呼吸作用，加速材料的吸潮和腐蚀过程。

7.2　振 动 环 境

从广义上说，无论是实际物体的运动还是结构的运动，或者是作用在一个机械系统上的振荡力都可称为振动。它由频率和振幅定义。频率定义为单位时间内的循环次数，振幅定义为振动的最大幅值(一个正弦量的最大值)。实际中遇到的振动常常不具有这种规律，它可能是具有不同频率和振幅的几个正弦量的组合。如果每个频率成分是最低频率的整数倍，那么振动在确定的时间间隔后自行重复，称此类振动是周期的。如果在频率成分中没有整数倍的关系，那么就不存在周期性，此类振动称为复合振动。振动对机器设备和人都有影响，所以必须进行抗振动、抗冲击设计。

7.2.1　振动对人和机的影响

1. 振动对人员操作机能的影响

根据振动对人体的影响可分为局部振动和全身振动两种。局部振动又称手传振动或手臂振动，主要是指手部直接接触振动物体时，手臂发生的振动。此时振动波沿着手、腕关节、肘关节、肩关节传导至全身，机器设备中的手动操作一般都能引起局部振动。全身振动是指人体处于振动的物体上所受到的振动。

(1)全身振动对人体产生的不良影响参见表 7-6。

表 7-6　全身振动对人体所产生的不良影响

频率/Hz	振幅/mm	主观感受
6~12	0.094~0.163	
40	0.063~0.126	腹痛
70	0.032	
5~7	0.6~1.5	胸痛
6~12	0.094~0.163	
40	0.63	背痛
70	0.032	
10~20	0.024~0.08	尿急感
9~20	0.024~0.12	粪迫感
3~10	0.4~2.18	
40	0.126	头痛症状
70	0.032	
1~3	1~9.3	呼吸困难
4~9	2.45~19.6	

(2)振动对人员作业效率的影响。在振动条件下，人体及操作对象的不断抖动，会使操作人员视觉模糊，降低仪表判读及精细视分辨的正确率；操作人员动作不协调、不准确，误差率增高。全身振动还会使语言明显失真，使语言的分辨率下降。强烈振动作用下，脑中枢机能水平降低，注意力易分散，易出现疲劳。

视觉和操作能力对于短时间低频振动具有较强的频率响应，视觉功能的降低会随着人体头部振幅的增加而加剧。眼跟踪目标运动的能力在振动频率达到 1~2Hz 时开始降低，4Hz 时丧失。垂直振动对视敏度的影响在 20~40Hz 和 60~90Hz 时最为明显。

(3)振动对操作动作精确度的影响。振动降低了手、脚的稳定性,从而使操作动作的精确度降低,而且振幅越大,影响越大。也有研究表明,垂直方向的振动对于垂直跟踪作业有明显影响,但对于操作者在水平方向的跟踪作业却影响很小,这对于设计振动环境中的控制器很有意义。

对于手的局部振动来说,加速度在 $1.5\sim80g$ 的振动与频率在 $8\sim50Hz$ 内的振动的影响是相似的。其表现有:振动引起手指的血液循环障碍,造成手指僵硬、麻木、疼痛、发白和力量下降。频率为 $25\sim150Hz$,加速度在 $1.5\sim80g$ 的振动最易引起振动性白指和雷诺现象。

2. 振动对机器的影响

频率为 $5\sim2000Hz$ 的振动对装备结构方面产生影响,长期振动使元件及连接松动而产生相对运动,使机械产生疲劳失效、引线断裂、结构损伤等。频率为 $50\sim2000Hz$ 的振动易对电子装置产生影响。表 7-7 是一般工业设备的各项抗振动指标。

表 7-7　一般工业设备的各项抗振动指标

名称	振动的频率 /Hz	最大振幅峰值 /mm	最大振动加速度/g	冲击加速度/g	波形	冲击持续时间 /ms
一般工业设备	$5\sim200$	0.2	0.5	10	半正弦波	11

7.2.2　机器抗振动的主要技术措施与方法

鉴于机器设备的振动具有无处不在、无法避免的特点,在机器设备设计之初,就应充分考虑到振动对机器设备的影响,采取减少振源数量、控制传播途径等措施来消除或减弱振动,阻止振动的传播。

1. 内部元件的整合设计

通过对内部元件的整合设计,使机器设备本身具有良好的动态特性,从而增强设备本身的抗振动和抗冲击能力。整合设计的措施如下。

(1)将对振动和冲击敏感的部件及元器件安装在局部环境不太恶劣的部位。

(2)尽量缩短电气元件安装的引线的长度,注重元件的贴面焊接,并用胶将元件点封在安装板上。

(3)集成电路元件一定要注重贴面安装,降低集成电路的安装高度。设备框架和插头等安装要牢固,防止紧固件松动。

2. 装备结构的优化设计

通过装备结构的优化设计,增强设备本身的抗振动和抗冲击能力。例如,为了抑制翼状机构振动,在造船上采用了开孔减振的方法。船体上的减振孔有直线形、圆形和弧形等。圆形减振孔在制造工艺上比较简单,因此最为常用。把减振孔看成很强的涡源,具有形成涡流的能力。因为液体从机翼的压力面向吸力面溢出,破坏了能量平衡,从而降低了振动的剧烈程度。

3. 安装合适的减振装置

应用机械振动和冲击隔离技术对机器振动与冲击进行隔离,基本做法是把机器设备安装在合适的减振器上，组成机器设备减振系统，达到减振和缓冲的目的，保证机器设备在恶劣的振动和冲击环境条件下能正常工作。下面是最常见的四种减振装置。

(1)阻尼减振。阻尼减振的原理是利用减振装置的阻尼，消耗振动及冲击能量，即通过黏滞效应或摩擦作用将振动的能量转换成热能耗散掉。阻尼能抑制振动物体产生共振和降低振动物体在共振频区的振幅。

对于冲击隔离来说，适当增大阻尼可以吸收冲击能量，并且由于冲击会引起设备的自由振动，增加阻尼能使自由振动迅速衰减，所以在进行隔冲系统设计时，应适当选择稍大的阻尼。

(2)动力减振。动力减振也称动力吸振，就是在振源上安装动力吸收器，其原理是利用装置中辅助质量的动力作用，消耗振动和冲击能量，例如，用于卫星上的旋转式天线的动力减振装置；又如，利用安装的电子设备产生一个与原来振动幅度相等、相位相反的振动来抵消原有振动，最终实现降低振动。

(3)摩擦减振。摩擦减振的原理是利用相对运动元件之间的摩擦力(液体的、固体的)来消耗振动和冲击能量。

(4)冲击减振。冲击减振的原理是利用装置中的自由质量反复冲击振动体消耗振动能量。

合理选用减振器不仅要考虑减振效果，还要考虑减振器的体积、重量、结构、使用维护和可靠性等因素。

4. 采用吸振材料

合理采用吸振材料也是一条重要的减振抗冲击措施。

7.2.3　振动的防护

1. 传播途径上的防护

在振动的传播途径上采取改变振源位置，增加人员与振源的距离，或设置隔离沟以控制振动的传播。

2. 接收处的防护

(1)个人防护。为了避免人在强烈振动的环境下受到危害，还可以采用个人防护措施。例如，通过穿防振鞋或带防振手套等措施防止全身振动和局部振动。还可以通过体育锻炼，提高机体的抵抗能力。

(2)限制接触振动时间。由于振动的负荷剂量与振动时间成正比，因此，限制人员接触振动的时间可以降低危害。例如，通过培训，改变操作人员的操作姿势和操作动作，缩短作业时间，以降低装备振动对操作人员的影响，提高操作的可靠性。

7.3　噪　声　环　境

噪声是指令人不愉快或不希望有的声音。从物理学角度讲噪声是指由各种频率、不同强度的声音无规律地杂乱组合而成的声音，或单一频率一定强度的声音的持续刺激。

噪声按其来源可分为空气动力性噪声，如爆炸；机械性噪声，如坦克行驶时履带发出的声音；电磁性噪声，如发电机、变压器发出的声音。根据时间的分布不同，噪声可分为连续性噪声和间断性噪声，连续性噪声又可分为稳态性噪声(声压级波动小于 5dB)和非稳态性噪声，非稳态性噪声中的脉冲噪声(声音的持续时间小于 0.5s，间隔时间大于 1s，声压级的变化大于 40dB)对人体的危害较大。

7.3.1　噪声环境对人体机能的影响

噪声对人体的作用可分为特异性和非特异性两种。特异性是指对听觉系统的影响，有生理和病变反应两种。非特异性指对人体其他系统的影响。长期接触强烈的噪声会对人体产生不良影响，甚至引起噪声性疾病。噪声对人体影响的程度取决于噪声的强弱、距离、方向、持续时间、环境保护和个人防护。

目前，国内外广泛使用 A 声级作为评价噪声的标准，表 7-8 为国内外听力保护的噪声允许值，供参考。

表 7-8　国内外听力保护的噪声允许值

每个工作日允许工作时间/h	允许噪声级/dB				
	国际标准化组织(1971 年)	美国政府(1969 年)	美国工业卫生医师协会(1977 年)	我国新建、改建企业的噪声允许标准(1979 年)	现有企业暂时达不到标准时，允许放宽的噪声标准(1979 年)
8	90	90	85	85	90
4	93	95	90	88	93
2	96	100	95	91	96
1	99	105	100	99(最高限 115)	99(最高限 115)
1/2	102	110	105	—	—
1/4	115(最高限)	115	110	—	—

1. 噪声对听觉系统的影响

噪声对听觉系统的影响，从生理性反应到病理性改变一般遵循以下发展过程。

(1)听觉适应(暂时性听力下降)。听觉适应是保护性的生理反应。在噪声作用下，听觉发生暂时性减退，听觉敏感性降低，听阈提高 10～15dB。

(2)听觉疲劳(暂时性听力损伤)。较长时间暴露在噪声环境中，听力明显下降，听阈提高 15dB 以上，离开噪声环境之后需数小时甚至几天才能恢复正常听力，这种现象称为听觉疲劳。听觉疲劳属于暂时性听阈位移。如继续受强噪声刺激则有可能发展为噪声性耳聋。

(3)噪声性耳聋(永久性听力损失)。产生听觉疲劳后，如继续接触强噪声，内耳感音器官由功能性改变发展为器质性、退行性改变，听力损失不能完全恢复，表现为永久性听阈位移，引起感音性耳聋。如果突然遭到 150～160dB 强噪声刺激可使双耳完全失去听力，引起永久性听力损失。

(4)爆发性耳聋(永久性听力损失)。听觉适应、听觉疲劳和噪声性耳聋是缓慢形成的噪声性听力损失。当听觉器官突然遭受巨大声压并伴有强烈的冲击波作用时，鼓膜内外产生较大的压差，导致鼓膜破裂，双耳完全失聪。频率越高的噪声对听觉的损害越大。例如，一次剧烈的爆炸声可能立即造成听力丧失。

2. 噪声对身体其他部位的影响

噪声对中枢神经系统、心血管系统、消化系统、呼吸系统和视觉器官都会产生不良影响。在噪声环境中工作时间较长的人，由于长时间接触高强度噪声，大脑皮质兴奋和抑制平衡失调，可引起头痛、头晕、耳鸣、心悸、恶心、乏力、多汗、失眠、记忆力减退、注意力不集中、惊慌和反应迟缓等；血压升高、心跳过速、心律不齐、心电图改变；消化系统障碍，胃肠的收缩和分泌机能降低；呼吸频率加快、呼吸加深；眼对光的敏感性降低，色视力改变，甚至引起眼震颤和眩晕。

3. 噪声对声音敏感程度的影响

人耳对不同频率的声音敏感性是不同的，正常人听觉可感受到的频率为 16～20000Hz，亦可以高达 24000Hz。人耳的听觉区域的声压级为 0～120dB。声压级超过 120dB 时，人耳会产生压力感和不适应感，超过 130dB 时会有明显耳痛和听力下降，超过 160dB 时可导致鼓膜破裂。

4. 噪声对言语清晰度的影响

噪声直接影响语言的传播。例如，电话交谈的语音声压级一般为 60～70dB，当环境噪声在 55dB 以下时，通话清晰顺畅；当环境噪声达到 65dB、75dB、85dB 时，通话便从稍有困难、相当困难变成几乎无法进行交谈。可见，当噪声级接近或高于言语声级时，清晰度就大为降低，甚至完全无法辨别语音。

5. 噪声对心理的影响

噪声能引起人心理上的不适现象，能影响人的注意和记忆，并引起人的苦恼、焦急、厌烦和愤怒等各种不愉快的情绪。噪声越强，引起人心理不适的可能性越大。此外，高调噪声比响度相等的低调噪声更为恼人。间断、脉冲和连续的混合噪声会使人的心理不适更严重，脉冲噪声比连续噪声的影响更大，响度越大影响越大。

6. 噪声对工作的影响

研究表明，噪声直接影响工作效率和工作质量，主要表现在以下几个方面。
(1)通常会影响工作者的注意力。
(2)对于脑力劳动和需要高度技巧的体力劳动的工种，将会降低工作效率。
(3)对于需要高度集中精力工作的工种，将会造成差错。
(4)在不需要集中精力进行工作的情况下，人将会对中等噪声级的环境产生适应性，但为保持原有的生产能力，将要消耗较多精力，从而加速疲劳。
(5)对于非常单调的工作，中等声级的噪声具有调节作用，可能会产生有益的结果。
(6)强噪声会妨碍人们的注意力集中，使人难以思考问题，影响工作效率，降低工作质量，使工作出现差错。

7.3.2 降低噪声的措施

降低噪声最根本的办法是消除噪声源，但是要彻底消除噪声并不现实。所以只能寻找其他的途径来降低噪声。噪声的传播一般遵循以下过程：声源—传播途径—接收者。因此，噪声控制可以从这三个方面研究解决。

1. 从声源处降噪

在声源处降低噪声是指运用能降低或消除噪声的装置或操作，减少机械摩擦，减少气流噪声，减少固体中声音传播，加强设备维修保养，通过改变声源的频率特性和传播方向等措施来降低噪声。虽然不能彻底消除噪声源，但却可以从源头上降低噪声，改善操作人员的作业环境。

2. 在传播途径中降噪

从传播途径中降低噪声也至关重要。噪声常以气体、固体等为传播介质，不同的传播途径可以采用不同的降噪措施，各种隔声、吸声、消声、隔振和减振等声学控制技术能够在一定程度上阻断或屏蔽声波的传播，或使声源传播的能量随距离衰减，从而达到降噪的目的。

3. 在接收者处降噪

可从接收者方面采取个人防护措施。对工作人员实行轮流工作制或使用防护用具等以减少噪声对人体的危害程度。在噪声环境下配置个体防噪声装备是常采取的综合防护措施，包括隔声头盔、隔声耳罩、耳栓和组合护耳器等。这些装备的隔声性能一般在22～35dB。

7.3.3 次声和超声的影响与防护

1. 次声和超声对人及工效的影响

频率低于20Hz的声波称为次声，频率高于20000Hz的声波称为超声。次声和超声不产生听觉效应。次声和超声对人及工效的影响见表7-9。

表7-9 次声和超声对人及工效的影响

名称	作用部位	作用结果	对工效的影响
次声	容积较大的空腔结构，如胸部和腹部	较强次声的作用，可引起呼吸系统、心血管系统和消化系统的功能改变，如呼吸困难、心律失常、胃肠蠕动减弱等。长时间作用下，引起心情烦躁、睡眠失常、记忆减退，心血管功能混乱、消化不良等。强次声的作用，还可引起胸腹的疼痛、内脏的瘀血和出血等病理性改变，严重时甚至可危及人体的生命安全	长时间暴露于较强的次声环境下，出现工作效率下降的现象
超声	可穿透人体组织并为组织所吸收	超声能被组织吸收转化为热能时，才会产生一定的加温作用。超声的这种加温作用只是局部的热效应。但是，如果受到超声局部热效应的是神经细胞、心肌细胞、生殖细胞、内分泌腺细胞等关键细胞，则可能引起较明显的生理和病理反应	强作用下，影响工效

2. 次声和超声的防护措施

次声和超声的防护措施参见表7-10。

表 7-10　次声和超声的防护措施

名称	特点			防护措施
	波长	衰减	防护	
次声	长	传播中低衰减	难度大	一般的隔声、吸声和消声对其很难奏效。最根本的办法是尽可能限制次声的产生
超声	短	传播中高衰减	简单、容易	一般情况下,只要稍稍离开超声源,就可处于安全的环境。用于医学诊察的超声,剂量很低,不会对人体造成影响,因此也无须防护

7.4　照　明　环　境

良好的照明环境可以保持人正常、稳定的生理和心理状态,改善操作人员的视觉条件和工作环境,提高生产率,降低事故的发生率,保护作业人员的安全。

7.4.1　光的亮度与质量

光照强度是一种物理术语,指单位面积上所接受可见光的光通量。简称照度,单位为 lx。用于指示光照的强弱和物体表面积被照明程度的量。

照明工程协会(illuminating engineering society,IES)将光定义为:能够刺激眼睛视网膜并产生视觉的辐射能,其范围包括宇宙射线、伽马射线、X 射线、紫外线、可见光、红外线、雷达波、调频波、电视波、电台广播波及电力波。可见光光谱介于 380~780nm。可见光光谱里的不同波长引起不同的颜色感知。但只有亮度达到 3cd/m^2 以上时,人眼才能看到颜色。

光有两种来源:热光源(如太阳、发光体或火焰)和冷光源(物体反射给人们的光线)。

1. 光的亮度

1)光通量(luminous flux)

根据辐射对标准光度观察者的作用导出的光度量。对于明视觉有

$$\Phi = K_m \int_0^\infty \frac{\mathrm{d}\Phi_e(\lambda)}{\mathrm{d}\lambda} V(\lambda) \cdot \mathrm{d}\lambda$$

式中,$\mathrm{d}\Phi_e(\lambda)/\mathrm{d}\lambda$ 为辐射通量的光谱分布;$V(\lambda)$ 为光谱光(视)效率;K_m 为辐射的光谱(视)效能的最大值,单位为 lm/W。在单色辐射时,明视觉条件下的 K_m 值为 6831lm/W($\lambda_m = 555$nm 时)。

光通量的符号为 Φ,单位为 lm,1lm=1cd·1sr。

2)发光强度(luminous intensity)

发光体在给定方向上的发光强度是该发光体在该方向的立体角元 $\mathrm{d}\Omega$ 内传输的光通量 $\mathrm{d}\Phi$ 除以该立体角元所得之商,即单位立体角的光通量,其公式为

$$I = \frac{\mathrm{d}\Phi}{\mathrm{d}\Omega}$$

发光强度的符号为 I,单位为 cd,1cd=1lm/1sr。

3）亮度（luminance）

由公式 $\mathrm{d}\Phi / (\mathrm{d}A \cdot \cos\theta \cdot \mathrm{d}\Omega)$ 定义的量，即单位投影面积上的发光强度，其公式为

$$L = \mathrm{d}\Phi / (\mathrm{d}A \cos\theta \mathrm{d}\Omega)$$

式中，$\mathrm{d}\Phi$ 为由给定点的束元传输的并包含在给定方向的立体角元 $\mathrm{d}\Omega$ 内传播的光通量；$\mathrm{d}A$ 为一包括给定点的射束截面积；θ 为射束截面法线与射束方向的夹角。

亮度的符号为 L，单位为 $\mathrm{cd/m^2}$。

4）照度（illuminance）

表面上一点的照度是入射在包含该点的面元上的光通量 $\mathrm{d}\Phi$ 除以该面元面积 $\mathrm{d}A$ 所得之商，即

$$E = \frac{\mathrm{d}\Phi}{\mathrm{d}A}$$

照度的符号为 E，单位为 lx，$1\mathrm{lx}=1\mathrm{lm/m^2}$。

5）亮度对比（luminance contrast）

视野中识别对象和背景的亮度差与背景亮度之比，即

$$C = \frac{\Delta L}{L_b}$$

式中，C 为亮度对比；ΔL 为识别对象亮度与背景亮度之差；L_b 为背景亮度。

6）光源的发光效能（luminous efficacy of a source）

光源发出的光通量除以光源功率所得之商，称为光源的发光效能，简称光源的光效。单位为 $\mathrm{lm/W}$。

7）参考平面（reference surface）和作业面（working plane）

参考平面是测量或规定照度的平面。作业面是在其表面上进行工作的平面。

2. 光的质量

光的质量是指光的稳定性和均匀性、光色效果和是否有眩光等。

（1）光的稳定性和均匀性。光的稳定性是指照度在设计的光强度内应保持恒定的值，不产生波动、不发生频闪。光的均匀性是指照度和亮度在某一作业范围内相差不大，分布均匀。

（2）光色效果。光源的光色包括色表和显色性。色表是光源所呈现的颜色，而显色性是指照明光源对物体色表的影响。显色性通常以显色指数 R_a 表示，并把显色性最好的日光作为标准，其显色指数定为 100，其他光源的显色指数均小于 100，参见表 7-11。显色指数越小，显色性越差。物体的颜色将随光源颜色的不同而变化（表 7-12），物体的本色只有在日光照明的条件下才会不失真地显示出来。

表 7-11　光源的显色指数

光源	白炽灯	氙灯	日光色荧光灯	白色荧光灯	金属卤化物灯	高压汞灯	高压钠灯
显色指数	97	95～97	75～94	55～85	53～72	22～51	21

表 7-12　物体色受照明色影响所显示的颜色

物体的颜色	照明的颜色			
	红	黄	绿	天蓝
白	淡红	淡黄	淡绿	淡蓝
黑	红黑	橙黑	绿黑	蓝黑
红	灿红	亮红	黄红	深蓝红
天蓝	红蓝	淡红蓝	绿蓝	亮蓝
蓝	深紫红	淡红紫	深绿紫	灿蓝
黄	红橙	灿淡紫	淡绿黄	淡棕
棕	棕红	棕橙	深橄榄棕	蓝棕

7.4.2　光环境对人的影响

人的视觉功能不但与识别对象的照度有关,还与整个光环境的质量,包括光的表现颜色、环境亮度、光的方向、光源的显色性能、直射与反射眩光等有密切联系。优良的光环境能提高人的工作效率,保护人的健康,使人感到安全、舒适和美观,产生良好的心理效果。

1. 光环境与疲劳

在照度较低的情况下,作业者需要长时间反复辨认对象,使明视觉持续下降,很容易产生视觉疲劳,严重时甚至会引起全身性疲劳。视觉疲劳的研究表明,若将眨眼次数作为测量眼睛疲劳的指标,则眨眼次数随着照度值的增加而减少,说明增加照度可以降低视觉疲劳。

2. 光环境对工作效率的影响

改善光环境条件不仅可以减少视觉疲劳,还能有效提高工作效率。适当的光环境可以提高工作的速度和精准度,减少失误。当然,照度值增加并不能使工作效率无限度增加,一般情况下,在照度达到某一临界水平前,作业效率与照度值成正比,当达到临界值之后,作业效率则趋于平稳,参见图 7-1。

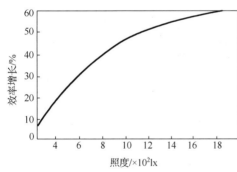

图 7-1　作业效率与照度的关系

3. 光环境对安全的影响

光环境的好坏与工作中事故发生概率的高低是密切相关的。良好的照明条件可以增强眼睛的辨色能力,从而减少识别物体色彩的错误率;可以增强物体的轮廓立体视觉,有利于辨认物体的高低、深浅、前后、远近及相对位置,使工作失误率降低;能够扩大视野,防止发生误操作。

7.4.3　照明设计

1. 光源选择

1) 自然照明与人工照明

按光源类型,工作场所照明形式可分为以下三种:自然照明、人工照明和混合照明。自然光明亮柔和，人眼感到舒适。作为光源，自然光是最理想的，它以其明亮柔和的特性让人感到舒适，因此自然照明是设计的首选。但是自然照明受到时间和环境等影响，所以需采用人工光源作为补充照明，即采用自然光源与人工光源相结合的混合照明方式。采用人工照明可使工作场所保持稳定的光量。

人工照明应选择接近自然光的人工光源，且不宜采用使人视力效能下降的有色照明。若将人在白光下的视力效能定为 100%，则在黄光下为 99%，蓝光下为 92%，红光下为 90%。

2) 直接照明与间接照明

根据光源与被照物的关系，可以分为直接照明与间接照明。

直接照明将其 90% 的光以光束的形式直接照射在目标物体上，产生明显的阴影，并易产生眩光。在照明质量要求较高的情况下才建议使用直接照明，或者在现有照度不足以使操作者准确读取文字等信息时，也可采用直接照明。

间接照明将其 90% 以上的光束投射到周围环境中，然后再反射到物体上。间接照明产生分散的光，因此没有阴影，可以在不产生眩光的同时提高照明强度。目前普遍采用的是将直接照明与间接照明配合使用。

2. 避免眩光

眩光对光环境的质量具有严重的负面影响，应当尽量避免照明设计中出现眩光，具体参见 3.1.1 节。

3. 照度均匀度

视力范围内照明有节奏的变化比静态能引起更大的视觉伤害。生理研究已经表明，当 1 : 5 两个亮度水平不停地交换时，人的视力下降的程度等价于将照度值从 800lx 降到 30lx。不同环境条件下对照度均匀度指标要求见表 7-13。

表 7-13　照度均匀度指标

环境条件	国际发光照明委员会	我国《民用建筑照明设计标准》
工作区域内一般照明的均匀度		≥0.7
工作房间内交通区的照度与工作面照度之比		≥1/5
工作区域最低照度与平均照度之比	≥0.7	
工作房间的平均照度与工作平均照度之比	≥1/3	
相邻房间的平均照度之比	≥1/5；　≤5/1	

当工作区域内一般照明的均匀度在 0.7 以上时，主观感觉是较均匀的；低于 0.55 时会有十分显著的不均匀性，引起不快感，并使视觉疲劳程度增加。根据办公室的照度要求，其工作面照度应为 750lx，墙面照度的适宜值为 420lx，良好值为 260~570lx，这样的均匀度可以产生均匀的照度效果。如果要求周围照度比桌面照度低，那么工作面照度和墙面照度的适宜值分别为 750lx 与 370lx，良好值为 230~670lx。

4. 良好照明设计的条件

有学者提出了良好照明设计应满足如下条件。

(1) 在同一环境中，亮度和照度不要过高或过低，避免引起视觉疲劳；也不要过于一致，使视环境显得单调。

(2) 光线的方向和扩散要合理,避免产生干扰的阴影。但必要阴影应保留,它可以使物体具有立体感。

(3) 不要让光源的光线直接照射眼睛,避免产生眩光,而应让光源光线照射物体或物体附近,只让反射光线进入眼睛,以防止晃眼。

(4) 光源颜色要合理,光源颜色要有再现各种颜色的特性。

(5) 让照明和颜色协调,使氛围令人满意,满足美的要求。

(6) 应考虑创造理想照明环境的成本。

7.5　气　体　环　境

1. 气体环境的组成

气体环境是由多种气体组成的混合物,其中还有一些悬浮的固体杂质和液体微粒,一般将其看成由干洁空气、水汽、固体杂质和污染物组成。自然状态的空气是无色、无臭、无味的混合气体,除去水汽、液体和固体杂质的空气称为干洁空气,其组成成分最主要的是氮、氧、氩三种气体,三者占空气总体积的约 99.9%,其他气体不足 0.1%。在 0℃,1 大气压下的干洁空气的组成见表 7-14。水汽在空气中所占的容积为 0~4%。悬浮在空气中的固体杂质(烟粒、尘埃和盐粒等)往往在空气中充当水汽凝结的核心。人类活动所产生的某些有害颗粒物和废气进入空气,称为空气污染物。它可分为两类:一类是有害气体,如 CO、SO_2、CH_4、NO_2、H_2S 和 HF 等;另一类是灰尘、烟雾和粉尘等(参见 7.6 节)。

表 7-14　干洁空气的组成(标准状况下)

空气成分	容积百分比/%	质量百分比/%
氮(N_2)	77.09	75.51
氧(O_2)	20.95	23.51
氩(Ar)	0.93	1.27
二氧化碳(CO_2)	0.03	0.046
氖(Ne)	0.0017	0.00125
氦(He)	0.00052	0.000072
甲烷(CH_4)	0.00022	0.00012
氪(Kr)	0.0001	0.00029
一氧化二氮(N_2O)	0.00005	0.00007
氢(H_2)	0.00005	0.0000035
氙(Xe)	0.000007	0.000036
臭氧(O_3)	0.000004	0.000007

2. 有害气体的防护措施

常见的有害气体包括一氧化碳(CO)、二氧化碳(CO_2)、氨气(NH_3)、苯(C_6H_6)、二甲苯($C_6H_4(CH_3)_2$)、总烃(C_xH_y)、砷化氢(AsH_3)、锑化氢(SbH_3)、二氯甲烷(CH_2Cl_2)、氟利昂-11($CFCl_3$)、二氧化硫(SO_2)、一氧化氮(NO)、二氧化氮(NO_2)、硫化氢(H_2S)、甲苯($C_6H_5CH_3$)、乙苯($C_6H_5C_2H_5$)、甲醛(HCHO)等。

为了减少有害气体对人的影响,一方面要提高人对有害气体的防护意识和耐受性,另一方面要尽量降低工作环境中有害气体的浓度。主要防护措施如下。

(1) 增强人的体质。加强人的体质训练，特别是长跑、高原习服训练等，以提高血红蛋白浓度，增强对有害气体的耐受性。

(2) 补充抗毒物质。多食用高蛋白、高纤维素及补血食物，以及能促进有害物质排泄的食物，如银耳、木耳和动物血制品等。

(3) 人员防护。污染特别严重时，可采取佩戴简易防毒面具等措施，对毒物进行物理隔离。

(4) 改善装备设计。通过改善机器设备设计，减少气体环境的危害，例如，增加坦克底盘和装甲车驾驶室的密封性，减少废气及 TSP (总悬浮颗粒物, total suspended particulate) 倒灌。

(5) 通风。安装排气扇，在条件允许的情况下开窗换气，降低有害气体浓度。

7.6　颗粒物环境

颗粒物是指除气体之外包含在空气中的物质，包括各种各样的固体、液体和气溶胶。气溶胶是指那些悬浮在空气中的液体和固体颗粒物。颗粒物包括沙尘、固体灰尘、粉尘 (分为降尘和飘尘)、烟尘、烟雾，以及液体的云雾和雾滴。不同粒径颗粒物的特点参见表 7-15。

表 7-15　不同粒径颗粒物的特点

粒径/μm	名称	特点
$d>100$	降尘	大多产生于固体破碎、燃烧残余物的结块和研磨粉尘的细碎物质；靠自身质量沉降，一般 100μm 粒径的颗粒物沉降需要 4~9h
$10<d<100$	总悬浮颗粒物 (TSP)	靠自身重力作用下降
$d<10$	飘尘 (IP) 可吸入颗粒 PM10	长期飘浮于空气中，主要由有机物、硫酸盐、硝酸盐及地壳元素组成；不易沉降
$d<2.5$	细微粒 PM2.5	很难沉降；1μm 粒径的颗粒物沉降需 19~98d，0.4μm 粒径的颗粒物沉降需 120~140d，粒径小于 0.1μm 的颗粒物可在空气中悬浮 5~10y

大气环境中的颗粒污染物的来源可分为自然来源和人为来源。自然来源是指由于自然因素所产生的颗粒污染物，例如，火山爆发的进出物、森林大火的燃烧物及植物的花粉等。人为来源主要是由燃料燃烧产生、各种工业生产过程排出、汽车尾气排出、各种设备运行排出、人体代谢作用产生的颗粒污染物等。

7.6.1　颗粒物对人的危害及防护

1. 颗粒物对人体的危害

粒径大于 10μm 的颗粒物因自身重力作用易于沉降，被吸入呼吸道的概率较小，即使被吸入也多停留在鼻咽区，往往随鼻涕和痰液排出呼吸道，对身体影响不大。

颗粒物的粒径与其化学成分密切相关，60%~90%的有害物质存在于粒径小于 10μm 的可吸入颗粒物中。粒径小于 10μm 的颗粒物，可以被吸入呼吸道，在呼吸道的沉积部位取决于粒径的大小。颗粒物越小越不易沉降，越易进入深部直达肺泡壁。粒径大于 5μm 的颗粒物多滞留在上部呼吸道，小于 5μm 的多滞留在细支气管和肺泡。有毒元素如 Pb、Cd、Ni、Mn、V、Br 和 Zn 等，主要吸附在粒径小于 2μm 的颗粒物上，而这些小颗粒物易沉积于肺泡区，对人体健康危害最大。但粒径小于 0.4μm 的颗粒物能较自由地进入肺泡并可随呼吸排出体外，沉降较少，反而降低了其毒性作用。

粒径较小的颗粒物表面吸附能力较强，往往吸附有更多的有毒气体、金属及其他化合物，含有的毒物浓度大、种类多。颗粒物的毒性也与其他化学组分有密切的关系，其化学组分多达数百种，可分为有机和无机两大类。有机组分包括碳氢化合物，羟基化合物，含氮、含氧、含硫有机化合物，有机金属化合物，有机卤素等。无机组分指元素及其化合物，如金属、金属氧化物、无机离子等。可吸入颗粒物的金属成分能起催化作用，促使其他有害物质的毒性加强，其上的多种化学成分还能起联合作用，增强了可吸入颗粒物的综合毒性。

2. 颗粒物的清除和防护

(1) 湿法清除。颗粒污染物中的部分颗粒物(如粉尘)遇水后很容易吸收、凝聚、增重，这样可大大减少颗粒物的产生及扩散，改善作业环境的空气质量，是一项简便、经济、有效的防尘措施。

(2) 通风清除。通风清除是目前应用最为普遍、效果最好的一种技术措施。通风清除就是用通风的方法对颗粒源予以有效的控制，并将含颗粒污染物的气体抽出，经除尘器净化后排入大气。

(3) 过滤层清除。当空气流经过滤层时，空气中颗粒状污染物由于过滤层的阻留而不随空气流出，这样的过程称为颗粒物过滤。其机理是当颗粒污染物的粒径比过滤层筛孔尺寸大时，就不能随着气流穿过滤层，称为筛滤。即使随气流穿过滤层，但由于分子间作用力的吸引，并不被气流带走而滞留在过滤层的背面，其被阻留的机理包括扩散、拦截、惯性、静电沉降和凝并作用等。

(4) 静电清除。静电清除的原理是：在电晕电极和集尘极之间施加直流高电压，当含有颗粒污染物的气流通过两极之间的电场时，处在电晕范围内的气体因电晕放电而产生大量的正离子、负离子和自由电子，在电场力的作用下，向它们电性相反的电极方向运动，而通过电场空间的颗粒污染物粒子与自由电子、负离子碰撞附着，实现颗粒污染物离子荷电。荷电的颗粒物在电场力的作用下被驱往集尘极，并在电极表面放出电荷并沉积。集尘极表面的污染物沉积到一定厚度时，可用机械振动等方法清除。

(5) 低温等离子体清除。低温等离子体清除主要针对粒径 0.1~5μm 的可吸入颗粒进行净化。当带有颗粒污染物的空气进入低温等离子体的净化空间后，会与放电产生的低温等离子体相互作用发生一系列物理、化学作用，一方面，高能电子能直接打开有毒有害气体的分子键，使其分解；另一方面，低能电子和悬浮颗粒物作用，特别是与飘尘作用，发生荷电交换，使颗粒污染物荷电，荷电后的可吸入颗粒物在电场作用下，向集尘极移动并沉积。

(6) 个人防护。这是一项辅助性措施。通常是在其他技术措施的基础上，通过各种防护用品(如口罩、防尘口罩、防尘面具和防尘头盔等)对处于颗粒物污染环境中的人员进行保护，进一步减轻其对人体的危害。

7.6.2 颗粒物对机器设备的危害及防护

颗粒物对机器设备的危害主要是指沙尘和粉尘对机器设备的损坏。沙尘不仅会破坏机器设备的外表，造成表面的磨蚀和磨损，而且会进入机器设备的内部，造成密封渗漏、电路性能降级、开口和过滤装置的阻塞或堵塞、活动部件卡死或阻碍、热传导性降低，以及由于通风或冷却受阻引起过热和着火等。

1. 沙尘对机器设备的危害

(1)沙尘对机器设备的附着损坏。附着损坏是指沙尘附着在设备系统或零部件上，对系统造成的磨损。针对不同的系统，损坏也各不相同。例如，沙尘附着在附有润滑剂的轴承、控制电缆和水力压杆上，可以形成具有很高研磨能力的化合物，它可以增加对机器设备的磨损。

(2)沙尘对机器设备的侵蚀损坏。侵蚀磨损是指大量尺寸小于 $1000\mu m$ 的固体颗粒以一定的速度和角度对材料表面进行冲击，发生材料损耗的一种现象或过程。被高速气流携带的沙尘颗粒可以对固定表面造成冲蚀，冲蚀通过反复磨动或扰动设备的保护层来加速对金属表面的破坏。例如，在移动车辆装备附近悬浮的沙尘颗粒，会造成车辆的严重冲蚀。气流携带的沙尘还可以使绝缘材料和绝缘体等表面变得粗糙，以致降低和削弱它们的性能。

(3)沙尘对机器设备的研磨损坏。研磨磨损是沙尘颗粒对两个相互摩擦或滑动的表面外部材料的摩擦或切削破坏。用空气来驱动的一些机器设备，更容易受到研磨磨损，但可以通过安装空气过滤器来降低磨损。例如，车辆的制动系统和发动机也很容易被沙尘研磨而损坏。吸入制动鼓中的沙尘颗粒极大地增加了表面的研磨磨损程度，而沙尘在足够的高温下会造成发动机瓷层的分解，其散发的热量使周围温度增加，形成具有强研磨性的矾土化合物。

(4)沙尘对机器设备的化学腐蚀。由于沙尘颗粒的组成成分不同，在潮湿的环境下它们会发生酸性或碱性的反应，加速对机器设备的腐蚀。滞留在机器设备金属表面的沙尘以及悬浮的沙尘，都可以对其产生化学腐蚀和电化学腐蚀。沙尘可以通过和其他环境因素相结合，产生综合作用，例如，在潮湿和含有 SO_2 的环境下，它会对设备金属表面产生严重腐蚀。高温可提高沙尘的腐蚀速率，但降低沙尘的渗透能力；而低温能增加沙尘的渗透能力。

(5)沙尘的静电影响。沙尘与空气摩擦产生静电，对通信系统、雷达等电子设备都有一定的影响。例如，沙尘产生的静电，能完全破坏无线电通信，大大减小调频无线电网络的通信距离。

2. 沙尘环境下机器设备的防护

对于沙尘环境下的装备，为减少或避免损坏，可以采取下列几种防护方法。

(1)经常涂抹润滑油并清洗装备，以减少附着损坏。

(2)对于容易受沙尘侵蚀磨损的暴露表面，如轴承，可以安装防尘罩。

(3)采用一些特殊设计，尽量减小沙尘侵蚀腐蚀薄膜的形成。

(4)对暴露表面，选择耐磨损的材料，以减少研磨损坏。

(5)在发动机吸气系统的进气口部位，安装过滤器，以便于流入干净的外界空气而正常运转，同时减少研磨损坏。

(6)对于密封处，尤其对于电子设备，如继电器和开关，要进行很好的密封。

(7)在高危害沙尘环境下的电子设备，进行接地或进行全面防护，以避免产生静电荷。

7.7　电磁环境

随着高新技术在各种现代机器、装备中的推广应用，电磁环境成为人机环境要素中新的环境要素之一。

电磁环境是指在一定空间内所有电磁现象的总和。电磁环境由多种要素构成，包括人为电磁辐射、自然电磁辐射和辐射传播因素。其中，人为电磁辐射是由人为使用各种设备而向空间辐射电磁能量的电磁辐射；自然电磁辐射是非人为因素产生的电磁辐射；辐射传播因素是电磁环境的重要构成因素，指地理环境、气象环境以及人为因素构成的各种传播媒介等，它对人为电磁辐射和自然电磁辐射都会发生作用。

7.7.1　电磁环境对人的影响及防护

电磁辐射是指电磁场能量以波的形式向外发射的过程。电磁波具有三个重要特性：能量、频率和波长。电磁辐射的来源分为天然辐射和人工辐射，天然的电磁辐射来自于地球的热辐射、太阳热辐射、宇宙射线和雷电等；而人工电磁辐射来自于卫星地球通信站、通信发射台站、电视和广播发射系统、雷达系统、射频感应及介质加热设备、射频及微波医疗设备、各种电加工设备、大型电力发电站、输变电设备、高压及超高压输电线、地铁列车及电气火车以及大多数家用电器等。辐射源可以产生不同频率、不同强度的电磁波，电磁波可以分为无线电波、微波、红外线、可见光、紫外线、γ 射线和 X 射线。

电磁辐射分为电离辐射和非电离辐射。电离辐射是可使受作用物质产生电离效应的辐射，而非电离辐射则是不使受作用物质产生电离效应的辐射。表 7-16 为电离辐射与非电离辐射的特性比较。

表 7-16　电离辐射与非电离辐射的特性比较

名称	电离辐射	非电离辐射
电磁波	X 射线、γ 射线以及一部分波长较短的紫外线	可见光、红外线、一部分波长较长的紫外线、微波、无线电波
辐射能量	辐射能量较大，量子能量水平大于 12eV	辐射能量较小
辐射特性	能使所照射的生物体的氢、氧、碳等基本元素产生电离	一般产生热效应

1. 辐射对人的影响

(1) 电离辐射对人的影响。电离辐射对人的影响可分为确定性效应和随机性效应。确定性效应是指辐射剂量达到一定水平时必然会对人机体造成的损伤，如造成皮肤损伤、造血器官病变、生殖腺损坏、视觉障碍和消化、呼吸、循环、泌尿以及神经系统等各器官的障碍；随机性效应是指辐射能量是随机的，即使辐射剂量很小，但一旦沉积到足够的剂量便可导致人体细胞的变异或死亡，如辐射致癌效应和辐射引起的基因突变等。

(2) 非电离辐射对人的影响。非电离辐射主要包括光辐射和射频辐射。光辐射主要包括紫外线辐射、可见光辐射和红外线辐射，过量的光辐射会对人体皮肤、眼睛等造成伤害；而射频辐射包括微波和无线电波，在此类辐射的长期慢性作用下，人体的眼睛、皮肤、神经系统、消化系统、内分泌系统、生殖系统和免疫系统都会受到影响，各项器官会出现功能障碍。

2. 电磁辐射的防护

(1)时间防护。时间防护是指限制人体暴露时间来降低接触者被照射的剂量,从而减少人体对电磁波的吸收量。该防护适用于电磁波场强超过容许水平,或在各种防护措施下都无法将电磁波强度降至容许值以下等情况。

(2)距离防护。距离大小与电磁波的能量衰减成正比。距离防护是指通过加大工作位置与辐射源之间的距离,以遥控或线控等方式进行操作,来减少操作人员所受的照射剂量。

(3)屏蔽与接地防护。屏蔽与接地防护是电磁波防护中最有效的方法,它采用金属板材或金属网将辐射源进行封闭,这些材料对电磁辐射具有反射和吸收作用,以降低空间电磁场的强度,能起到有效的防护效果。但屏蔽材料必须接地,否则会形成二次辐射源,起不到屏蔽作用。

(4)减源防护与个体防护。减源防护是指通过技术措施减少辐射源向空间辐射的强度,从而降低接触者的辐射剂量。个体防护是指当接触高功率密度的微波环境时,工作人员穿戴防护服、防护帽、防护围裙及防护眼镜等用品,以减少和避免辐射造成的人体损害。

(5)药物防护。药物防护是指通过药物减少电磁波对人体的慢性损害,这是一个有待深入研究的课题。

7.7.2　电磁环境对机器设备的影响及防护

1. 自然电磁环境及其对机器设备的危害

在自然电磁环境中,静电、雷电和自然辐射是最主要的电磁干扰。

(1)静电。静电现象普遍存在于工厂设备、居家环境及飞机、船舶、车辆等公共场所中,甚至人体也不例外,它们都会积累电荷成为带电体。静电放电最为危险的是可能引起火灾,导致易燃易爆物引爆。静电放电还会引起机器装备元器件的损坏,如半导体器件的损坏。

(2)雷电。雷电是云层上携带的静电产生的放电现象。雷电放电因其冲击电流大、持续时间短和雷电流变化梯度大的特点而具有巨大的破坏力。雷击主要破坏形式为直击雷、感应雷和浪涌,其中以感应雷对电子设备的破坏性最大。直击雷是带电云层与大地上某一点发生的迅猛放电现象。感应雷是当直击雷发生以后,云层带电迅速消失,地面某些范围由于散流电阻大,出现的局部高电压,或在直击雷放电过程中,强大的脉冲电流对周围导线和金属物产生的电磁感应,发生高电压而产生闪击现象的二次雷。

(3)自然辐射。自然辐射干扰源种类很多,主要有电子噪声、大地表面磁场、大气中的电流电场以及来自外层空间的辐射等。其中,各种机器设备的电子噪声干扰尤为常见。随着各种电子设备的种类和数量的不断增加,性能指标的不断提高,它们所占用的电磁频谱越来越宽,所传输的信息量越来越大,因而机载电子设备之间的电磁兼容问题也越来越突出。例如,发动机产生的电磁辐射,机载射频设备通过天线、电源线以及信号线的电磁发射和电磁耦合,开关电路设备的电磁耦合等。这些设备之间形成了一种复杂的内部电磁环境,设备之间的电磁干扰更是不容忽视。

2. 人工电磁环境及其对机器设备的危害

人工电磁环境主要有辐射干扰和传导干扰。辐射干扰是指以电磁波形式来传播的干扰。传导干扰是指通过导体传播的干扰。

1）辐射干扰

辐射干扰的能量由干扰源辐射出，并以电磁波的特性和规律传播。而常见的辐射干扰源有发送设备、本地振荡器、非线性器件及核爆脉冲等。辐射干扰主要包括高功率微波干扰、电磁脉冲干扰、核爆脉冲干扰、无线电发射设备干扰和火花放电与电弧放电。

（1）高功率微波干扰。微波是指频率范围为 300MHz～3000GHz 的电磁波，而脉冲峰值功率超过 100MW 的微波则可以称为高功率微波。高功率微波在各种领域都有着广泛的应用，主要有高功率微波武器、高功率微波干扰设备、高功率雷达、无线功率传输、粒子加速器以及民用能源等。

（2）电磁脉冲干扰。电磁脉冲干扰主要是指以电磁脉冲弹为载体，在预备干扰区域散射强电磁脉冲，具有作用范围广、电场强度高、频率范围宽和作用时间短等特点。其强大的脉冲可通过飞机天线以及金属缝隙等渠道进入电子设备，使无防护的电子元件暂时失效或完全损坏，让飞机航电系统计算机中的存储器丧失记忆能力，从而使飞机系统瘫痪。

（3）核爆脉冲干扰。核爆炸除了产生人们所熟悉的冲击波、光辐射、早期核辐射和放射性污染效应，还产生电磁脉冲效应，即核爆脉冲。核爆脉冲的强度可达 10^5V/m 以上，高空核爆炸影响半径可达数公里。核电磁脉冲可以分为三个区域：距离核爆 1km 以内的为源区，主要是径向电场；在 5km 以外的为辐射场区；中间为过渡区。源区电场强度可达 10^6V/m 左右，因此破坏力极大，同时还伴随核辐射。10^5V/m 以上的电磁脉冲干扰会使电子设备出现系统瘫痪，造成不可挽回的损失。

核电磁脉冲对电子设备的破坏作用一般可分为两类：功能损坏和工作干扰。功能损坏是指电缆的绝缘材料被击穿或者是电子设备的某些元器件受核电磁脉冲的作用而造成永久性损伤，例如，飞机、导弹、舰艇、防空武器等军事系统中的电子设备如受到核电磁脉冲的破坏，将会造成重大的损失。工作干扰是指核电磁脉冲引进的附加信号使某些器件的工作状态改变，导致电子设备的功能紊乱，发出错误信号，或消除和改变存储器中的内容。例如，一次百万吨级核弹空中爆炸后，处于待命状态的导弹，由于弹上计算机内存储的信息被清洗，就不能再按指令发射了。

（4）无线电发射设备干扰。军事上的无线电导航、无线通信与广播、短波通信与广播、雷达通信与空间通信、中继通信、远程导航仪等设备，都是靠发射大功率的电磁波来传送信息的。但对于其他各种敏感的电子设备来说却是严重的干扰源。

（5）火花放电与电弧放电。在机器设备的运行过程中，其部分电子元器件会产生火花放电，并形成电磁干扰，导致电子设备的运行障碍。例如，汽车、机械、摩托车等机动车辆的点火装置，是很强的宽带干扰源，在 10～100MHz 频率范围内具有很大的干扰场强。

电弧放电与静电放电所产生的电磁辐射特性非常相似，此外还会引起军用机械上装有的电引爆自毁系统的引爆故障。

2）传导干扰

传导干扰是指通过导体传播的干扰，它与辐射干扰界限不是非常明显，除频率非常低的干扰信号，多数干扰信号传播都通过导体和空间混合传输，在传播的过程中遇到导体并在导体中感应出干扰信号，变成传导干扰。例如，雷达干扰是常见的传导干扰，多频干扰雷达通常采用大功率无线电波干扰，利用多频段辐射，对电子装备通信和导航系统进行干扰，从而使控制和通信受阻。

3. 电磁防护措施

对各种设备进行有效的电磁防护，需要具体分析电磁干扰三要素，即从干扰源、干扰途径和敏感设备着手。对于复杂的电磁环境，干扰源和干扰途径并没有严格区分的界限。电磁防护可采取的措施如下。

(1) 屏蔽。屏蔽是利用屏蔽体来阻挡或减少电磁能的传输从而达到电磁防护的一种重要手段。其方法就是用导电体或导磁体的封闭面将其内外两侧空间进行隔离。从其一侧空间向另一侧空间传输的电磁能量，由于实施了屏蔽而被抑制到极微量。

(2) 滤波。滤波是抑制电磁干扰的重要措施之一，它用电阻、电感、电容一类无源或有源器件组成选择性网络，以阻止有用频带之外的其余成分通过。它可以削减不需要的电磁能量，不仅是防护传导干扰的主要方式，还可以抑制无线电干扰，通常可以在飞机天线发射端和输出端安装合适的电磁干扰滤波器。

(3) 提高设备电磁兼容。如果某装备系统存在电磁兼容问题，那么各系统之间和各装备之间的相互影响与干扰不仅使装备不能发挥应有的作用，甚至还会丧失工作能力。

(4) 采用电磁屏蔽材料。电磁屏蔽材料由填料(吸收剂)、胶黏剂和溶剂等组成。按其应用形式可分为涂覆型涂料和结构型复合材料。其原理是降低电磁波的反射能量，即可将入射的电磁波转换成热能而将电磁波吸收掉。吸收剂是决定吸波涂料吸波性能的主体，直接制约着吸波材料的研制水平与工程应用效果。吸收剂主要有铁氧体吸收剂、金属及氧化物超细粉体吸收剂、导电炭黑吸收剂、羰基铁吸收剂、导电高分子吸收剂、多晶铁纤维吸收剂、稀土元素吸收剂等，其中，铁氧体吸收剂、金属及氧化物超细粉体、导电炭黑吸收剂、羰基铁吸收剂的研究比较成熟。胶黏剂是吸波涂料中的成膜物质，它决定着材料的主要力学性能和耐环境性能，同时也对涂层的吸波性能产生重要影响。常见的胶黏剂有环氧树脂、聚氨酯、聚硫橡胶、氯丁橡胶等。

习题与思考题

7-1 简述哪些环境因素会对人机系统产生影响。

7-2 热环境对人体机能和操作有何影响？减轻热环境影响的方法有哪些？

7-3 振动对设备的影响有哪些？抗振动的主要技术措施与方法有哪些？

7-4 噪声对人体的生理、心理机能和工作有何影响？降低环境噪声的措施有哪些？

7-5 光环境对人的影响有哪些？照明设计原则有哪些？

7-6 怎样减轻有害气体对人体的影响？

7-7 颗粒物对人的影响有哪些？怎样进行防护？

7-8 沙尘对设备的影响有哪些？怎样进行防护？

7-9 电磁环境对人体有什么影响？怎样进行防护？

7-10 复杂电磁环境对机器设备有何危害？

 参考答案

第8章 人机系统设计与评价

8.1 人机系统特性

在自然界和人类社会中，任何事物都是以系统的形式存在的，每个研究对象都可以看成一个系统。人机系统由人、机及其所处环境组成，它具有系统的所有基本特点。

8.1.1 人机系统的功能

人机系统的主要功能如下。

(1)接收信息功能。机器通过其感觉功能装置来接收信息，如电子、光学和机械传感器等，而人通过其感觉器官实现接收信息的功能。

(2)储存信息功能。一般情况下，机器通过电子系统来储存信息，如光盘、磁盘、磁鼓、磁带、打孔卡和模板等，而人则靠记忆或借助其他方式来储存信息，如照相、录像、录音和文字记录等。

(3)处理信息功能。人和机器对已接收的信息都要进行某些处理，这些处理过程或简单或复杂，如分析、比较、演绎、推理和运算等。对人来说上述信息加工(处理)过程往往是交叉进行的，而机器则往往是逐步执行的。

(4)执行信息功能。可以由人直接操纵控制器，或由机器本身所产生的控制作用来执行信息功能，或借助声、光等信息装置，把信息从一个环节输送到另一个环节。

(5)输入、输出信息功能。外界各种形式的信息从系统的输入端输入，经过系统各种处理环节改变其原有状态后形成最终结果，再通过输出端输出。

(6)反馈信息功能。对输出的信息进行反馈而构成的反馈信息回路是系统的一个极为重要的组成部分，反馈的信息是人对系统控制的依据，也是系统自行调节的基础。

随着科学技术的发展，人机系统变得越来越复杂，人的工作也越来越复杂。但由于人的体力和脑力上都存在着局限性，尤其是人的信息接收与分析处理能力的局限性，使人在超负荷的工作状态下工作效率会明显下降，易出现差错，这会对人机系统的安全性构成巨大威胁。所以，对复杂的人机系统，一方面，要注意人的作用的变化，对人的功能进行充分的开发和利用。既要对相应的人员进行严格的选拔和科学、系统的训练，又要从技术上采取有效的措施保证充分发挥人员的能力。另一方面，从系统的任务出发，提出系统的功能要求，并以功能要求为基础对机器的功能和人的能力作详尽的分析与研究。

8.1.2 人与机的特性比较

在人机系统设计中，要经常处理人与机的分工问题。为此必须明确人有什么优势，机有什么优势,通过人与机的特性比较,才能确定应该把什么样的工作交给人去完成,什么样的工作交给机去做。人与机的特性比较参见表 8-1。通过表格中人与机的特性比较,就可以初步确定人机系统中人与机的分工。

表 8-1 人与机的特性比较

特性	机的特性	人的特性
检测	检测范围广、精度高,可以检测像电磁波这样人不能检测的物理量	具有与认识直接联系的高级检测能力,没有一定标准,会出现偏差; 具有视觉、听觉、味觉、嗅觉和触觉
操作	在速度、精度、力量、操作范围、耐久性等方面都比人优越; 对液体、气体、粉状体的处理比人优越,但处理柔软物体则不及人	手具有许多自由度,而且各自由度之间可以进行微妙的协调,可以在三维空间进行多种运动; 由视觉、听觉、重量感觉等获取的信息能够控制运动器官进行高级运动
信息处理功能	没有自发的创造能力,但可以在程序功能的范围内进行一定的创造性工作; 能进行大容量的数据记忆和取出; 在事先编制程序的情况下,可以进行高级的、准确的数据处理; 计算速度快而准确	具有创造能力,能够对各种问题有全新的和完全不同的见解,具有发现特殊原理或关键措施的能力; 能够实现大容量、长期的记忆,并能实现同时和几个对象联系; 具有特征抽取、归纳能力、模式识别、联想、发明创造等高级思维能力及丰富的经验,计算速度慢且常出错,但能巧妙地修正错误
耐久性、可维修性和持续性	需要适当的维修保养; 可以进行单调的反复作业	需要适当的休息、休养、保健、娱乐; 很难长时间保持紧张状态; 不适于从事单调乏味的作业
可靠性	根据成本而定。设计合理的机械对事先设定的作业有很高的可靠性,但对预料之外的事件则无能为力	在突发的紧急情况下,具有一定的应变能力; 可靠性受作业欲望、责任感、身心状态、意识水平等心理和生理条件影响
通信	与人之间进行的信息交流只能用特定的方法进行	人与人之间很容易进行信息交流
效率	可以根据作业目的设计功能,作业速度快、准确,功率可以很大; 可以在危险环境下使用	需要教育和训练; 作业中会出现疲劳; 必须采取绝对的安全措施
柔性、适应能力	专用机械不能改变用途; 柔性加工机械比较容易调整	柔性好; 通过教育训练,有多方面的适应能力
环境条件	可耐恶劣的环境,能在放射性、粉尘、有毒气体、噪声、黑暗、强风和大雨等条件下工作	环境条件要求舒适,但对特定的环境很快就能适应
成本	购置费、运转费、保养费; 报废只失去其本身的价值	除工资,还需要有福利等支出; 如果发生意外,有失去生命代价的可能
其他		具有人特有的欲望,必须在为人们所承认的社会中生活,否则就会产生孤独感和疏远感,影响作业能力,个体差异很大,人们之间互相尊重,人道主义

8.2 人机系统功能分配

人机系统功能分配是指为了使人机系统达到最佳匹配,在研究分析人、机特性的基础上,充分发挥人和机器的潜能,合理地将系统各项功能分配给人、机的过程。人机系统功能分配是人机系统设计的重要一环,其目的是根据系统工作要求,使人机系统可靠、有效地发挥作用,达到人与机器的最佳配合。人机系统功能分配,必须参照人和机器各自的特性。

8.2.1　功能分配原则

人机系统功能分配是一个复杂问题，要在对人机系统功能分析的基础上，依据人与机的特性进行分配。人机系统功能分配是根据一定的原则进行的，其一般原则有比较分配原则、剩余分配原则、经济分配原则、宜人分配原则和弹性分配原则等。

(1)比较分配原则。比较分配原则是在比较分析人与机的特性的基础上，确定各个功能的优先分配，即适合人来实现的功能就分配给人来做，适合机器设备来完成的任务就分配给机器来做。当某一功能需要人机配合完成时，表明这一功能的分析尚需更细的层次分解。这种通过比较分析来决定顺序的原则就是比较分配原则。

应该认识到，随着科技的发展，机的功能越来越强，其特性也越来越优越，将能完成更多的工作，但人在创造性的问题求解、模式识别和不确定系统的决策等方面的能力远胜过机器。所以要分析和明确人与机各自的特性，特别是各自的优缺点，以此来选择出最佳的人、机结合模式。

(2)剩余分配原则。剩余分配原则可以和比较分配原则结合使用。剩余分配原则是指把尽可能多的功能分配给机器完成，剩余的功能才分配给人完成。

(3)经济分配原则。经济分配原则是指从经济的角度考虑，即从系统研制、生产制造和使用运行的总费用的角度进行考虑，然后决定将系统的某一功能分配给人还是机器。虽然在设计阶段就开始估算系统的费用，但是某些费用还是很难被估算出来，例如，人员选拔、培训的费用和设备维护的费用等。因此，实现经济分配原则的基础是深入分析各项功能的费用，即是使用人经济还是使用机器经济。

(4)宜人分配原则。宜人分配原则是指要使人的工作负荷适中。功能分配时既要有意识地利用人的心理特征，使人保持适当的警觉，同时也要密切注意人的能力限度，不要使系统中的操作者在完成任务和作业后疲惫不堪，也不要让其长时间无事可做，降低工作敏感性。

(5)弹性分配原则。科技的发展不断影响着人机系统中的人、机功能分配。弹性分配原则的基础就是根据人的能力随环境、时间变化的情况，随时调整系统的功能分配决策，使作业或任务的分配更合理，功能的实现效果更佳。

弹性分配原则主要包括两方面的含义。一是由人自己决定参与系统行为的程度；二是由智能机根据任务的难易和操作者的负荷来决定系统功能的分配。

8.2.2　功能分配过程

人机系统功能分配贯穿在系统分析、设计、验证和评估的每个阶段，它必须和系统研制过程的各个环节紧密结合。在系统设计的初期，一个完整的功能很少完全分配给人或机。在主系统和分系统层次，大多数的功能都是由人与机共同来完成的，所以这些主系统和分系统层次的功能必须再分解为更细微的层次，即最后达到将每个功能完全分配给人或机的系统分解层次。

一般来说，决定人机功能分配决策的基本准则是：根据任务，采用系统分析的方法，在定义主系统及分系统功能的基础上，按功能的属性与重要性对其分类；然后确定某一功能究竟是由人还是由自动化系统完成。功能分配决策流程可以用图8-1来描述。

功能分配决策过程分四个步骤进行。

1. 首先分配那些明确与指定的功能

对于那些明确分配给人或机的功能和其分配受到法律与政策限制的功能,首先进行分配,并可能产生三种分配结果。

(1)分配给机(记作 M)。由于规则条例、环境因素(热环境、噪声环境、振动环境、电磁环境等)和作业要求超过人的能力等原因,所以把某些功能强制分配给自动化系统或机器。

(2)分配给人(记作 H)。由于决策的掌握与控制功能等原因,所以把功能强制分配给人。

(3)无结果(记作 N)。可能出现一个不可接收的分配,其出现原因有二:一是明令分配给自动化系统,但却缺少可行技术支持;或运用自动化系统代价过高;或自动化系统的可靠性不满足要求;或操作者不接受该自动化系统等。二是某些功能明令分配给人,但该功能的要求却超过人的能力范围;或人的费用、人的可靠性不能满足要求等。

当不存在明确分配的理由时,功能分配的决策则由以下功能分配决策的 2、3、4 步骤继续进行。

2. 应用比较分配原则进行分配

应用比较分配原则,并运用运筹学中的决策空间或决策矩阵图的方法提出有效性的系统评价。人机功能分配决策矩阵参见图 8-2。对任何一个功能,从人与机器两方面的特性进行比较,做出孰优孰劣的评估。评估的要素主要包括效能、速度、可靠性和技术可行性等。通过评估得到一个复数值,其中,人的工效值为实部,机的工效值为虚部。这个复数值将落在决策矩阵图的某一区域,如图 8-2 所示的决策图共分六个区域。

依次可以判断出功能最后分配给人还是机器。

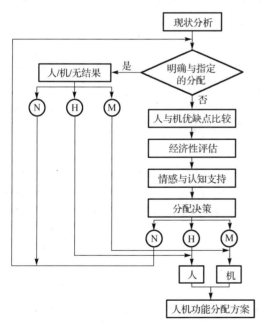

图 8-1　功能分配决策过程

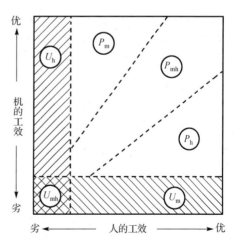

图 8-2　人机功能分配决策矩阵

U_{mh} 表示人、机工效都差的区。

U_m 表示机的工效差的区。

U_h 表示人的工效差的区。

P_m 表示机占优势的区，决策选择时要依据运用经济分配原则进行分配和从人的情感与认知支持来考虑分配决策两个方面进行考虑。

P_h 表示人占优势的区。

P_{mh} 表示人、机并行区域，这时存在一个最佳分配问题。

3. 运用经济分配原则进行分配

所谓的经济分配原则就是从获利与费用的角度来考虑某项功能的分配。同时用投入产出比的分析方法来考虑将功能分配给人还是分配给机能够更节省费用。但是，该分析决策有可能更改前一条分配原则所做出的决策。

4. 从人的情感与认知支持来考虑分配决策

由于应用比较分配原则和运用经济分配原则分配决策时是把人作为一个与机器相比拟的部件来对待，在作决策时仅仅考虑他们在完成作业时的有效性、利益和代价，并没有考虑某些限制人的工效的特征。实际上，人与机器不同，其完成工作的前提是某些要求首先被满足，例如，人的心理和社会等情感要求、对环境和信息等摄取的认知要求等。所以，需要从人的情感与认知支持等方面来考虑分配决策。

上述的人机功能分配，对于分配给人的功能要做一定的作业分析，分析分配给人的任务是否恰当。

由于步骤 2~4 的功能分配策略是相互独立的，无法同时满足。因此，必须对步骤 2~4 做出的功能分配决策进行权衡，确定最终的功能分配方案。

8.2.3　功能分配方法

在实际应用中，系统设计者只有充分认识任务要求、当时的技术发展水平，并且仔细分析人机各自的特点之后，才有可能为实现系统目标而选择最佳的人机模式。但仅此还不能满足人机系统功能分配的需要，因为人机系统功能分配是一个不断反复的连续决策过程。随着人机系统设计经验的积累和自动化技术水平的提高，人机系统的功能分配也将发生相应的改变。

人机系统设计过程中的功能分配方法有 Fitts 表法、York 法、Scenario 法和 BP 神经网络法等。目前常用的人机系统功能分配方法仍以定性分析为主，人的主观判断在人机系统功能分配中起主要作用。不确定系统分析方法(如模糊理论和层次分析法)的出现为人机系统功能分配问题的定量化提供了解决途径，本书以模糊层次分析法为例进行介绍。

1. 模糊层次分析法

层次分析法(analytic hierarchy process，AHP)是将与决策相关的元素分解成目标、准则和方案等层次，并在此基础之上进行定性和定量分析的决策方法。这种方法的特点是在对复杂的决策问题的本质、影响因素及其内在关系等进行深入分析的基础上，利用较少的定量信息使决策的思维过程量化，从而对多目标、多准则或无结构特性的复杂决策问题进行决策。模糊层次分析法(fuzzy analytical hierarchy process，FAHP)是在层次分析法的基础上进行的改进，该方法可改进层次分析法判断矩阵构造主观性强和一致性不易检验等缺点。运用 FAHP 解决问题，大体可以分为五个步骤。

(1)明确问题。建立一个多层次的递阶结构模型。根据具体的目标，全面讨论评价目标的各个指标因素，建立一个多层次的递阶结构。

(2)构造模糊互补矩阵。用上一层次中的每一元素作为下一层元素的判断准则，分别对下一层的元素进行两两比较，比较其对于准则的优度，并按规定的标度定量化，建立模糊互补矩阵。

模糊互补矩阵 R 表示针对上一层次某元素，本层次与之有关的元素之间相对优度的比较，假定上层次的元素 B 同下一层次中的元素 $C_1, C_2, \cdots, C_n$ 有联系，则模糊互补矩阵可表示为

B	C_1	C_2	$\cdots$	C_n
C_1	r_{11}	r_{12}	$\cdots$	r_{1n}
C_2	r_{21}	r_{22}	$\cdots$	r_{2n}
$\vdots$	$\vdots$	$\vdots$	$\vdots$	$\vdots$
C_n	r_{n1}	r_{n2}	$\cdots$	r_{nn}

其中，r_{ij} 表示元素 C_i 和元素 C_j 相对于上一层元素 B 进行比较时，元素 C_i 和元素 C_j 具有模糊关系"重要程度"的隶属度。为了使任意两个方案关于某准则的相对优度得到定量的描述，可以采用数字 0.1~0.9 进行标度，数字 0.1~0.9 标度的含义参见表 8-2。

表 8-2　数字 0.1~0.9 标度的含义

标度	定义	说明
0.5	同等重要	两元素相比较，同等重要
0.6	稍微重要	两元素相比较，一个元素比另一个元素稍微重要
0.7	明显重要	两元素相比较，一个元素比另一个元素明显重要
0.8	重要得多	两元素相比较，一个元素比另一个元素重要得多
0.9	极端重要	两元素相比较，一个元素比另一个元素极端重要
0.1，0.2 0.3，0.4	反比较	若元素 C_i 与元素 C_j 比较得到判断 r_{ij}，则元素 C_j 与元素 C_i 相比较得到的判断为 $r_{ji} = 1 - r_{ij}$

(3)一致性检验。对步骤(2)得到的模糊互补矩阵进行一致性检验，将模糊互补矩阵转化为模糊一致判断矩阵。具体调整步骤如下。

第一步，确定一个同其余元素的重要性相比较得出的判断有把握的元素，不失一般性，设决策者认为对判断 $r_{11}, r_{12}, \cdots, r_{1n}$ 比较有把握。

第二步，用 R 的第一行元素减去第二行对应元素，若所得的 n 个差数为常数，则不需要调整第二行元素。否则，要对第二行元素进行调整，直到第一行元素减第二行的对应元素之差为常数。

第三步，用 R 的第一行元素减去第三行的对应元素，若所得的 n 个差数为常数，则不需调整第三行的元素。否则，要对第三行的元素进行调整，直到第一行元素减去第三行对应元素之差为常数。

上面步骤如此继续下去直到第一行元素减去第 n 行对应元素之差为常数。根据上面方法

对得到的各个模糊互补矩阵进行检验，转化为模糊一致判断矩阵。

(4) 计算单一准则下方案的优度值。这一步要解决在某单一准则的前提下，n 个方案 $C_1, C_2, \cdots, C_n$ 对于该准则优度值的计算问题。

根据模糊一致判断矩阵的元素与权重的关系式给出排序方法，即

$$w_i^k = \frac{1}{n} - \frac{1}{2\alpha} + \frac{1}{n\alpha}\sum_{k=1}^{n} r_{ik}, \quad i = 1, 2, \cdots, n; \quad k = 1, 2, \cdots, n \qquad (8\text{-}1)$$

式中，α 是满足 $\alpha \geq \dfrac{n-1}{2}$ 的参数。

模糊一致判断矩阵的几种排序公式中，公式 (8-1) 分辨率最高，再加上其有可靠的理论基础，因此在实际应用中采用公式 (8-1) 对模糊一致判断矩阵进行排序，有利于提高决策的科学性，避免决策失误。

(5) 总排序。为了得到递阶层次结构中每一层次所有元素相对于总目标的优度值，需要把步骤 (4) 的计算结果进行适当的组合，并进行总的一致性判断矩阵检验。在单一准则优度值排序的基础上，计算诸方案的总体优度值 T_i 为

$$T_i = \sum_{k=1}^{n} w_k w_i^k \qquad (8\text{-}2)$$

这一步是由上而下逐层进行的。最终计算结果得出最低层次元素，即决策方案优先顺序的优度值。

按 T_i 的大小可对诸方案进行总优度排序，即若 $T_1 \geq T_2 \geq \cdots \geq T_n$，则方案从优到劣的次序为 $C_1 \geq C_2 \geq \cdots \geq C_n$。

2. 实例分析

为了说明模糊层次分析法在人机系统功能分配中的应用，有研究人员以载人航天器复杂人机系统座舱内装置和仪器运行状态的监视为例进行了功能分配，确定其功能分配的最优方案。

(1) 确定指标因素。建立层次递阶结构模型确定人机系统功能分配最优方案需要考虑的指标主要有支持费用、作业效率、安全性、操作要求、可靠性和在轨维修能力。载人航天器复杂人机系统座舱内装置和仪器运行状态监视建立的多层次递阶结构模型参见图 8-3。

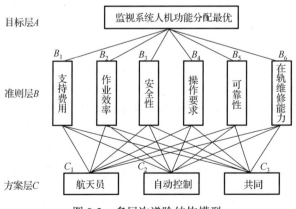

图 8-3　多层次递阶结构模型

（2）模糊互补矩阵的建立。根据上面的数字标度方法，分别以基准 B_k 为前提，对元素 C_i 和元素 C_j 进行比较，可得到模糊互补矩阵 $R_1 \sim R_6$ 为

$$R_1 = \begin{bmatrix} 0.5 & 0.2 & 0.4 \\ 0.8 & 0.5 & 0.7 \\ 0.6 & 0.3 & 0.5 \end{bmatrix}, \quad R_2 = \begin{bmatrix} 0.5 & 0.8 & 0.7 \\ 0.2 & 0.5 & 0.4 \\ 0.3 & 0.6 & 0.5 \end{bmatrix}$$

$$R_3 = \begin{bmatrix} 0.5 & 0.9 & 0.7 \\ 0.1 & 0.5 & 0.3 \\ 0.3 & 0.7 & 0.5 \end{bmatrix}, \quad R_4 = \begin{bmatrix} 0.5 & 0.3 & 0.3 \\ 0.7 & 0.5 & 0.5 \\ 0.7 & 0.5 & 0.5 \end{bmatrix}$$

$$R_5 = \begin{bmatrix} 0.5 & 0.7 & 0.3 \\ 0.3 & 0.5 & 0.1 \\ 0.7 & 0.9 & 0.5 \end{bmatrix}, \quad R_6 = \begin{bmatrix} 0.5 & 0.9 & 0.5 \\ 0.1 & 0.5 & 0.1 \\ 0.5 & 0.9 & 0.5 \end{bmatrix}$$

对基准层中的各项指标 B_k 之间的重要性进行比较，可得到模糊互补矩阵 R 为

$$R = \begin{bmatrix} 0.5 & 0.6 & 0.3 & 0.7 & 0.4 & 0.7 \\ 0.4 & 0.5 & 0.2 & 0.6 & 0.3 & 0.6 \\ 0.7 & 0.8 & 0.5 & 0.9 & 0.6 & 0.9 \\ 0.3 & 0.4 & 0.1 & 0.5 & 0.2 & 0.5 \\ 0.6 & 0.7 & 0.4 & 0.8 & 0.5 & 0.8 \\ 0.3 & 0.4 & 0.1 & 0.5 & 0.2 & 0.5 \end{bmatrix}$$

（3）模糊互补矩阵一致性检验。研究问题的复杂性和人们认识上的片面性，使建立出来的模糊互补矩阵一致性往往较差。这时可应用模糊一致矩阵的充要条件进行调整，并检验其正确性。

检验判断矩阵是否具有一致性需判断矩阵的最大特征根 $\lambda_{\max}$，看 $\lambda_{\max}$ 是否同判断矩阵的阶数 n 相等。若 $\lambda_{\max} = n$，则具有一致性，即

$$\lambda_{\max} = \sum_{i=1}^{n} \frac{(Rw)_i}{nw_i} \tag{8-3}$$

（4）单一准则下方案的优度值。根据公式（8-1），计算方案 C_i 在目标准则 B_k 下的优度值 w_i^k，其中 $\alpha = (3-1)/2 = 1$。

$$w_i^1 = (0.2, 0.5, 0.3)$$
$$w_i^2 = (0.5, 0.2, 0.3)$$
$$w_i^3 = (0.533, 0.133, 0.334)$$
$$w_i^4 = (0.2, 0.4, 0.4)$$
$$w_i^5 = (0.334, 0.133, 0.533)$$
$$w_i^6 = (0.467, 0.066, 0.467)$$

由上可知：
$w_1^k = (0.2, 0.5, 0.533, 0.2, 0.334, 0.467)$ 方案层航天员优度值

$w_2^k = (0.5, 0.2, 0.133, 0.4, 0.133, 0.066)$ 方案层自动控制优度值

$w_3^k = (0.3, 0.3, 0.334, 0.4, 0.533, 0.467)$ 方案层共同优度值

并计算因素 B_k 在目标层 A 下的优度值 w_k；其中 $\alpha = (6-1)/2 = 5/2$。

$w_k = (0.18, 0.14, 0.26, 0.1, 0.22, 0.1)$ 基准层优度值

(5) 层次总优度排序。将上述优度值代入公式 (8-2) 得

$$T_1 = \sum_{k=1}^{n} w_k w_1^k = 0.2 \times 0.18 + 0.5 \times 0.14 + 0.533 \times 0.26 + 0.2 \times 0.1 + 0.334 \times 0.22 + 0.467 \times 0.1 = 0.38476$$

$$T_2 = \sum_{k=1}^{n} w_k w_2^k = 0.5 \times 0.18 + 0.2 \times 0.14 + 0.133 \times 0.26 + 0.4 \times 0.1 + 0.133 \times 0.22 + 0.066 \times 0.1 = 0.22844$$

$$T_3 = \sum_{k=1}^{n} w_k w_3^k = 0.3 \times 0.18 + 0.3 \times 0.14 + 0.334 \times 0.26 + 0.4 \times 0.1 + 0.533 \times 0.22 + 0.467 \times 0.1 = 0.3868$$

对上述方案层总体优度值进行排序，得到：$T_3 > T_1 > T_2$。

从而得出，$C_3 > C_1 > C_2$。

由上可知共同执行操作的方案最优，即在载人航天器这一复杂人机系统座舱内装置和仪器运行状态的监视这一任务安排由航天员与自动控制联合进行最合适。将基准层与方案层优度值进行归纳，参见表 8-3。

表 8-3　基准层与方案层优度值

层次结构		支持费用	作业效率	安全性	操作要求	可靠性	在轨维修能力	方案层总体优度值
基准层		0.18	0.14	0.26	0.1	0.22	0.1	
方案层	航天员	0.2	0.5	0.533	0.2	0.344	0.467	0.38476
	自动控制	0.5	0.2	0.133	0.4	0.133	0.066	0.22844
	共同	0.3	0.3	0.334	0.4	0.533	0.467	0.3868

8.3　人机系统设计

8.3.1　人机系统设计要求

人机系统的设计要求如下。

(1) 能达到预定目标，完成预定的任务。

(2) 在人机系统中，人与机都能充分发挥各自的作用并协调地工作。

(3) 人机系统接收输入和输出的功能，都必须符合设计的能力。

(4) 人机系统要考虑环境因素的影响。包括照明、噪声、温度、振动和辐射等。人机系统设计不仅要处理好人和机器的关系，而且需要把人和机器运行过程相对应的周围环境一并考虑。因为环境始终是影响人机系统的一个重要因素。

(5) 人机系统应有一个完善的反馈闭环回路，且输入的比率可进行调整，以补偿输出的变化，或用增减设备的办法，以调整输出来适应输入的变化。

人机系统设计的总目标是，根据人的特性，设计出最符合人操作的系统，包括最方便使用的操纵器，最醒目的显示器，最舒适的座椅，最舒适的工作姿势，最合理的操作程序，最有效、最经济的作业方法，最舒适的工作环境等，使整个人机系统安全、可靠、效益最佳。

8.3.2　人机系统设计流程

人机系统设计需要工程学、心理学、生理学和人机工程学等多方面专家共同完成。图 8-4 是人机系统设计流程图。

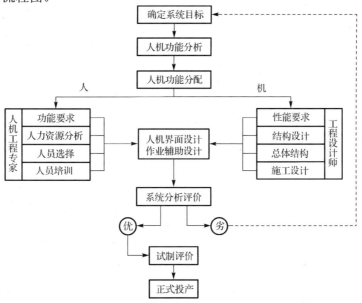

图 8-4　人机系统设计流程图

有文献给出了人机系统的设计流程，以及根据该流程编写的控制仪表盘的设计流程，参见表 8-4 和表 8-5。

表 8-4　人机系统的设计流程

系统设计各个阶段	各阶段的主要项目	设计人机系统应注意的事项	人机工程专家的设计实例
明确系统的主要事项	确定目标	对主要人员的要求和制约条件	对主要人员的特性、与训练有关的问题的调查和预测
	确定使命	系统使用上的制约条件和环境上的制约条件；系统中的人员的数量和质量	对安全性和舒适性有关条件的检验
	明确适用条件	能够确保主要人员的数量和质量，能够得到的训练设备	预测对精神和动机的影响
系统分析和系统规划	详细划分系统的主要事项	详细划分系统的主要事项	设想系统的性能
	分析系统的功能	对各种设想进行比较	执行任务分布图
	发展系统的设想(对可行性的设想进行评价)	系统的功能分配；与设计有关的必要条件；与人有关的必要条件；功能分析；主要人员的配置和训练设想	对人机功能分配和系统功能的各种方案进行比较研究；对各种性能的作业进行分析；决定必要的信息显示与控制的种类

续表

系统设计各个阶段	各阶段的主要项目	设计人机系统应注意的事项	人机工程专家的设计实例
	选择最佳设想和必要设计条件	人机系统的试验评价设想；与其他专家组进行权衡	根据功能分配，预测所需人员的数量和质量以及训练计划与设备；提出试验评价的方法；设想与其他子系统的关系和准备采取的对策
系统设计	预备设计(大纲的设计)	设计时应考虑与人有关的因素	准备合适的人机工程数据
	设计细则	设计细则与人的作业的关系	提出人机工程设计标准；选择和研制信息控制系统；研究作业性能；研究居住性能
	具体设计	在系统的最终构成阶段，协调人机系统；操作和保养的详细分析研究(提高可靠性和维修性)；设计适应性高的机器；人所处空间的安排	参与系统设计最终方案的确定；最后确定人机之间的功能分配；使人在作业过程中，信息、联络、行动能够迅速、准确地进行；对安全性的考虑；防止热情下降的对策；显示装置、控制装置的选择和设计；控制面板的配置；提高维修性的对策；空间设计、人员和机器的配置；确定照明、温度和噪声等环境条件与保护措施
	人员的培养计划	人员的指导训练和配置计划；与其他专家小组的折中方案	决定使用说明书的内容和样式；决定系统的运行和保养所需要的人员的数量与质量；训练计划和器材的开发
系统的试验和评价	规划阶段的评价；模型阶段的评价；雏形阶段的评价；原型的评价；最终模型缺陷诊断修改的建议	人机工程试验评价；根据数据分析和修改设计	设计图纸阶段的评价；模型或模拟装置的人机关系评价；确定评价标准；对安全性、舒适性、工作热情的影响评价；机械设计的变动、使用程序的变动、人的作业内容的变动、人员素质的提高、训练方法的改善、对系统规划的反馈
生产	生产	以上述各项为准	以上述各项为准
使用	使用、保养	以上述各项为准	以上述各项为准

表 8-5 控制仪表盘的设计流程

步骤	流程	具体任务
第1步	明确控制仪表盘的设计要求	正确把握工作内容；弄清操作什么东西；弄清显示什么和不显示什么
第2步	功能分配研究	对人和机的性能进行比较；人和机的组配方法；检查人员的素质
第3步	明确操作要求	是否需要正确操作；是否需要连续操作；是否需要马上操作
第4步	坐着操作还是站着操作	尽可能坐着操作；站着操作时间不能过长；坐着操作应避免不合理的操作姿势

续表

步骤	流程	具体任务
第 5 步	仪表盘的大致设计	
第 6 步	操纵器的选择	机的操作尽可能简单； 考虑操作人员的操作便利； 操纵器不能给操作人员带来危险
第 7 步	根据操纵器选择显示器	选择与操纵器相吻合的显示仪表； 选择与操纵器相对应的能够马上识别的显示仪表； 选择不会发生误读的仪表
第 8 步	决定操纵器和显示器的相对位置	与操纵器相对应的显示仪表应尽可能接近操纵器； 操纵器的运动和显示仪表的运动应有理论联系； 操纵器和仪表分开时，两者的配置应一致
第 9 步	显示器的配置	常用的和重要的仪表配置在视野的中部； 仪表的高度应与操作人员的高度一致； 读取仪表不应有不合理的动作
第 10 步	操纵器的配置	置于操作人员前面合适的视野范围内； 根据操作程序和功能来配置； 避免误操作
第 11 步	仪表盘的设计	视线与仪表盘垂直； 日光或人工光线下，合适的色彩； 不必要的导线不暴露在外面
第 12 步	评价	显示器是否容易读取； 操纵器是否容易操作； 操作时，眼、手和脚会不会有异常负担

8.3.3　系统自动化

自动化(automation)是指机器完成以前全部或部分由人类执行的工作。在某种情况下，自动化也可以描述为替代人完成无法执行的任务(如机器人处理有毒材料)的自动装置。精心设计的自动化系统可以减少使用者在脑力和生理上的工作负荷。

1. 自动化系统的作用

自动化系统的范围从简单的报警系统，到复杂的远程手术机器人，其作用归纳如表 8-6 所示。

表 8-6　自动化系统的作用

作用分类	说明	使用情境举例
完成人无法执行的任务	完成操作人员无法执行的操作	① 复杂核反应中的多方面控制，其中的动态过程过于复杂而使操作人员无法即时作出反应，因此需要自动化来辅助； ② 在地震废墟中寻找幸存者的机器人
弥补人类能力的不足	解决绩效差或工作负载的问题	① 商用飞机上的自动驾驶仪和近地警告系统； ② 核过程控制； ③ 船舶导航
增强或辅助人的操作	可以在人类能力范围外的领域帮助人类，但不是替代整个任务	① 在核电或过程控制行业中，故障诊断的测试信息通过计算机进行输出，可以大大降低工作记忆负荷； ② 能够降低人对信息进行预测时的认知负荷的显示器

续表

作用分类	说明	使用情境举例
经济性	与人做等效的工作相比，或者与人的工作培训费用相比，自动化系统花费更少	① 制造类工厂中，机器人代替工人； ② 民航客机的自动化设备可以引导飞行员更好地利用直飞航路，从而减少燃油成本
提高效率	解决人手有限而需求旺盛的问题	① 出行的需要使得航班不断增加，而空中交通管制员是有限的，因此需要自动化系统； ② 当医生数量有限，而患者迅速增加时，需要自动化诊疗系统

2. 自动化系统的弊端

(1) 自动化系统虽然取得了好的经济效益，但不一定能以"用户友好"的方式对待与它互动的人。

(2) 自动化降低了人的工作负荷或减少了人的工作要求，因此由工作负荷引起的失误会大幅度降低，但是自动化改变了本应由操作者完成的认知任务的性质，操作者需要对自动化系统重新认知，因此可能会出现新的认知错误。

(3) 自动化功能越来越强大时，人的作用变得更加重要了，对人的认知提出了更高的要求。

(4) 自动化系统过多地考虑了以技术为中心的设计理念，若忽视了人的能力局限性，或忽视了使用者的作业绩效，就不是以人为中心的自动化系统了。

3. 自动化系统交互设计阶段与水平

基于人的信息加工系统模型(图 3-9)，从感觉加工、知觉到选择再到执行，自动化可以按照它如何增强或辅助那些不同的加工阶段来设定。自动化可以以不同的水平应用于这四个阶段(表 8-7)，从完全手动到全自动化；该模型通过多种反馈和平行加工在一定程度上降低了人类信息加工模型的复杂度，并已被证明在自动化设计中有深远影响；该模型并不需要像人类信息加工模型那样复杂。

表 8-7　自动化的阶段与水平

阶段	说明	不同水平的分析及举例
第1阶段：信息采集	该阶段包括感觉信息加工，完成感知前的数据预处理以及选择性记忆	① 低水平的信息采集自动化可能对传感器进行操纵以完成扫描和观察，例如电子病历可以指引医生选择性地关注患者的某些信息； ② 较高层次的自动化是指依据某标准，对传入的信息进行组织(如优先列表或突出显示信息的某些部分)，例如设备的报警系统整合多个传感器的信息来对关键事件的特征或严重程度进行推断并报警
第2阶段：信息分析	该阶段包括对工作记忆中已加工和提取的信息进行操作与整合的认知操作	① 低水平的信息分析仅是传入数据的处理和对数据未来发展走向的预测，例如核电站控制室的显示器上同时呈现当前的状态和预期的未来状态； ② 高水平的信息分析不仅是预测，还包括信息整合，医学上的辅助诊断是典型例子
第3阶段：决策行动	该阶段是自动化辅助的决策和行为选择	决策阶段的三个水平： ① 自动化可以提供给人类一个单一选项，人类可以选择或忽略它，例如机载交通告警系统能够为避免撞机提供一个咨询方案，并告知飞行员执行一个特定动作； ② 人类忽略这个选项，因为它将被选择并执行，除非人类在规定时间内否决它； ③ 人类甚至不能进行否决

阶段	说明	不同水平的分析及举例
第4阶段：实施	该阶段包括反映或与决策一致的行动的实施	实施阶段的不同水平通过在执行反应时手动与自动化的相对量来表示，例如，一台复印机中有手动排序、自动分拣、自动核对和自动装订的选项，代表了用户可以自行选择行动实施自动化的不同水平

4. 人—自动化交互设计

(1)人机功能分配。系统功能之间有许多内在联系。例如，船舶在海洋中行驶，船舶行驶路线的选择涉及大量决策判断，应该由人来完成，但是人的决策判断是依赖于自动系统采集数据的，可见人机之间尽管存在功能分配，但却是不能割裂的。要充分分析自动化系统中人和机的特长，并在自动化系统人机分配时进行综合考虑。

(2)有效的人—自动化交互设计。有效的人—自动化交互设计是以人为中心的自动化，即从系统绩效的角度，未必能让用户最佳地使用自动化，但可以为用户提供更高的安全性及满意度，并且在系统发生故障时对手动恢复产生的破坏作用最小。设计方法见表8-8。

表 8-8　人—自动化交互设计方法

设计方法	说明
反馈	自动化当前的状态、这些状态的变化(如自动化水平之间的切换)以及它所检测或控制进程状态等关键信息，都需要及时和正确的反馈。使用听觉、触觉等多模式(multi-modal)呈现是为操作者提供反馈的方法之一，可以避免操作者的视觉通道超载
适宜的自动化水平和阶段	如果绩效、工作负荷和情境意识随自动化程度的变化是可以预测且可靠的，那么就可以用它们来制定自动化的最佳程度，即制定人—机相对权重的分配，从而提高绩效并降低工作负荷
人—自动化"礼节"设计	礼节是指社会认可的人与人交流的约定俗成的方式。多任务作业中，良好的自动化礼节可以带来绩效的提升。例如，设计一个对用户信息流进行管理的自适应自动化系统，当用户的工作负荷很高时，该系统将一些重要的信息优先呈现给用户，而将次要信息进行储存以备日后查看
操作员信任校准：显示设计和训练	人类用户所表现出的信任不足和过度信任，都可以通过自动化设计和训练得以改进。通过培训，让系统的使用者意识到系统故障很微小，但却后果严重，以增强对系统的信任；通过似然度显示方式的设计，即允许系统说"我不确定"，而不是随便给出一个完整的警报或根本不报，以增强人对系统的信任。对于信任校准中的人对自动化过度信任的现象，可以通过对自动化故障进行"体验"的训练方式，来降低人的过度信任

8.4　人机系统评价的内容和特点

8.4.1　人机系统评价的内容

人机系统的评价主要包含两方面内容：一是指在系统设计过程中，对解决设计问题的方案进行比较和评定，由此确定各方案的优劣，以便筛选出最佳设计方案；二是指人机系统设计完成后，遵循一定的评价指标和评价标准评判其优劣。

评价过程可以看成一个系统。评价系统由评价者、评价指标、评价标准和评价方法四个要素组成。评价系统各个要素之间的关系为：评价者按照评价指标对要素、方案或系统进行分析和认识，然后，再将认识结果与评价标准相比较，并通过相应的评价方法将其变成评价结果。

8.4.2　人机系统评价的特点

人机系统评价方法可分为定性评价方法和定量评价方法两大类，究竟采用哪种方法要视不同的评价对象而定。如力和扭矩这类可以得到量化数值的评价指标应采用量化的评价方法，给出定量的评价结果。而有关美学特性这类以人的主观感受表示的评价指标则只能采用定性的评价方法，给出定性评价结果。

对一个系统的评价往往既包含定量评价指标，也包含定性评价指标。为便于进行分析和比较，常常需要将定性评价结果转化为量化的评价结果。例如，可以将很好、较好、一般、较差和很差等定性评价结果量化为 5 分、4 分、3 分、2 分和 1 分，然后再利用数学分析手段进行分析、推导和计算，完成由定性到定量的评价。

当采用分析计算仍难以判断其优劣时，还可以通过模拟实验或样机实验对方案进行评价。例如，可以利用人体模型进行作业空间布置和可操作性模拟实验等。

人机系统的评价特点可以归纳如下。

1.　评价指标种类繁多

在人机系统评价中，无论是对已有的人机系统进行评价，还是对新设计方案进行评价，需要考虑的评价指标种类繁多。既有关于人的特性、机的特性和环境特性的评价指标，也有关于人—机关系、人—环境关系、机—环境关系和人—机—环境关系的评价指标，而这些评价指标往往又可细分为若干层次的子评价指标。即便是对某一人机界面的评价，其评价指标也常常多达几十个，例如，计算机软件用户界面的评价指标包括六个方面，48 项评价指标，具体内容如下。

(1)屏幕。屏幕上字符的可读性、屏幕布局合理性、各帧屏幕次序合理性、色彩搭配美观性、颜色使用是否改善显示状况、颜色搭配是否考虑到色盲者使用。

(2)术语和系统信息。整个系统术语使用的一致性、术语选择的易懂性、使用术语的熟悉性、术语与任务的相关性、缩略词用法是否合适、屏幕上的信息清晰性、屏幕上说明性描述或标题的清晰性、重要信息是否突出、信息组织的逻辑性、屏幕上不同类型信息的区分和用户输入信息的位置与格式。

(3)帮助和纠错。是否始终由用户帮助告知它在做什么、出错信息有用程度、纠正用户错误的难易、屏幕上的求助信息是否清晰、出错信息用词是否令人愉快、求助信息获得的难易、纠正打字错误的能力、对误操作复原的难易、对输入信息修改的方便性、系统反馈的有效性、错误的避免是否有效、综合考虑生疏型和熟悉型用户需求的合理性。

(4)学习。学习系统的难易、记忆命令的名称和使用的难易、信息编排是否符合逻辑、屏幕信息是否足够、联机求助的内容是否合适、提供的联机手册是否完整、提供的参考资料是否易懂、联机求助的使用是否方便、图标与符号的形象是否明确。

(5)系统能力。系统响应时间的快慢、响应时间速率的快慢、对破坏性操作保护的合理性、兼容性的好坏、系统发生故障的频率。

(6)对系统总的反映。系统功能是否足够、系统使用的满意度、系统的可靠性、系统的灵活性、用户对系统控制的灵活性。

为提高评价工作效率，在选择评价指标时，一方面应全面完整地反映评价对象的人机系统特性,不能遗漏重要评价指标;另一方面,还要根据评价目的和评价对象的客观属性,尽量简化评价指标,以减少不必要的工作量。同时,对于提出的每一个评价指标,其含义应准确易懂、无歧义。

2. 评价标准的客观性与直觉性

每一个评价指标都应该有相应的评价标准,评价标准直接影响评价结果。评价标准应定义准确、清晰和定量化,易于评价者理解和正确运用。

在人机工程标准中,有两种形式的评价标准。一种是以数值形式给出的标准,如人体尺寸、人的触及域范围、操纵器的尺寸和操纵力等,依据这些评价指标可以得到量化的评价结果。另一种是以设计原则形式给出的评价标准,如美学特性中的造型、色彩和质感等,这种评价指标在很大程度上依靠人的直觉判断,只能以定性语言表述评价结果。因此,人机系统的评价标准是理性与感性、客观性与直觉性的统一。

3. 评价结果的相对性

由于人机工程标准中有很多以指导性设计原则表述的内容,这部分内容在评价中只能依据评价人的主观感受给出定性的评价结果,而评价人的主观感受与个人喜好、经验和知识背景等诸多因素有关,这使得评价结果具有相对性。鉴于此,在评价过程中选择适当的评价者和评价方法十分重要。例如,邀请人机系统的使用者作为评价人参加评价活动,由具有丰富的实践经验和有一定权威性的专业人员提出评价方法等,可以在一定程度上减少评价结果的相对性,提高评价结果的工程应用价值。

人机系统评价方法有检查表法、联系链法、灰色理论评价法、神经网络评价法、仿真评价法、模拟实验法和样机实验法等。

8.5　检查表评价方法

检查表法是一种定性评价方法。它是利用人机工程原理检查人机系统中各种因素及作业过程中操作人员的能力、心理和生理反应状况的评价方法。国际工效学学会提出的人机系统评价检查表的主要内容有作业空间评价、作业方法评价、作业环境评价、作业组织评价、负荷评价、信息输入和输出评价。这些内容还可以细分。表 8-9 给出了检查表的格式,并列出了信息显示、操纵装置、作业空间和作业环境部分的检查内容。

表 8-9　检查表的格式和检查内容

检查项目	检查内容	回答		备注
		是	否	
信息显示	1. 作业操作能得到充分的信息显示吗?			
	2. 信息数量合适否?			
	3. 作业面的亮度能否满足视觉的判断对象及进行作业要求的必要照明标准?			
	4. 警报指示装置是否配置在引人注意的地方?			
	5. 仪表控制台上的事故信号灯是否位于操作者的视野中心?			
	6. 标志记号是否简洁、意思明确?			
	7. 信号和显示装置的种类与数量是否符合信息的特征?			

续表

检查项目	检查内容	回答 是	否	备注
信息显示	8．仪表的安排是否符合按用途分组的要求？排列秩序是否与操作者的认读次序相一致？是否符合视觉运动规律？执行操纵动作的时候是否遮挡视线？			
	9．最重要的仪表是否布置在最优的视区内？			
	10．显示仪表与控制装置在位置上的对应关系如何？			
	11．能否很容易地从仪表板上找出所需要的仪表？			
	12．仪表刻度能否十分清楚地分辨？			
	13．仪表的精度能否十分清楚地分辨？			
	14．刻度盘分布的特点不同，能否引起读数误差？			
	15．根据指针是否能容易地读出所需要的数字？指针运动方向符合习惯要求吗？			
	16．音响信号是否受到噪声干扰？必要的会话是否受到干扰？			
操纵装置	1．操纵装置是否设置在手易达到的范围内？			
	2．需要进行快而准确的操作动作是否用手操作？			
	3．是否按不同功能和不同系统分组？			
	4．不同的操纵装置在形状、大小、颜色上是否有区别？			
	5．操作极快、使用频繁的操纵装置是否用按钮？			
	6．按钮的表面大小、揿压深度、表面形状是否合理？			
	7．手控操纵机构的形状、大小、材料是否与施力大小相符合？			
	8．从生理上考虑，施力大小是否合理？是否有静态施力状态？			
	9．脚踏板是否必要？是否坐姿操作脚踏板？			
	10．显示装置与操纵装置是否按使用顺序原则、使用频率原则和重要性原则安排？			
	11．能用复合的操纵装置(多功能的)吗？			
	12．操纵装置的运行方向是否与预期的功能和被控制的部件运动方向一致？			
	13．操纵装置的设计是否满足协调性(适应性或兼容性)的要求(即显示装置与操纵装置的空间位置协调性，运动上的协调性和概念上的协调性)？			
	14．紧急停车装置设置的位置是否合理？			
	15．操纵装置的布置是否能保证操作者以最佳体位进行操作？			
作业空间	1．作业地点是否足够宽敞？			
	2．仪表及操纵结构的布置是否便于操作者采取方便的工作姿势？能否避免长时间保持站立姿势？能否避免出现频繁的前屈弯腰？			
	3．如果是坐姿工作，是否有放脚的空间？			
	4．从工作位置到眼睛的距离来考虑，工作面的高度是否合适？			
	5．机器、显示装置、操纵装置和工具的布置是否能保证人的最佳视觉条件、最佳听觉条件与最佳触觉条件？			
	6．是否按机器的功能和操作顺序安排？			
	7．设备布置是否考虑到进入作业姿势及退出作业姿势的充分空间？			
	8．设备布置是否注意到安全和交通问题？			
	9．大型仪表板的位置能否满足作业人员操纵仪表、巡视仪表和在控制台前操作的空间尺寸？			
	10．危险作业点是否留有足够的退避空间？			
	11．操作人员进行操作、维护、调节的工作位置在坠落基准面 2m 以上时，是否在生产设备上配置供站立的平台和护栏？			
	12．对可能产生渗漏的生产设备，是否设有收集和排放设施？			
	13．地面是否平整，不出现凹凸？			
	14．危险作业区和危险作业点是否隔离？			

续表

检查项目	检查内容	回答 是	回答 否	备注
作业环境	1. 作业区的环境温度是否适宜？			
	2. 全区照明与局部照明之比是否适当？是否有忽明忽暗、频闪现象？是否有产生眩光的可能？			
	3. 作业区的湿度是否适宜？			
	4. 作业区的粉尘怎样？			
	5. 作业区的通风条件怎样？强制通风的排风能力及其分布位置是否符合规定的要求？			
	6. 噪声是否超过国家标准？			
	7. 作业区是否有放射性物质？采用的措施是否有效？			
	8. 电磁波的辐射量怎样？是否有防护措施？			
	9. 是否有出现可燃、有毒气体的可能？监测装置是否符合要求？			
	10. 原材料、半成品、工具及边角废料置放是否可靠？			
	11. 是否有刺眼或不协调的颜色存在？			

　　需要对人机系统评价时，评价人员可以按检查表中所列检查项目、检查内容逐条进行回答，并在备注栏中对评价作简短说明。根据检查表法得出的定性评价，可以确定哪些方面做得较好，哪些方面还需要改进。

　　检查表法简便易行，目前已有针对不同评价对象设计的检查表可供评价人员使用。表 8-10、表 8-11 和表 8-12 分别列出了常用的工具评价检查表、认知任务评价检查表和图形用户界面评价检查表，供参考。

表 8-10　工具评价检查表

检查项目	检查内容	回答 是	回答 否	备注
基本原则	1. 工具是否具备用户所期望的基本功能？功能是否能令用户满意？			
	2. 工具在尺寸和力量要求上是否适合于用户操作？			
	3. 使用工具是否会给用户带来不合理的疲劳感？			
	4. 工具是否提供了感知反馈？			
	5. 工具在经济及维修成本上是否合理？			
解剖学	1. 如果使用工具时需要施加较大力量，那么用力状态下能否抓牢工具？			
	2. 不使用肩膀外展肌能否使用工具？			
	3. 肘部成 90° 角时能否使用工具？			
	4. 腕关节顺直时能否使用工具？			
	5. 工具握柄接触面积是否足够大，能够分散压力？			
	6. 第 5 百分位数的女性操作者能否舒适地使用工具？			
	7. 左手和右手是否都能使用该工具？			
握柄和把手	1. 工具把手直径是否在 38～51mm？持握时能否握紧握柄？			
	2. 对于精密的任务，工具把手直径是否在 8～16mm？			
	3. 把手的长度是否大于 102mm（戴手套时大于 127mm）？			
	4. 把手横截面是否为圆形？			
	5. 把手表面是否有细微纹理且具有轻微弹性？			
	6. 把手是否绝缘且不易藏污？			
	7. 对于施力大的场合，工具是否设有成 78° 角的握把？			
	8. 对于双手操作的工具，操作时所需握力是否小于 89N？			

续表

检查项目	检查内容	回答		备注
		是	否	
握柄和把手	9. 两个手柄之间的跨距是否在 70～83mm？			
电动工具	1. 扳机击发力是否小于 4.5N？			
	2. 对于反复的操作，是否设有扳机？			
	3. 在以下场合时，是否提供了反转矩杆？ (1)对于直线式工具，转矩到达 5.7N·m； (2)对于握把式工具，转矩到达 12N·m； (3)对于直角式工具，转矩到达 45N·m。			
	4. 连续 8h 接触的工具，工具的噪声是否小于 85dB？			
	5. 工具是否振动？振动频率是否在 2～200Hz 范围以外？			
其他因素	1. 对于普通的操作，工具重量是否小于 2.27kg？			
	2. 对于精密的操作，工具的重量是否小于 0.454kg？			
	3. 工具是否平衡(如手柄轴重力的中心位置)？			
	4. 不带手套是否能使用工具？			
	5. 工具边缘是否圆滑？			

表 8-11　认知任务评价检查表

检查项目	检查内容	回答		备注
		是	否	
知觉	1. 重要信号是否得到强化？			
	2. 是否采用特殊图案或灯光来提高感知效率？			
	3. 自上而下及自下而上的处理方式能否同时使用？			
	4. 是否采用更好的训练手段以提高信息监测的灵敏性？			
	5. 是否提供刺激来改变反馈偏差？			
记忆	1. 短期的记忆负载是否限制在 5～9 条？			
	2. 是否采用分割记忆法以减少记忆负载？（将需要记忆的东西分割成小部分，再分别记忆。）			
	3. 是否采用训练和预演来提高记忆能力？			
	4. 在大面积的文字或条款列表中，是否将数字从文字中分离？			
	5. 发音相似的条款是否被分离开？			
	6. 是否采用记忆术和联想来加强长期记忆？			
决策与反应	1. 是否有足够多的假定情况经过检验？			
	2. 是否有充足的提示？			
	3. 是否去除了不必要的提示？			
	4. 是否采用了决策辅助手段？			
	5. 是否有足够数量的反应用于评估？			
	6. 潜在的信息遗漏和获取是否占据合适的比例？			
	7. 是否考虑了速度和准确性之间的平衡关系？			
	8. 刺激和反应是否协调？			
注意力策略	1. 任务是否会发生变化？			
	2. 是否向操作者提供反馈？			
	3. 操作者是否有内部的激励(如咖啡)？			
	4. 操作者是否有外部的激励(如音乐、鼓励)？			
	5. 是否提供休息的时间？			

表 8-12　图形用户界面评价检查表

检查项目	检查内容	回答		备注
		是	否	
窗口属性	1. 软件窗口是否可以活动?			
	2. 窗口布局是否具有一定的布局策略(如平铺、层叠)?			
	3. 窗口是否采用滚动条,可以上下拉动浏览窗口内容?			
	4. 窗口的标题是否有意义?			
	5. 窗口角落是否设置特定按钮,用于调整窗口大小和关闭窗口?			
图标属性	1. 对于常用窗口和图标是否有简要的描述说明?			
	2. 图标是否易于辨别或者能够形象地传达信息?			
指示器属性	1. 是否采用指示设备(鼠标、操纵杆、触摸屏)来移动指针图标?			
	2. 指示器或指针位于激活区域或热点时,是否易于辨别?			
菜单属性	1. 菜单是否具有描述性标题?			
	2. 菜单条款是否经过功能性分组?			
	3. 菜单条款的数目是否合理(7~10 条)?			
	4. 是否为常用操作行动设置特定按钮?			
	5. 是否采用图标工具条?			
	6. 对于潜在的问题是否使用了对话框来告知操作者?			
其他可用性因素	1. 屏幕设计是否简单、有序以及易于整理?			
	2. 屏幕与屏幕之间相似功能的安排是否具有连续性?			
	3. 操作活动的起始点是否位于屏幕的左上角?			
	4. 操作过程是否为"从左到右"或"从上到下"的顺序?			
	5. 文字是否简洁、简练,大写和小写字体是否都被采用?			
	6. 界面色彩设计是否有利于集中注意力(如限制颜色在八种以内)?			
	7. 使用者能否控制所有出现的界面,并能取消操作?			
	8. 对于任何的操作是否都有信息反馈?			

8.6　联系链评价方法

8.6.1　联系链评价方法概述

在人机系统中,为完成某项监控活动,人需要通过视觉和听觉接收信息,经过大脑的分析和判断形成操纵指令,并通过手脚完成操纵指令的实施,这一过程可用联系链来描述。这里的联系链是指人机系统中相互关联的事,不是指有形的物。在进行人机系统设计评价时,我们将人体部位、机器及环境部位的相互关联称为联系链。

联系链法是一种由定性到定量的评价方法,常用于人机界面配置的设计与评价。首先,画出人机界面中操作者和设备联系链图,列出人机界面各要素的相互关系。一般用圆形表示操作者、长方形表示设备;用细实线表示操作链、虚线表示视觉链;用点划线表示听觉链、双点划线表示行走链;用正方形表示重要度、三角形表示频率。其次,确定各个要素的重要程度和使用频率。各联系链的重要程度和使用频率可根据调查统计和经验确定其数值,一般用四级记分,即极重要和频率极高者为 4 分,重要和频率高者为 3 分,一般和一般频率者为 2 分,不重要和频率低者为 1 分。最后,计算联系链值。将各个联系链的重要程度值与频率值分别相乘,其乘积表示联系链值,链值高者表示重要程度和使用频率高,应布置在最佳区,操作链应处于人的最佳作业范围，视觉链应处于人的最佳视区，听觉链应使人的对话或听觉显示信号声最清楚，行走链应使行走距离最短等。如果不满足上述要求，就需要考虑重新布置。

8.6.2 联系链评价方法应用举例

用联系链法进行人机界面设计质量的评价。人机界面设计质量取决于符合视觉要求的显示装置、方便的操作装置、适宜的作业空间和工作环境。同时，还必须根据人机界面系统中各个要素的重要程度和使用频率，以及操作简便准确、视线无障碍、行走距离适当、动作经济等原则对人机系统进行合理配置。

图 8-5 是一个操作员监控三台机器设备的人机界面联系链分析图。M1、M2 和 M3 分别代表三台机器，Man 代表操作员。人机界面各联系链的重要程度和使用频率根据统计与经验归纳得出。人机界面各联系链的链值如表 8-13 所示。

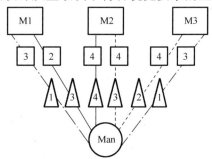

图 8-5　人机界面联系链分析图

表 8-13　人机界面各联系链的链值

人	机器	联系链	重要程度	使用频率	链值
Man	M1	听觉链	3	1	3
		操作链	2	3	6
	M2	视觉链	4	3	12
		操作链	4	4	16
	M3	视觉链	4	2	8
		行走链	3	1	3

由表 8-13 可知，机器 M2 的视觉链和操作链的链值最大，应布置在最易观察和易操纵处。若现有设备布置不是按此布置，则需进行改进。

习题与思考题

8-1　人和机的特性对比是怎样的？

8-2　简述系统功能分配的主要过程。

8-3　人机系统的功能分配原则有哪些？

8-4　简述人机系统的设计流程。

8-5　自动化系统交互设计阶段与水平是什么？

8-6　怎样进行有效的人—自动化交互设计？

8-7　人机系统设计评价的内容、特点是什么？

8-8　人机系统的设计评价指标是如何确定的？

8-9　常用的人机系统评价方法有哪些？

 参考答案

第9章 船舶人机工程

9.1 相关标准、指南和方法

国际上很多国家已经提出了船舶人机工程的标准文件，而且已有国家专门制定了针对船舶设计的人机工程标准，并且都得到了很好的实施，同时取得了良好的效果。在国内，涉及船舶人机工程方面的标准也很多，最具代表性的有 GD 22—2013《船舶人体工程学应用指南》、GB/T 35746—2017《船舶与海上技术 船桥布置及相关设备 要求和指南》、GJB 4000—2000《舰船通用规范总册》和 GJB/Z 134—2002《人机工程实施程序指南》等。

同时，JB/T 5062—2006《信息显示装置 人机工程一般要求》、GB/T 7269—2008《电子设备控制台的布局、型式和基本尺寸》、GB/T 12984—1991《人类工效学 视觉信息作业基本术语》、GB/T 14775—1993《操纵器一般人类工效学要求》、GB/T 13547—1992《工作空间人体尺寸》等一系列国标和行业标准，都可作为船舶设计的人机工程学标准。

1. GD 22—2013《船舶人体工程学应用指南》

GD 22—2013《船舶人体工程学应用指南》为船舶照明、通风、噪声、振动和通道布置设计时应用人机工程学提供明确指导。该指南的附录提出一份业界使用的关于照明、通风、振动、噪声和通道对船上工作人员影响的 30 多份标准与指导性文件清单。包括（IDT ISO 8995:2002/CIE S008/E:2001）《室内工作场所的照明》、ISO 7547: 2008《船舶和海洋技术—起居舱室的空调和通风—设计条件和计算基础》、ISO 6954: 2000《机械振动客船和商船适居性振动测量、报告和评价准则》、CB/T 81—1999《船用钢质斜梯》等。

2. GB/T 35746—2017《船舶与海上技术 船桥布置及相关设备 要求和指南》

GB/T 35746—2017《船舶与海上技术 船桥布置及相关设备 要求和指南》（ISO 8468:2007,MOD）规定了船舶桥楼（简称船桥）的布置、工作站及环境的功能要求，给出了满足功能要求的方法和解决方案的指南。标准中的要求适用于船桥的全部功能。标准制定的目的是提供一个有利于安全和有效操作的工作位置，用于协助操作人员及引航员，以保证船舶航行全过程（包括瞭望）安全和有效地操作。该标准符合 SOLAS 第 V 章第 15 条款。

该标准指出：GB/T 4205—2010《人机界面标志标识的基本和安全规则 操作规则》（IEC 60447:2004，IDT）、GB/T 21475—2008《造船 指示灯颜色》（ISO 2412：1982，IDT）、《国际海上人命安全公约》（international convention for the safety of life at sea，SOLAS）等九个文件适用于该标准。

3. GJB/Z 131—2002《军事装备和设施的人机工程设计手册》和 GJB/Z 134—2002《人机工程实施程序指南》

为解决军事装备和设施中的系统、分系统及设备在设计与使用中的人机工程问题，我国科技工作者在总结多年经验的基础上，结合军事装备和设施的特点，参照国外先进标准，先后编制了一系列人机工程方面综合性强、指导作用具体的标准，包括 GJB 2873—1997《军事装备和设施的人机工程设计准则》和 GJB 3207—1998《军事装备和设施的人机工程要求》。为更好地使用这些标准指导军用系统、分系统及设备的设计、制造和操作中的人机工程工作，又配套编制了对应于 GJB 2873—1997《军事装备和设施的人机工程设计准则》的 GJB/Z 131—2002《军事装备和设施的人机工程设计手册》和对应于 GJB 3207—1998《军事装备和设施的人机工程要求》的 GJB/Z 134—2002《人机工程实施程序指南》。在这两组对应的标准中，后者是对前者的具体细化。GJB/Z 131—2002《军事装备和设施的人机工程设计手册》为军事装备和设施中的系统、分系统、装备及设施的设计提供人机工程设计指南与参考数据。GJB/Z 134—2002《人机工程实施程序指南》规定了军事装备和设施(通称系统)的人机工程实施程序与方法。上述标准可作为舰船设计的人机工程学标准和指南。

4. GJB 4000—2000《舰船通用规范总册》

该规范以舰船为对象，为满足战术技术要求、确保安全可靠，提出通用的基本技术要求和工程管理要求；是科研、生产、使用部门在舰船研究、设计、建造、试验验收和合同管理等活动中共同遵守的基本依据。

该标准明确了舰船的分类：舰船包括水面舰船和潜艇。水面舰船包括水面战斗舰艇(驱逐舰、护卫舰、护卫艇、快艇)、两栖战舰艇、水雷战舰艇、辅助舰船(补给船、救生船、侦查船、测量船、训练船)；潜艇包括核潜艇和常规潜艇。

5. HJB 37A—2000《舰艇色彩标准》

该标准规定了海军舰艇色彩的设计要求和舰艇各部位的表面色彩与安全色。本标准适用于海军舰艇。对于有特殊色彩设计要求的舰艇，应按海军主管部门的相应要求执行。

9.2 船舶设计人机工程学要求

9.2.1 气候

1. 有效温度

当根据季节与气候进行适当着装时，为便于作业人员完成工作应确保：
(1)在温暖气候或者夏季时，有效温度最佳范围在 21~27℃。
(2)在寒冷气候或者冬季时，有效温度最佳范围在 18~24℃。

2. 设备温度

电子信息系统的设备在正常工作条件下其温度：

(1)工作人员经常接触的前面板和操作控制装置等处的温度应不超过 49℃。

(2)设备中其他暴露的部件及机壳等部位的温度应不超过 60℃。

3. 舱室温度

舱室内局部送冷风时，风口下人体头部区域温度要求：25～30℃。

4. 温差

(1)工作区任何两点的温差应维持在 5℃以下，例如，地面空气和顶部空气的温差。

(2)工作舱室内人员活动区垂直温差以人均身高 1.8m 计不超过 3℃。

(3)工作舱室内人员活动区水平温差不超过 1℃/m，且同一舱内不超过 2℃。

5. 湿度

(1)舱室内局部送冷风时，应使人体在风口下头部区域相对湿度不超过 70%。

(2)湿度应维持在 20%～60%之间，以 40%～45%为最优。在 21℃时，应提供大约 45%的相对湿度。当温度上升时，该值应减小，但应在 20%以上，以防止身体组织、眼、皮肤及呼吸道产生疼痛和烧伤。

9.2.2　空调和通风

(1)空调。工作舱室内应装备合适的空调或者机械通风系统以调节温度和湿度。

(2)热排风。应设计供暖系统，使热排放不直接作用于作业人员。

(3)冷排风。应设计空调系统，使冷排放不直接作用于作业人员。

(4)风速。通风系统所产生的风速应不超过 0.5m/s，如果可能，应首选 0.3m/s，以防止操作手册被吹乱或者文件被从工作面上吹走。

9.2.3　噪声

1. 工作区噪声

(1)工作区的噪声不影响必要的说话声、电话和无线电通信。

(2)工作区的噪声不引起疲劳或伤害。

(3)工作区的噪声不降低整个系统的有效性。

2. 噪声源位置

应通过恰当的布置风扇和风道将所有通风扇、进气扇及其他的噪声源放置在工作舱室操作区域之外。

3. 声音信号

固定的声音信号设备不能紧邻工作舱室。

4. 噪声级别

双方在不小于 2m 的距离进行交谈，无须重复就能听清楚，且差错较小时的噪声应小于 60dB（A）。

9.2.4　振动

(1)振动级别。应避免工作舱室不舒适的振动级别。工作舱室的振动应减小到既不妨碍工作舱室人员的操作功能，也不对他们身体产生危害的程度。

(2)振动影响。当船在正常行驶速度时，振动应不影响认读指示器或工作舱室设备的性能。

(3)振动衡准值。垂直振动和水平振动一般应不超过图 9-1 振动衡准规定值。

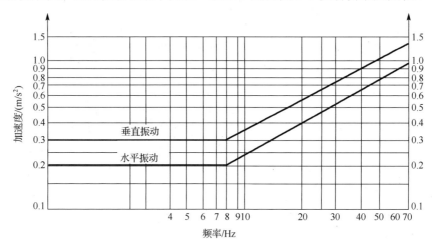

图 9-1　振动衡准规定值

9.2.5　照明

1. 暗适应

(1)当区域或设备(包括翼桥处的设备)在运行模式下需要照明时,应使用红光或者过滤的白光来保持暗适应。

(2)在几小时的黑暗期间应保证能辨别工作舱室的设备。

(3)工作舱室设备可采用内部或外部照明。

(4)在甲板平面应采用低亮度红色光间接照明，尤其是内部的门和楼梯处。

(5)应采取防止从船的外面看见红光的措施。

(6)夜视护目镜对红光敏感，使用护目镜的地方应注意避免眩光和闪烁源。

(7)在不同类型的照明下，颜色的表现常常不同，因此，除非显示器总在背景光条件下使用，否则一般不用颜色编码。

(8)在要求保持最大暗适应的地方进行视觉作业，以及判读仪表和显示器的标记时，应采用低照度红光$(0.07\sim0.35\mathrm{cd/m}^2)$。

2. 亮度对比

(1)应避免工作区域与区域周围之间在亮度上形成高对比度,即任务工作区的亮度应不高于周围区域平均亮度的 3 倍。

(2)工作面内照度，最高与最低照度之比值，应不大于 2∶1，并无眩光。

(3)在连续进行目视作业的舱室,如控制室,最佳亮度对比为 1：1。

(4)在作业区与远处环境之间的亮度对比度应不大于 10：1。

3. 照明调节

(1)照明系统应能够使工作舱室作业人员根据工作舱室不同工作区和单独设备的需要调节照明的亮度与方向。

(2)除报警、警告指示和调光器应保持可读,所有设备的照明和亮度应可以调节至零。

(3)每个仪器都应配备独立的调光装置,经常同时工作的设备可以使用共用的调光装置。

4. 照度要求

(1)工作舱室初始平均照度为 150lx(初始平均照度应被视为最小的许用照度,其值不应是负偏差,正偏差也不应超过初始平均照度的 30%)。

(2)电子设备操纵台、计算机键盘、会商桌等局部工作面初始平均照度为 300lx。

5. 避免眩光和反射

(1)在工作舱室环境中应最大限度地避免眩光和零散的镜像反射光。

(2)设备的设计与安装应将眩光、反射或因强光而造成视物模糊减至最低程度。

(3)应避免在窗中反射出仪器、设备和控制台等。

6. 光源

(1)光源的设计与安装应避免在工作面和显示面产生眩光。

(2)应避免工作舱室窗前部不必要的光源。

(3)舱室内部的主要光源,应尽量采用荧光光源,有特殊要求的处所除外。

(4)照明灯具除应满足照度要求,符合舰用条件要求,灯具的造型和照明光色应与舱室色彩协调。

7. 避免闪烁

光源应不让人感觉到闪烁。

8. 照明控制

(1)在封闭工作区的入口和出口处应安装照明操纵器。

(2)用于照明控制的设备应被照明。

9. 独立工作区照明

独立工作区域的照度应高于整体照度。

10. 应急照明

(1)由应急照明系统供电的灯具,在主照明系统故障时,自动接至应急照明系统供电。

(2)应急照明不宜采用荧光照明,除非该灯具采用快速起动设施,能满足应急使用的要求。

(3)用作应急照明的灯具,其外壳应有红色标记,或在结构上与主照明灯具有区别。

(4)单独用作应急照明的灯具宜选用螺口式白炽灯。

9.2.6　色彩

1.　一般要求

(1)室内应选择不饱和的颜色,使整体产生平静感并且减少反射。不应使用明亮的色彩。建议使用深色或者中绿色,蓝色或棕色也可考虑使用。

(2)船舶内部色彩的设计应能促进工作效率的提高,增强船员的安全感、舒适感并有益于船员消除疲劳。

(3)在船舶内部舱室中,确认可产生消极情绪的颜色(如红色、粉色及黑色等)应限制使用或不使用。

(4)对于典型的船舶内部舱室应绘制色彩效果图或制作模拟舱室。

(5)船内部的色彩设计应考虑在灯光作用下的综合效果。还应考虑构成船舶内部色彩环境的材料其色彩以外的其他属性(如光泽、透明度、材质、底色花纹和质感等)对色彩效果的影响。

(6)舱室内所选用的颜色种类不宜太多太杂。

(7)构成舱室色彩环境的舱顶及舱壁家具等的表面应光滑、平整,并应具有良好的装饰性。

(8)舱室的舱顶、舱壁、地板以及家具等的色彩选配应相互协调,且以低彩和中等偏高明度的色调为宜。

(9)舱室内色调从地板到舱顶应按明度变化下低上高配色。

(10)舱顶色彩的孟塞尔明度一般不低于 8.5。

(11)舱壁色彩的孟塞尔明度一般不低于 7.5。

(12)地板色彩的孟塞尔明度一般不低于 5.0。

(13)需要有壁脚的区域,其色彩应与舱室的舱壁和地板色彩相协调,且应为耐脏色,其孟塞尔明度应不低于 3.0。

2.　工作舱室

(1)工作舱室舱顶和舱壁颜色应为浅灰色。

(2)工作舱室地板颜色应为淡灰色。

(3)工作舱室控制台应为中绿灰色。

(4)工作舱室风雨密门外表面应用海灰色,内表面与舱壁同色(孟塞尔色标号 HV/C(色调明度/彩度)4.6BG 7.1/0.6)。

(5)工作舱室舱顶、舱壁的色彩明度与 9.2.6 节一般要求中的第(10)和(11)条相比应有所降低,但孟塞尔明度不宜低于 7.0。

(6)视界受仪器、仪表所反射的光妨碍的舱室,其舱壁色彩宜选用绿色系,舱顶色彩应与舱壁色彩相协调。

(7)工作舱室的地板如不敷设甲板覆盖,则应涂耐脏色调的甲板漆,其孟塞尔明度不宜低于 3.0。

(8) 工作舱室内的家具色彩宜选用与主要设备色彩相近的颜色或铝制材料的本色。

3. 安全色

(1) 舰艇上要求对周围存在不安全因素的环境和设备需引起注意的部位,以及在紧急情况下要求识别危险的部位,其表面应涂以安全色。

(2) 安全色的选用应考虑周围环境的情况,如照明、维修条件等。舰艇安全色彩不包括灯光、信号及荧光颜色。

(3) 安全色彩的使用应严格控制。安全色彩的使用不能替代防范事故的其他措施。安全色彩一般分为大红、中(酞)蓝、淡黄、淡绿、橘黄等五种颜色,其安全色卡与含义如表 9-1 所示。

表 9-1　安全色卡与含义

安全色	相应原孟塞尔颜色标号 HV/C (色调明度/彩度)	相应于 GB/T 3181 的 颜色编号	含义
大红	7.5R 3.9/14.8	R03	禁止、停止、消防、损管、高速危险
中(酞)蓝	4.7PB 2.2/7.9	PB04	小心、指令、必须遵守的规定
淡黄	4.6Y 8.3/13.2	Y06	注意、警告
淡绿	1.9G 4.3/9.6	G02	提示、安全状态、通行
橘黄	1.25YR 6/14.0	YR04	危险、救生设备

(4) 安全色需要与其对比色配合使用时,应按表 9-2 中的规定选取对比色。

表 9-2　安全色与对比色

安全色	相应的对比色
大红	白色
中(酞)蓝	白色
淡黄	黑色
淡绿	白色
桔黄	黑色

(5) 指示灯和按钮颜色。控制台所选用的指示灯和按钮的颜色应分别符合表 9-3 和表 9-4 的规定。

表 9-3　指示灯的颜色规定

颜色	含义	说明
红	危险 报警	断开电源;事故信号;过载信号; "倒车";左舷
绿	正常	接通电源;工作正常;右舷;允许操作;"正车";"充电"
白	电源状态 系统状态	有电压;准备工作;中间位置; 绝缘监视;"放电"
黄	注意	防止意外情况;避免可能引起事故的变化
蓝	指定意义	指定除上列颜色的任何意义

表 9-4　按钮的颜色规定

颜色	含义	说明
红	处理事故	紧急停机、火警
	停止	正常停机；切断电源
	断电	带有"停止"或"断电"功能的复位
黄	注意	防止意外情况，抑制反常状态，避免可能引起事故的变化
绿	起动	正常起动
	通电	接通配电或控制装置投入运行
蓝	按需要而指定意义	凡红、绿、黄三色未包含的都可采用蓝色
黑、灰、白	无指定意义	除"停止"或"断电"含义外的任何意义

9.2.7　职业安全

1. 防滑表面

工作舱室地板应使用防滑表面。

2. 工作舱室安全

(1)工作舱室不应有能造成人员伤害的锋利的棱边或突起。

(2)工作舱室甲板上不应有向上卷曲的地毯边，松动的隔栏、木板或设备等可能使人绊倒的危险物。

(3)应提供恰当的固定便携设备的手段。

(4)工作站座椅甲板轨道应当具有防绊倒裙边或者与地板平齐安装。

(5)设置在工作舱室及上部甲板与安装有活板门和检修孔盖的甲板舱面应当等高，以消除被绊倒的危险。

(6)所有便携物品，包括安全设备、工具、灯和笔应存储在专用的位置。

3. 扶手和抓握栏杆

应安装足够的扶手和抓握栏杆，确保作业人员在恶劣天气下能够安全地移动或站立。

4. 安全设备标记

工作舱室上所有安全设备应进行明确标示，易于获取，并且要清楚指示其安放的位置。

9.2.8　驾驶室工作站布置

1. 工作空间

工作空间的设计是进行人机工程设计中重要的一环，足够的操纵和维护空间、顺畅的通道等都直接影响作业人员作业效率及驾驶室团队作业效率。包括 *MSC/Circ.982 Guidelines on ergonomic criteria for bridge equipment and layout* 等多项国内外船舶设计标准都对驾驶室的空间、通道以及作业空间等给出了明确的规定。

1)驾驶室尺寸

驾驶室的净高上限的设计不仅应考虑顶板和设备的安装，也要考虑便于进出驾驶室的门和通道的高度。具体情况如下。

（1）从驾驶室甲板表面到舱顶板的净高度应至少 2250mm。

（2）在开阔工作区、通道以及站姿工作区，甲板上方悬挂设备的最低边缘应至少在甲板上方 2100mm。

（3）从邻近的通道通向驾驶室的门和出口的高度应不小于 2000mm。

2）靠近与移动

工作空间和通道宽度等是作业人员靠近与移动的决定性因素，针对驾驶室内部的通道要求主要有以下规定。

（1）前窗通道：靠近前端中心窗口的位置旁边应提供第二靠近通道或者该位置的宽度应足够容纳两名作业人员。

（2）翼桥间通道：从一个翼桥穿过驾驶室到另一个翼桥的通道，须能容纳两个人面对面通过，通道的宽度宜为 1200mm 并且距离任何障碍物不小于 700mm，使人更容易到达侧门。

（3）相邻工作站的距离：相邻工作站的间距应充分确保不在工作站作业的人员能够无障碍通过。在不同工作站操作区域之间的自由通道宽度应至少为 700mm。工作站的操作区域应属于工作站的一部分，而不是通道的一部分。

（4）前窗通道尺寸：从驾驶室前舱壁或安装在前舱壁上的设备、控制台到其他设备、控制台之间的距离，应该足够两个作业人员面对面通过。从前舱壁到任意控制台之间通道的间距以 1000mm 为最优，但不能少于 800mm。

2. 工作站位置

根据设计经验，在多个国外驾驶室人机工程设计标准中对某些工作站的位置进行了规定，在进行驾驶室工作站布置时应予以重视。

（1）在可行的情况下，导航与操纵工作站应布置在靠近中轴线的右舷一侧。

（2）导航与操纵工作站应该使航线航速以及交通监视的工作位置尽可能地靠近船上值班驾驶员，但同时也要使两名领航员合作更紧密。

（3）在可行的情况下，监视工作站应布置在靠近中轴线的左舷一侧。

（4）导航与操纵工作站、监视工作站的规划、设计和布置应使该区域空间足够同时容纳不少于两名作业人员，但同时应该足够靠近以满足能够被单个作业人员操纵。

（5）人工舵工作站最好应位于船舶的中轴线处。如果视线前方被大型船桅、起重机等遮挡，人工舵工作站应位于中轴线右舷一定距离处，以充分获得清晰的前方视线。如果人工舵工作站未能布置在中轴线上，应提供白天和夜间都能使用的特殊操舵指示装置，如向前的可视标志。

（6）通信工作站更适合位于船的右舷一侧上，这样操作员在操作仪器时才能观察到前方。

（7）为了保证其他工作站所要求的视线范围，工作站不能设在紧贴窗户的地方。

3. 视域和盲区工效学要求

1）最小视域

从导航与操纵工作站观察海面，在考虑通风设备、装饰和甲板货物等条件下，从船首正前方到左右两侧各 10° 的范围内，视线被遮挡的长度应不大于两倍的船长或者 500m（取两者之中小者）。图 9-2 为导航与操纵工作站的船首最小视域。图中，a 表示两倍船长或者 500m（取两者之中小者）。

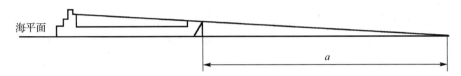

图 9-2 导航与操纵工作站的船首最小视域

2）船周视域

观察人员通过在驾驶室内或在翼桥上的移动应能够获得船体周围 360° 的视域。参见图 9-3 船周 360° 视域。

3）导航与操纵工作站

（1）导航与操纵工作站的水平视域应不小于 225°，即从一舷正横向后 22.5° 起，绕舰首延展至另一舷正横向后 22.5° 止。参见图 9-4 导航与操纵工作站的水平视域。

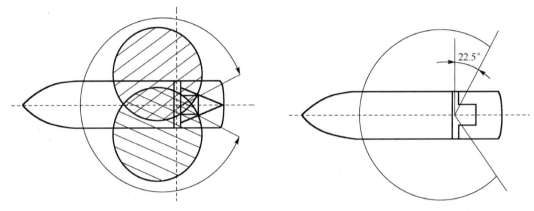

图 9-3 船周 360° 视域   图 9-4 导航与操纵工作站的水平视域

（2）导航工作站的视域应保证能观察到所有可能影响舰船安全航行的物体（如船或灯塔）。

（3）从导航与操纵工作站观察海面，在角度从向左舷 10° 至向右舷 112.5° 的范围，沿窗户下边缘向海面的视线不应被控制台遮挡。参见图 9-5 导航与操纵工作站的海面视域。

（4）在导航与操纵工作站，应该能够使用船后面成行的灯光或标志作为驾驶船只的参考。

（5）从导航与操纵工作站向正后方的水平视域应该扩展至正后方两侧至少 5° 的范围。参见图 9-6 导航与操纵工作站的正后方水平视域。

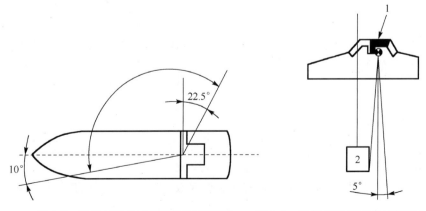

图 9-5 导航与操纵工作站的海面视域   图 9-6 导航与操纵工作站的正后方水平视域

4)监视工作站

监视工作站的水平视域范围应从舰首向左舷 90°起，绕舰首展延至右舷正横向后 22.5°止。参见图 9-7 监视工作站的水平视域范围。

5)翼桥视域

翼桥的水平视域范围应超过 225°，即至少为从舰首向另一舷 45°起，绕正前方延展至正后方 180°。参见图 9-8 翼桥的水平视域范围。

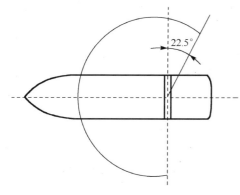

图 9-7　监视工作站的水平视域范围

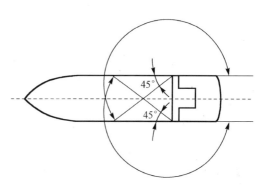

图 9-8　翼桥的水平视域范围

6)主舵位置

主舵位置(人工舵工作站)，水平视域范围应至少为从正前方向两舷各延展 60°。参见图 9-9 主舵位置水平视域范围。

7)船舷视域

在翼桥上观察船舷应清晰可见。翼桥应延伸至船舷的最宽位置。船舷上部的视域不应被遮挡。

8)盲区

(1)导航与操纵工作站的安全眺望应该不受盲区的影响。

(2)导航与操纵工作站正前方到左右两侧各 10°范围内单个盲区不超过 5°。

(3)导航与操纵工作站正前方到左右两侧各 10°范围内的盲区总和不超过 10°。

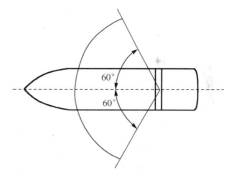

图 9-9　主舵位置水平视域范围

(4)导航与操纵工作站正横前方 180°范围内单个盲区不超过 10°。

(5)导航与操纵工作站正横前方 180°范围内所有盲区的总和不超过 20°。

(6)导航与操纵工作站正横后方两侧各 22.5°范围内单个盲区不超过 10°。

(7)导航与操纵工作站正横后方两侧各 22.5°范围内的盲区总和不超过 10°。

(8)在导航与操纵工作站所需的 225°的视域范围内的单个盲区应不超过 10°。

(9)在导航与操纵工作站所需的 225°的视域范围内的盲区总和应不超过 30°。

(10)在导航与操纵工作站，任意两个盲区之间的可视区应不小于 5°。

(11)在导航与操纵工作站，从正横后方两侧 22.5°起向前的最小可视区应不小于 5°。

导航与操纵工作站的水平面 225°视域范围和船头正前方垂直面 20°视域范围的可视域要

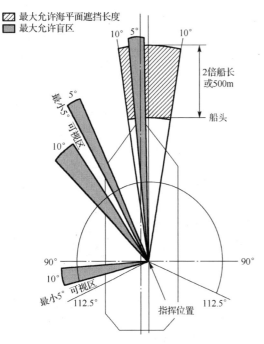

图 9-10　导航与操纵工作站的可视域范围要求

求参见图 9-10。船上指挥官使用的工作站也要求这种指挥视野，便于进行导航和监视，并可作为额外的指挥地点和领航员轮换使用。

9）坐姿与站姿视域

（1）应从坐姿视角参照点来设置坐姿操纵位置的视域，站姿操作位置的视域应该能够允许操作者移动观测。

（2）执行航路监测和交通监视的工作站，应具有站姿和坐姿位置的最佳工作视域。

10）指挥位置

（1）从指挥位置观察海面，在考虑通风设备、装饰和甲板货物等条件下，从船首正前方到左右两侧各 10° 的范围内，视线被遮挡的长度应不大于船的两倍长度或者 500m（取两者之间小者）。

（2）水平视域应不小于 225°，即从一舷正横向后 22.5° 起，绕舰首延展至另一舷正横向后 22.5° 止。

9.2.9　驾驶室工作面板布局

1. 工作面板上的操纵器布局原则

（1）需要经常或者准确设置的操纵器安装位置不能超过距控制台前边缘 675mm 的位置。

（2）同时操作的操纵器，应合理安装需要同时操作的两个操纵器，避免不必要的双手交叉操作。

（3）最重要和经常使用的操纵器应布置在能够易于达到和抓握的有利位置，尤其是旋转和需要精细设置的操纵器。

（4）工作站间以及面板间功能相同或类似的操纵器布局应具有一致性。

（5）坐姿操作时，对于使用频率较高的操纵器，应安装在 1000mm 以下，所有操纵器都应该布置在人手触及域范围内。

（6）控制面板上的操纵器可按功能和操作顺序布置。

（7）应急装置应布置在人手最易伸及之处，但非最优操作区域。

2. 工作面板上的显示器布局原则

（1）向多个值班人员提供视觉信息的显示器，应被安置在能同时被多个人员方便观察的地方。如果不能，则应重复使用多个显示器。

（2）当两个作业人员必须同时使用同一个显示器时，只要空间足够，显示器应提供高级优先重复设备。否则，显示器布置在作业人员之间的中间位置，或者，显示器也可以安装在作业人员都能方便监视的位置，如前窗上方。

（3）最重要以及经常使用的显示器应被布置于操作人员的直接视野内（仅眼球转动就能观察到的视野）。

（4）优先视域应该专门用于放置最重要的显示器以及经常使用的显示器。

（5）显示器的布置应考虑面板的视区特性进行布置，根据显示器的重要性、使用频率等因素结合面板视觉区域将其布置在相应的视区内，如重要和使用频率高的显示器应当放置在面板的最优视觉区域内。为缩小观察范围，显示器的布局应紧凑。

3. 操纵器与显示器的关系

1）位置关系

功能相关的显控装置应按照功能分组布置在临近的位置上，如电源、状态、检测等。显示器和操纵器应以逻辑次序进行安装，并整合于功能组内。操纵器和显示器的功能组应根据使用的顺序，从左到右（推荐采用的方式）或从上到下或者结合两者来排列；如果布置过程中不能按照操作顺序和功能来布置，那么使用频率高的和最重要的功能组应布置于作业人员最方便操作的位置；专门用于系统维护目的的显控装置组与用于操作目的的显控装置相比较，一般前者的布置可达域小于后者。

对于功能组内的布局，应按照使用顺序、功能，或者二者兼顾来决定功能组内操纵器、显示器的位置。

操纵器与其相关的显示器的安放位置，应确保在操纵器的操纵过程中，作业人员能方便读取显示器上的信息。

被监视的显示器应与相关操作的操纵器安装在一起，从而操作员就不需要以过大的视角来观察显示器，从而也不会产生视觉误差。

显控装置的布置通常根据显控装置的重要性、使用情况等将其布置在布置区域的相应位置。一般而言，重要性大的和使用频率高的显控装置应布置在最优操作区域和最佳视觉区域；对于一般性的和次要的显控装置应考虑其相互间关系，并按照需要进行分组，一般不宜布置在最优区域。坐立姿操作控制台面显控装置的布局区域可参见图 6-11。一般情况下最重要的和使用频率高的显示装置布置在区域 1、区域 2 和区域 3 内；最重要的和使用频率高的控制装置应布置在区域 5 和区域 6 内。

2）对应关系

显示器应清楚、明确地指示和引导操纵器的操作响应。操纵器的操作和显示器的响应应该保持一致，并且显示器的响应是可预测的且与操作者的期望一致。操纵器的操作与显示器的响应的对应关系可参见表 9-5。

表 9-5　操纵器的操作与显示器的响应的对应关系

响应＼操作	开通	关闭	增加	减少	前进	后退	向左	向右	开车	制动
向上	√		√		√				√	
向下		√		√		√				√
向前	√		√		√				√	
向后		√		√		√				√
向右	√		√		√			√	√	

续表

响应\操作	开通	关闭	增加	减少	前进	后退	向左	向右	开车	制动
向左		√		√		√	√			√
顺时针	√	√						√	√	
逆时针		√		√			√			√
提拉	√									
按压		√								

9.3　船舶驾驶室布置人机工程学设计

　　船舶驾驶室是一个典型而复杂的人机系统，人与人之间以及人与机之间存在着大量的信息传递，包括直接语言信息、视觉信息以及操作信息等。信息传递是驾驶室作业团队合作的关键，顺畅高效的信息传递一方面依靠作业人员的素质，另一方面依靠信息传递路径的合理性。例如，导航与操纵工作站和监视工作站之间会有频繁的信息传递，坚守两工作站的作业人员之间要有大量的信息传递，如果两个工作站布置相距较远，那势必要影响作业效率。另外，有时需要一个值班作业人员同时监控两个工作站的信息，两个工作站间的关系很重要，那么显然两个工作站要布置在一起才能减轻作业人员的负担，同时提高作业效率。

9.3.1　工作站布置分析方法

　　船舶驾驶室工作站一般配备有操舵手、车钟手、瞭望员、指挥员、通信员等作业人员，各司其职，作业人员间频繁传递信息，包括视觉、听觉以及其他方式的信息。合理的工作站布置不仅能使作业人员间信息传递效率提高，同时也能减轻作业人员的作业负担，从而提高驾驶室团队作业效率，提高船舶性能。

　　作为船舶的大脑，驾驶室执行任务多，信息传递量大，如何提高信息的传递效率是提高驾驶室团队作业的关键，这种信息的传递主要体现在人与人之间和人与机之间。人成为信息传递的核心因素，包括语言信息、视觉信息以及动作信息等。以作业人员为中心，根据作业人员的任务状况来进行工作站布置，不但可以提高信息传递效率，而且能减轻作业人员负担，这与"以人为中心"人机工程设计思想相吻合。因此以操作链分析法进行驾驶室工作站的布置分析，通过作业人员的作业任务分析出工作站间的联系状况，根据它们之间的联系状况进行驾驶室工作站布置。

　　1. 操作链分析法

　　操作链分析法常作为研制最佳面板、工作位置或工作区布局的首要环节，往往用来检查设备布局是否适当。其目的是用图解方式说明操作者与设备之间或者一个操作者与另一个操作者之间的联系及每种相互联系发生的频率或重要性。人机工程人员首先从功能分析时所确定的操作者与设备的对话着手，由操作顺序图与任务关联图所生成的数据是操作链分析数据的主要来源。如果操作链分析是对一个特定仪表板的布局，那么应该主要分析操作者与设备的相互联系。如果操作链分析是对一个系统的战术工作台、站(如全程寻的瞄准器、机载告警控制系统等)的布局,那么应该主要分析操作者与设备的相互联系、操作者与操作者的相互联系范围。

操作者与设备的相互联系、操作者与操作者的相互联系都可以使用邻近布局图与流程图这两种操作链分析方法进行分析。操作链分析时应考虑下述两个方面的问题。

(1)空间操作顺序图。空间操作顺序图有时用来描述一个操纵台或仪表板布局的环节分析。按其名称所示,空间操作顺序图是在操作者注视的一个特殊控制台或仪表板的分布图上,叠加了操作顺序图数据流程和表示功能的符号。空间操作顺序图也可以用来核查工作区的布局,而邻近布局图用来检查控制台的布局。

(2)操作链分析邻近布局图。操作链分析邻近布局图的种类取决于任务关联矩阵分析。按任务关联图,由一个控制台或工作区布局开始据其出现频率与重要程度,考察执行特殊功能所要求的全部人机界面。如果给出重要程度的数值,就可与频率相乘,得出该环节的加权值。把各环节的加权值放在仪表板上或工作区内,一张环节分析图就能表示被分析系统出现的所有相互关联图。然后,对系统设计修改,缩短加权环节所联系显示器或工作区之间的距离。

2. 驾驶室工作站布置分析

船舶的安全航行以及功能的正常发挥不仅受到作业人员以及设备自身因素的影响,还受到水域环境、航道复杂性以及气象原因等外界因素的影响。一般来说,针对每种航行状况都会有相应的部署,各种部署中作业人员的任务和工作站的使用情况也各有异同。另外,船舶遭遇不同航行状况的时间和频率也不同,如在开阔水域航行的时间要比在狭水道航行的时间长,因此在进行任务分析时要区别对待。进行联系链值计算,即

$$L_{ij} = \sum_{k=1}^{n} \alpha_k \times \mathrm{Im}_{ij}^k \times \mathrm{Fr}_{ij}^k \tag{9-1}$$

式中,L_{ij} 为工作站 i 和工作站 j 的联系链值;k 为第 k 种航行情景,设共 n 种航行情景,如离靠码头、开阔水域、狭水道航行、领航水域、编队航行等;α_k 为航行情景 k 的权值,其值根据船舶的实际航行情况(时间、频率等)得到,例如,开阔水域航行的时间要比狭水道航行时间长,那么开阔水域的权值要大于狭水道航行的权值;Im_{ij}^k 为工作站 i 和工作站 j 在航行情景 k 中的联系重要性;Fr_{ij}^k 为工作站 i 和工作站 j 在航行情景 k 中的联系频率。

下面通过操作链分析法对标准 MSC Circ.982 *Guidelines on ergonomic criteria for bridge equipment and layout* 中提到的驾驶室布局进行分析。表 9-6 为标准中提到的数据,表示在不同情景状况下工作站的使用情况。该船舶驾驶室工作站布局图见图 9-11。

表 9-6 在不同操作状况下使用工作站示例

操纵环境	水域				
	海洋、沿岸水域	狭窄水域	领航水域		港口
			普通	狭窄	
正常	W1	W1+W2	W1+W2*	W1+W3	W1+W3+W4
异常	W1+W2	W1+W2+W3	W1+W2*+W3	W1+W2+W3	W1+W3+W4

续表

操纵环境	水域				
	海洋、沿岸水域	狭窄水域	领航水域		港口
			普通	狭窄	
反常	W1+W2+W3	W1+W2+W3	W1+W2+W3	W1+W2+W3	W1+W2+W3+W4
事故	W1+W3+W6+W7	W1+W3+W6+W7	W1+W3+ W6+W7	W1+W3+ W6+W7	W1+W3+W4+ W6+W7

*表示被领航员使用；W1：导航与操纵工作站；W2：监视工作站；W3：人工舵工作站；W4：入坞工作站；W5：航海计划工作站； W6：安全工作站；W7：通信工作站。

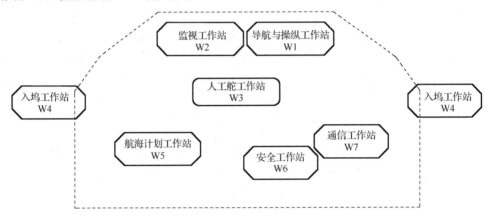

图 9-11　船舶驾驶室工作站布局图

从表 9-6 中分析各工作站之间的联系状况，包括联系频率和联系重要性。因数据匮乏，这里仅仅举例说明。事实上，关于联系频率和联系重要性的评估都要由对系统操作十分了解的人员来进行。此处仅从表格中提到的数据分析联系频率，而假定工作站联系重要性在所有情况下相同。本书在此示例中按照以下方法来确定工作站在各情景下的联系频率：针对某种情境，分析工作站的使用情况，如果在此情境下 W1 和 W2 共同使用的次数为 1，那么定义在该航行情境下 W1 和 W2 的联系频率为 1。如针对"港口"航行情境，分析数据见图 9-12。

工作站						
W1	W1					
W2	1	W2				
W3	4	1	W3			
W4	4	1		W4		
W5	0	0	0	0	W5	
W6	1	0	1	1	0	W6
W7	1	0	1	1	0	1	W7

图 9-12　某情境下的工作站分析数据

同理可计算出其他航行情景下的联系频率。针对工作站间联系重要性，此处统一取值为 1，表示各工作站间联系重要性相同。

船舶各航行情景权值见表 9-7。

表 9-7　船舶各航行情景权值

航行情景	海洋、沿岸水域	狭窄水域	普通领航水域	狭窄领航水域	港口
权值	0.2	0.1	0.5	0.1	0.1

由以上数据根据公式(9-1)来计算工作站联系链值,所得结果见图9-13。

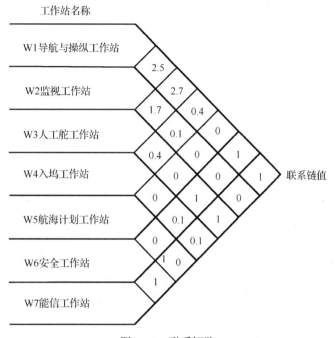

图 9-13　联系矩阵

根据联系矩阵做出工作站临近布局图,如图9-14所示。由于入坞工作站处于驾驶室翼桥,位置固定,本书不再对入坞工作站进行分析,故在图中不再标示。

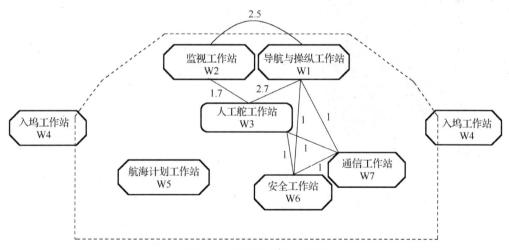

图 9-14　工作站临近布局图

根据图9-14可以看出,该船舶驾驶室工作站的布置还是较为合理的,有助于提高驾驶室团队作业效率。图中导航与操纵工作站、监视工作站以及人工舵工作站间的联系链值较大,因此它们被布置在较为集中的位置。人工舵工作站作为核心元素，可方便与周围工作站进行团队合作，但人工舵工作站应往驾驶室右方靠近，放置在驾驶室的中轴线上更为合理，这也是驾驶室布置中所要求的因素。由于数据中未涉及航海计划工作站，故此处对该工作站不作处理。

操作链分析法仅仅是一种分析方法，可以在进行具体布置时参考。在初始布局方案的基础上运用操作链分析法对驾驶室布置进行改进，但是根据操作链分析法并不能得出工作站在驾驶室中的具体位置，其仅仅可以从元素间的关系出发梳理出元素间的相对位置。在进行驾驶室工作站具体位置布置时，需要考虑到驾驶室工作空间、通道、视野等各方面的因素。

9.3.2　人机界面布局研究

1. 问题描述

人机界面是指人机系统中的人机之间进行沟通及相互作用的区域，人机界面设计将对作业人员的工作效率和认知能力产生直接影响，事实证明系统中出现的重大事故多与人机界面设计不当而引起的人因失误有关。因此在提高作业人员的作业能力和效率、降低作业难度及提高系统安全性方面人机界面布局设计表现得极其重要。船舶驾驶室工作站人机界面布局质量对于提高船舶航行安全、驾驶室作业团队的作业效率以及降低作业人员工作负荷具有重要意义。如图 9-15 所示为船舶驾驶室工作站人机界面。

图 9-15　船舶驾驶室工作站人机界面

进行人机界面布局需要考虑多种人机工程布局原则和要素，传统的人机界面布局方式采用人工布局，仅凭借设计人员的经验和主观判断来进行，并不能科学合理地综合考虑各种布局原则，而且容易受设计者的个人喜好影响，布局结果随机性较大。本书主要研究驾驶室工作站人机界面的显控元件的布局优先序问题，根据人机界面显控装置的布局原则，建立布局优先序数学模型，并利用蚁群智能优化算法求解，最终寻找到进行人机界面布局的最优元件优先序排列。

优先序是指进行人机界面布局时元件布置的优先权序列，根据各元件的优先序排列进行布局，即在布局优先序中排列最靠前的元件首选布置在工作站面板中最佳视觉区域、操作最方便或最容易触及的区域，并依照此方法将其他元件依次布置在相应的面板区域中，从而保证作业人员观察和操作的操作效率、准确性以及舒适性。

2. 人机界面布局优先序数学模型

采用蚁群算法对船舶驾驶室工作站人机界面布局优先序进行研究。人机界面的布局原则是进行布局设计的依据，原则主要来自相关的设计标准文件以及设计人员经过长期积累的设计经验。将选取人机工程学中的重要性、使用频率、操作顺序以及相关性等工效学设计原则对船舶驾驶室工作站人机界面进行布局优先序研究。元件的布局优先序问题事实上是组合优化问题，并且是有序排列的多目标优化问题，旨在多目标下寻找一条最优元件排列，由此建立数学模型，并利用蚁群算法求解该有序排列问题。

蚁群算法的提出者 M.Dorigo 曾在文献中谈到过有关有序排列的问题。本书所研究的布局优先序排列问题属于多目标优化问题，因此对各目标函数进行分步设计，最终采用加权和的方法将多目标优化转化为单目标问题，基于人机界面布局优先序的数学模型的建立过程如下。

1）设计变量

设有 n 个元件待排列，分别为其编号，编号集合为 $C=\{1, 2, \cdots, n\}$。

布局优先序问题研究的目的在于求得满足要求的元件序列，事实上为一组有序排列。由此设计变量为一组元件有序序列：

$$X=\{x_1, x_2, \cdots, x_n\} \quad (x_1, x_2, \cdots, x_n \in C)$$

如 $X=\{3, 5, 2, 1, 4\}$，即该组元件优先序排列为：元件 3，元件 5，元件 2，元件 1，元件 4。

2）目标函数

元件的布局原则主要包括重要性原则、使用频率原则、操作顺序原则、相关性原则等（可参见 6.3.1 节）。依据这些原则，建立船舶驾驶室人机界面布局的目标函数。

（1）重要性原则。重要性原则是人机界面布局中的重要原则，重要程度高的元件应该布局在便利的地方。一般情况下用不重要到极其重要的五级划分来评估重要性，采用对比判断的形式，表 9-8 为重要性判断矩阵表，如元件 1 和元件 2 相比，元件 1 极其重要为 5，元件 2 不重要为 1。

表 9-8　重要性判断矩阵表

元件	元件 1	元件 2	...	元件 n
1	1	5		3
2	1/5	1		1/2
⋮				
n	1/3	2		1

根据以上判断矩阵表中的数据，可采用层次分析法计算各元件的重要性权值，层次分析法的计算过程可参见 8.2.3 节，在此不再阐述。此处使用 yaahp 软件进行计算，该软件使用方便，而且直观明了，只需输入判断矩阵，如图 9-16 所示为 yaahp 层次分析法软件界面。

在元件的布局优先序排列中，重要性越高的元件在布局优先序排列中越靠前，即在实际布置时应予以高度重视。元件 i 的重要性权值用 Im_i 表示，由此构造重要性子目标函数为

$$f_1(X) = \sum_{i=1}^{n} \left(1 - \frac{i-1}{n}\right) \cdot \mathrm{Im}_{x_i} \tag{9-2}$$

由式（9-2）意义可知，$f_1(X)$ 值越大表示排列 $X=\{x_1, x_2, \cdots, x_n\}$ 越符合重要性原则。

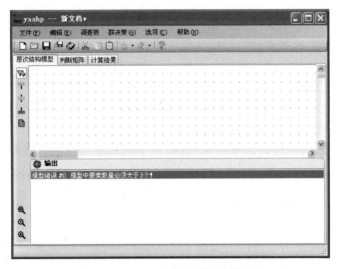

图 9-16　yaahp 层次分析法软件界面

(2) 使用频率原则。使用频率原则是指经常使用的元件应该被放置在便利的地方。对于使用频率的量化可采用统计方法，表 9-9 为 s 种任务下元件的操作次数统计数据，统计过程中应注意全面性。

表 9-9　五种任务下元件操作次数统计表

元件 任务	元件 1	元件 2	⋯	元件 n
任务 1	1	0		1
任务 2	1	1		2
⋮				
任务 s	1	0		1

由此计算使用频率权值为

$$\mathrm{Fr}_i = \frac{\sum_{j=1}^{s} a_{ij}}{\sum_{i=1}^{n}\sum_{j=1}^{s} a_{ij}} \tag{9-3}$$

式中，a_{ij} 为元件 i 在任务 j 中的使用次数。

与重要性原则相似，使用频率越高的元件在优先序中的位置越靠前，由此使用频率目标函数为

$$f_2(X) = \sum_{i=1}^{n}\left(1 - \frac{i-1}{n}\right) \cdot \mathrm{Fr}_{x_i} \tag{9-4}$$

$f_2(X)$ 值越大表示排列 $X=\{x_1, x_2, \cdots, x_n\}$ 越符合使用频率原则。

(3) 操作顺序原则。操作顺序原则是指元件如果有较为固定的操作顺序，可以依照操作顺序排列元件，排列的方向宜与肢体活动的自然优势相一致。一般来说，横向排列时按照从左

到右的顺序，纵向排列时按照从上到下的顺序。环状排列时按照顺时针的顺序，这样可以减少位置的记忆负荷和搜索时间。

操作顺序权值计算如下。

第一步，任务采样，样本量应尽可能大，采样要注意到全面性，保证每个元件都被操作到。如表 9-10 所示，数字表示元件的操作顺序值，如元件 2 在任务 1 中是第 3 次和第 6 次被操作，0 表示本任务中该元件未被使用。

表 9-10　多任务操作顺序表

任务 ＼ 元件	元件 1	元件 2	...	元件 n
任务 1	1	3, 6		2
任务 2	3	0		1, 5
⋮				
任务 s	1	2		7

第二步，计算操作顺序权值，即

$$\mathrm{Sq}_i = \frac{\overline{o_i}}{\sum\limits_{k=1}^{n} \overline{o_k}} \tag{9-5}$$

式中，$\overline{o_i}$ 表示元件 i 在所有采样任务中的平均操作顺序值。

$$\overline{o_i} = \frac{\sum\limits_{j=1}^{s} o_{ij}}{\sum\limits_{j=1}^{s} u(o_{ij})} \tag{9-6}$$

式中，

$$u(o_{ij}) = \begin{cases} 0, & o_{ij} = 0 \\ 1, & o_{ij} \neq 0 \end{cases} \tag{9-7}$$

o_{ij} 为元件 i 在任务 j 中的操作顺序值，其值不唯一，需进行遍历计算。如 $o_{12}=\{3,6\}$，需进行两次计算。

由公式 (9-5) 可知，操作顺序权值越小表明元件在操作过程中越优先被操作，就应优先布置在操作顺序较靠前的位置。由此得到操作顺序目标函数为

$$f_3(X) = \sum_{i=1}^{n} \frac{i}{n} \cdot \mathrm{Sq}_{x_i} \tag{9-8}$$

$f_3(X)$ 值越大表示排列 $X=\{x_1, x_2, \cdots, x_n\}$ 越符合操作顺序原则。

(4) 相关性原则。操作或观察时相关性大的元件应布置在临近位置。相关性数据应当由专家和对系统操作熟悉的人员来确定。相关性数据进行归一化处理，数值越大表明元件相关性越大，见表 9-11。

表 9-11　元件相关性

元件	元件 1	元件 2	...	元件 n
元件 1	1	0.8		0.9
元件 2	0.8	1		0.5
⋮				
元件 n	0.9	0.5		0.2

两元件间相关性越大，则在优先序排列中的两个元件的位置越靠近，由此得

$$f_4(X) = \sum_{i=1}^{n}\sum_{j=i+1}^{n}\left(1-\frac{j-i}{n}\right)\cdot \mathrm{Re}_{x_ix_j} \tag{9-9}$$

$f_4(X)$ 值越大表示排列 $X=\{x_1, x_2, \cdots, x_n\}$ 越符合相关性原则。

3）合成总目标函数

通过加权和法将 $f_1(X)$、$f_2(X)$、$f_3(X)$、$f_4(X)$ 四个子目标函数组合，从而将多目标问题转化为单目标问题，即

$$\begin{aligned}\text{Max}\quad & F(X) = w_1f_1(X) + w_2f_2(X) + w_3f_3(X) + w_4f_4(X)\\ \text{s.t.}\quad & 0\leqslant \mathrm{Im}_{x_i}\leqslant 1\\ & 0\leqslant \mathrm{Fr}_{x_i}\leqslant 1\\ & 0\leqslant \mathrm{Sq}_{x_i}\leqslant 1\\ & 0\leqslant \mathrm{Re}_{x_iy_j}\leqslant 1\end{aligned} \tag{9-10}$$

式中，$w_i(i=1, 2, 3, 4)$ 为各子目标函数的权重值，可根据具体情况对子目标赋以权重以调整各种布局原则的影响程度。

3. 优化计算

与 TSP 不同的是，优先序问题事实上为有序排列，而 TSP 的解为环形序列，无首无尾。例如，对于 TSP 问题，得到排列 $X=\{5, 3, 1, 2, 4\}$ 与 $X=\{3, 1, 2, 4, 5\}$ 的结果是一样的，而优先序排列问题的解为有序排列，由此造成问题的解决过程的差异。下面详细讲述基于蚁群算法的排列优先序问题的优化计算过程。

（1）转移概率。将 m 个蚂蚁集体停留在蚁巢处，每只蚂蚁个体根据转移概率公式（9-11）来计算概率，并采用轮盘赌的方式进行概率选择。对于规模为 n 的优先序问题来说，每只蚂蚁完成遍历需要 n 步选择。采用轮盘赌的目的在于提高随即搜索概率，扩大搜索空间，防止进入局部最优。

$$p_{zj}^k(t)=\begin{cases}\dfrac{[\tau_{zj}(t)]^\alpha[\eta_{zj}(t)]^\beta}{\sum\limits_{s\in \mathrm{Allowed}_k}[\tau_{zs}(t)]^\alpha[\eta_{zs}(t)]^\beta}, & 若 j\in \mathrm{Allowed}_k\\ 0, & 否则\end{cases} \tag{9-11}$$

式中，$p_{zj}^k(t)$ 为蚂蚁 k 在第 z 步选择 j 元件的概率，$z=1, 2, \cdots, n$；$\tau_{zj}(t)$ 为 t 时刻，j 元件在第

z 步中的信息素浓度；$\eta_{zj}(t)$ 为 t 时刻，进行第 z 步时的启发信息。

（2）启发信息。采用元件间相关性作为启发信息，表示蚂蚁倾向于选择与当前元件相关性大的元件作为下一步访问节点。

$$\eta_{zj}(t)=\begin{cases}\mathrm{Re}_{cj}, & 1<z\leqslant n \\ \mathrm{const}, & z=1\end{cases} \qquad (9\text{-}12)$$

式中，Re_{cj} 为元件 c 和元件 j 间的相关性值；C 为蚂蚁 k 当前所在元件的编号。

（3）信息素更新。当蚂蚁完成一次遍历后将会得到一组元件优先序排列 $X=\{x_1,x_2,\cdots,x_n\}$，继而进行信息素更新，本书采用 Ant-Cycle 模型进行信息素的更新。与 TSP 不同的是，优先序问题中的信息素全部释放在元件上，而不是两个元件间的路径上。

$$\tau_{zj}(t+n)=(1-\rho)\cdot\tau_{zj}(t)+\Delta\tau_{zj}(t) \qquad (9\text{-}13)$$

$$\Delta\tau_{zj}(t)=\sum_{k=1}^{m}\Delta\tau_{zj}^{k}(t) \qquad (9\text{-}14)$$

$$\Delta\tau_{zj}^{k}(t)\begin{cases}Q\cdot F(X_k), & \text{若蚂蚁}k\text{在第}z\text{步经过元件}j \\ 0, & \text{否则}\end{cases} \qquad (9\text{-}15)$$

式中，$\Delta\tau_{zj}(t)$ 为 t 时刻，第 z 步中，j 元件上的信息素增量；$\Delta\tau_{zj}^{k}(t)$ 为 t 时刻，蚂蚁 k 在第 z 步中，在 j 元件上释放的信息素。

如图 9-17 所示，用图解的方式来说明算法进行的过程。

如图 9-17 所示，初始时刻所有蚂蚁都停留在蚁巢的位置，所有方格中的信息素浓度相同，且为较小的常量。蚂蚁 k 在第一步中选择了元件 6，第二步中选择了元件 4。每只蚂蚁个体都如图 9-17 中的蚂蚁 k 根据转移概率公式(9-11)选择每步要访问的元件，最终走到矩阵底层完成遍历，得到属于自己的优先序排列，并根据公式(9-13)、公式(9-14)以及公式(9-15)更新信息素。那么每只蚂蚁仅仅在自己经过的方格中会有信息素释放，根据公式(9-15)，蚂蚁得到的优先序排列对应的目标函数值越大，则它所经过的方格中的信息素增量就越大。该过程经过多次循环迭代，信息素不断地积累与挥发，最终导致信息素矩阵中，每步仅有一个元件上有信息素，其他元件的信息素浓度都已挥发殆尽，趋于 0，那么所有蚂蚁将会走出同一条路径，即目标函数最优解，即最优优先序排列。

基于蚁群算法的布局优先序计算流程图如图 9-18 所示。

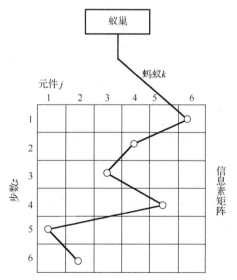

图 9-17　基于蚁群算法的优先序问题图解
蚂蚁 k 得到的优先序排列为：6-4-3-5-1-2；
蚂蚁 k 在经过的方格内释放信息素

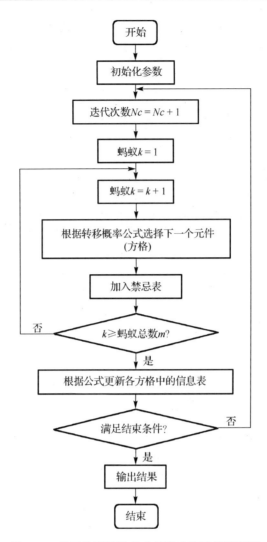

图 9-18　基于蚁群算法的布局优先序计算流程图

9.3.3　船舶驾驶室布置设计实例

本书利用作者课题组开发的船舶驾驶室标准模型库构建出某船舶驾驶室三维环境，根据提出的驾驶室布置的人机工程设计方法，并利用通过 UG 二次开发技术开发的船舶驾驶室布置辅助设计软件，对该船舶驾驶室工作站进行了布置分析，并对工作站面板布局优先序研究。本着设计与评价交互进行的原则，在进行驾驶室工作站布置的同时，进行视野及通道的校核，对发现的问题提出改进建议。最终根据数据分析结果结合人机工程设计标准对船舶驾驶室进行了布置改进。

本书以某船舶驾驶室为例，采用提出的船舶驾驶室布置人机工程设计方法对工作站布置以及工作站面板布局进行实例分析，对该分析过程中出现的设计问题提出改进意见，并通过修改模型或调整装配等方式对驾驶室工作站布置及工作站面板布局进行了改进。

1. 驾驶室工作站布置分析

1）操作链分析

如图 9-19 所示为三维标准模型库构建的某船舶驾驶室三维图。

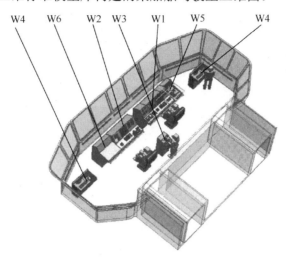

图 9-19　某船舶驾驶室三维图

W1 为导航与操纵工作站；W2 为监视工作站；W3 为人工舵工作站；
W4 为入坞工作站；W5 为通信工作站；W6 为安全工作站

　　下面采用操作链分析法对该船舶的驾驶室工作站布置进行分析，分析过程中运用的数据由该船舶的系统管理及作业人员提供。

　　打开船舶驾驶室布置软件的工作站布置模块，弹出图 9-20 的对话框，录入船舶航行情景权值，软件将自动打开 Microsoft Excel 文件，输入图 9-21 中的数据并保存，本例中共应用到了七种航行情景。同理依次录入各航行情景下工作站间联系重要性数据和联系频率数据，图 9-22 和图 9-23 为开阔水域情景下的工作站联系数据，因航行情景多，数据量大，故不再全部列出。

	A	B
1	航行情景	权值
2	离靠码头	0.09
3	狭水道航行	0.08
4	开阔水域	0.42
5	领航水域	0.11
6	编队航行	0.11
7	雾中航行	0.19
8		

图 9-20　基于 UG/ Open MenuScript 的菜单　　　　图 9-21　航行情景权值

	A	B	C	D	E	F	G
1	工作站	W1	W2	W3	W4	W5	W6
2	W1		0.53	0.85	0.12	0.34	0.52
3	W2			0.08	0.19	0.39	0.43
4	W3				0.21	0.11	0.22
5	W4					0.1	0.16
6	W5						0.7
7	W6						

图 9-22　开阔水域工作站联系重要性

工作站	W1	W2	W3	W4	W5	W6
W1		0.75	0.82	0.1	0.25	0.41
W2			0.76	0.1	0.3	0.3
W3				0.43	0.15	0.34
W4					0.1	0.12
W5						0.62
W6						

图 9-23　开阔水域工作站联系频率

录入数据完毕，计算工作站联系链值，并单击保存按钮，计算结果将自动保存到目标文件下的 Microsoft Excel 文件中，查看计算结果将直接打开保存数据的 Excel 文件，如图 9-24 所示。

工作站	W1	W2	W3	W4	W5	W6
W1		0.4233	0.3547	0.1964	0.3925	0.1635
W2			0.3426	0.1534	0.1732	0.1836
W3				0.2453	0.1567	0.1273
W4					0.1325	0.1104
W5						0.2258
W6						

图 9-24　工作站联系链值

根据图 9-24 中的计算结果，绘制工作站联系图，见图 9-25。因入坞工作站布置在驾驶室两翼，位置较为固定，无须进行操作链分析，故图中不再标示。

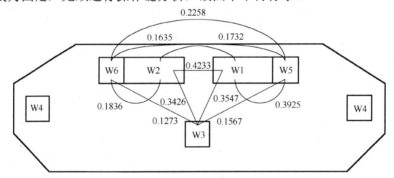

图 9-25　驾驶室工作站联系图

如图 9-25 所示，该船舶驾驶室的工作站布置基本符合操作链分析法的原理，但也有需要改进的地方。从图中分析，通信工作站和安全工作站之间联系链值相对较大，理论上布置应靠近一些，因此在进行船舶综合控制台设计时可将通信工作站和安全工作站安置在一起。人工舵工作站—导航与操纵工作站之间以及人工舵工作站—监视工作站之间的联系链值较大，因此可以适当调整它们之间的距离，使人工舵工作站尽量靠近导航与操纵工作站和监视工作站，方便作业人员的合作，同时又有利于值班驾驶员的单人值守。另外布置过程中，因导航与操纵工作站和通信工作站之间的联系链值较大，所以应保证二者之间的距离较小，综合控制台设计时应尽可能将其布置在一起。

2）工作站布置校核

船舶驾驶室工作站布置应注意到驾驶室通道、视野、工作空间等因素，因此在进行操作链分析法分析之后，应综合通道、视野、工作空间等方面的因素进行驾驶室工作站的局部调整。本书采用 UG 的测量功能并结合开发的人体模型对驾驶室工作站布置的影响因素进行校核评价，发现设计中的不足并改进。

（1）通道尺寸校核。通道要求（参见 9.2.8 节）是进行驾驶室工作站布置所必须考虑的因素。以前窗通道为例，前窗通道尺寸：从驾驶室前舱壁，或从控制台或者安装在前舱壁上的设备，到控制台或者安装在远离驾驶室前端的设备之间的距离，应该足够两个作业人员面对面通过。从前舱壁到任意控制台之间通道的间距以至少 1000mm 为最优，但不能少于 800mm。

如图 9-26 所示，采用 UG NX 6.0 的测量工具对前窗通道进行尺寸测量。

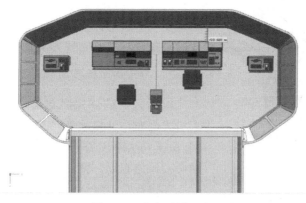

图 9-26　前窗通道尺寸测量

经测量前窗通道的宽度为 540mm，未达到人机工程标准要求，说明控制台布置距前窗壁太近，应当考虑将控制台远离前窗壁。

（2）视野校核。驾驶室视野的校核内容包括导航与操纵工作站视野、人工舵工作站视野、监视工作站视野、入坞工作站视野以及盲区等标准中规定的应注意的视野，在进行工作站布置时应逐一校核，本书仅举例对人工舵工作站视野进行校核，其他各部位视野的校核可采用同种方法。因我国船舶作业人员以男性为主，所以此处选择 GB 10000—1988《中国成年人人体尺寸》中第 50 百分位数中国成年男性对该船舶的人工舵工作站水平视野进行校核。

首先，利用开发的人体模型模块，创建第 50 百分位数的男性站姿人体模型，并保存为 prt 文件。通过 UG NX 6.0 的装配功能将创建的人体模型装配到三维驾驶室环境中，并将其设置在人工舵工作站的工作位置。进而利用 UG 的角度测量功能对驾驶室水平视野测量，选取人体模型视点为测量角度顶点，分别以驾驶室前窗的两侧边界为角度起点和终点进行角度测量，如图 9-27 所示。

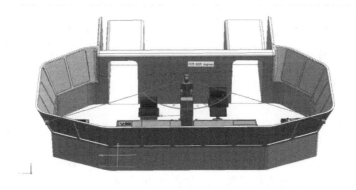

图 9-27　人工舵工作站视野

经测量，人工舵工作站的水平视野为 125°，满足人机工程标准中规定的人工舵位置正前方左右各 60°的水平视野要求。若不满足要求，则应将人工舵工作站向前移动直至满足视野要求，但应注意的是人工舵工作站一般情况下应布置在驾驶室的中轴线上。

同理，对驾驶室布置人机工程设计标准中要求的通道及视野进行评价，发现设计中的不足，结合船舶驾驶室布置标准对布置方案进行改进。

2. 工作站面板布局分析

根据提出的优先序布局研究理论并利用开发的人机界面布局计算软件，以该船舶通信工作站面板为例，进行布局优先序分析。如图 9-28 所示为通信工作站面板原始布局方案。

图 9-28　通信工作站面板原始布局方案

在进行数据统计时，由多名对工作站操纵和功能熟悉的驾驶室作业人员对该工作站显控装置的使用情况进行打分，利用数据计算方法进行计算，所得数据如图 9-29 所示。

编号	名称	重要性权值	使用频率权值	操作次序权值
1	电话1	0.1	0.11	0.1
2	电话2	0.16	0.17	0.11
3	仪表	0.05	0.08	0.09
4	信号指示	0.08	0.05	0.11
5	按钮功能组	0.13	0.1	0.13
6	摇杆	0.1	0.15	0.11
7	推拉杆	0.11	0.14	0.12
8	开关1	0.08	0.1	0.11
9	开关2	0.07	0.1	0.12

(a)

名称	编号	1	2	3	4	5	6	7	8	9
						相关性				
电话1	1		0.85	0.44	0.46	0.56	0.49	0.39	0.29	0.24
电话2	2			0.38	0.39	0.49	0.34	0.44	0.59	0.38
仪表	3				0.76	0.29	0.34	0.19	0.17	0.16
信号指示	4					0.44	0.27	0.34	0.26	0.19
按钮功能组	5						0.67	0.56	0.52	0.44
摇杆	6							0.86	0.46	0.43
推拉杆	7								0.58	0.62
开关1	8									0.88
开关2	9									

(b)

图 9-29　通信工作站数据

以上数据分别保存在 Microsoft Excel 2003（*.xls）文件中，运用优先序计算软件直接依次读取，读取结果将显示在相应的列表框中，如图 9-30 所示。

图 9-30 读取源数据

输入布置原则权重，目标函数中取各子目标函数为 $w_1=w_2=w_3=w_4=0.25$，即各原则有相同权重。设置蚁群算法参数：最大迭代次数 $Nc_{\max}=800$，蚂蚁数目 $m=30$，信息素启发因子 $\alpha=1$，期望启发式因子 $\beta=5$，信息素挥发系数 $\rho=0.1$，信息素强度 $Q=0.025$，计算结果将直接显示在界面中的计算结果列表框中，单击保存可将布局优先序结果保存至文本文档，如图 9-31 所示。

(a)	(b)

图 9-31 优先序计算结果及保存

通信工作站布局优先序计算结果见表 9-12。

表 9-12 通信工作站布局优先序计算结果

元件编号	1	2	3	4	5	6	7	8	9
优先序	2	1	8	9	5	4	3	6	7

查看迭代曲线，如图 9-32 所示。

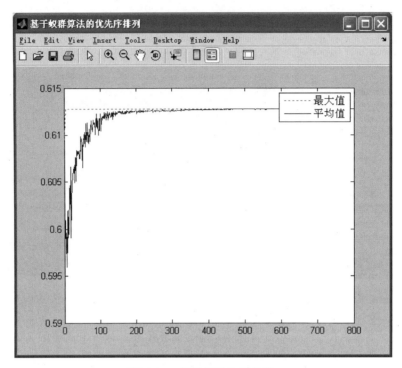

图 9-32　蚁群算法迭代曲线

如图 9-32 所示，虚线表示各次迭代中各蚂蚁所得优先序排列对应目标函数的最大值；实线表示各次迭代中所有蚂蚁所得优先序排列对应目标函数的平均值。从迭代曲线中可以看出，随着计算过程的进行，蚂蚁所得到的优先序排列越来越优秀，因而平均值越来越趋近于最大值。蚁群算法寻优过程明显，在迭代进行到 600 次左右时，所有蚂蚁都选择了同一条路径，即最优优先序排列。

根据布局优先序并结合面板布置区域，对通信工作站重新布局，结果如图 9-33 所示。根据优先序进行布局时应注意在功能组内部进行。如图 9-33 所示摇杆和推拉杆安排在面板的重要位置，易于操作，同时两者相关性也较大。如果面板的布局属于排列性质（如安全工作站中报警指示器的排列）可直接根据优先序排列结果"一"字形排列。

3. 驾驶室整体布置效果

运用上述方法结合驾驶室人机工程设计标准对船舶驾驶室工作站及各工作站面板进行布置，重新布局后如图 9-34 所示。重新布局后的驾驶室在通道上进行了改进，例如，使前窗通道足够两个人面对面走过；同时保证操舵位置、导航位置以及监视位置的视野；驾驶室工作站结构更加紧凑，易于提高驾驶室作业团队的效率；另外保证了入坞工作站间的直线通道。对于安全工作站和通信工作站的布置设计应从控制台设计入手，重新设计控制台，在保证驾驶室空间的同时，保证两者之间的联系。通过优先序进行的面板布局与面板使用区域相结合的同时，充分考虑了各元件的综合情况，不但有客观的数据基础，而且发挥了设计人员的主观能动性。进行优先序计算过程中，可通过调整子目标函数的权重来调整布局侧重点。

图 9-33 经过优先序布局

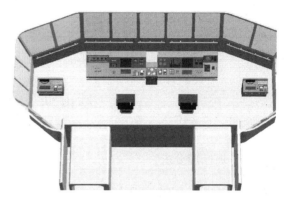

图 9-34 改进后驾驶室效果

习题与思考题

9-1 通过阅读教材及查阅文献资料，详细了解船舶人机工程设计的相关标准。

9-2 船舶上的安全色彩一般有哪几种？

9-3 什么是操作链分析法？

9-4 分析及掌握船舶驾驶室布置人机工程学设计的流程和方法。

 参考答案

第 10 章　核电站人机工程

10.1　核电站人机工程设计要求

10.1.1　法规标准要求

核电站人机工程设计相关的法规标准较多，存在相互重叠、相互引用甚至相互冲突的情况。国内主要应用的法规标准体系有国家法律、部门条例、HAF、HAD、GB、EJ、DL 等系列；欧洲项目主要应用的通用法规标准有 IAEA、IEC、IEEE、ISO 等系列以及各国本国法律法规和监管要求等；美国项目主要应用的法规标准有 CFR、RG、NUREG、IEC、IEEE 等系列。以中国百万千瓦压水堆 CPR1000 项目为例，核电站人机工程设计遵循以下四个层次的法规标准要求。

第一层次为全国人大制定的核安全有关法律，主要有《中华人民共和国放射性污染防治法》。

第二层次为国务院制定的核安全行政条例，主要有《中华人民共和国民用核设施安全监督管理条例》等。

第三层次为国务院各部委发布的部门规章及相关指导性文件，核电站人机工程设计需要遵循的主要规定如下。

①HAF 102—2016《核动力厂设计安全规定》；②HAF 003—1991《核电厂质量保证安全规定》；③HAF J0055—1995《核电厂控制室设计的人因工程原则》（参照执行）；④HAF J0056—1996《设置操纵员支持系统改善核电厂安全 操纵员支持系统选择指南》；⑤HAD 102/01—1989《核电厂设计总的安全原则》；⑥HAD 102/14—1988《核电厂安全有关仪表和控制系统》；⑦HAD 102/17—2006《核动力厂安全评价与验证》。

第四层次为国际标准、国家标准和行业标准，核电站人机工程设计需要遵循的主要标准如下。

①GB/T 13624—2008《核电厂安全参数显示系统的功能设计准则》；②GB/T 13630—2015《核电厂控制室设计》；③GB/T 13631—2015《核电厂辅助控制点设计准则》；④NB/T 20379-2016《核电厂安全相关的操纵员动作时间响应设计准则》；⑤EJ/T 638—1992《核电厂控制室综合体的设计准则》；⑥EJ/T 1118—2000《核电厂控制室设计验证和确认》。

10.1.2　控制室设计的人机工程要求

控制室的主要功能是核电站在各种运行工况下对全厂正常和异常状态的监测与控制，保障核电站有效、安全运行。控制室设计的人机工程要求如下。

1. 控制室构造

为保障控制室的可居留性，构筑物的抗震级别必须是抗震 I 类。必须按规定提供辐射屏蔽，具有抗自然事件与人为事件的防护能力。

2. 控制室布置设计要求

在控制室的布置中，对下述事项必须给予应有的考虑。
(1)营运管理原则。
(2)设备的可达性。
(3)设备的可试验性和可维修性。
(4)在紧靠操纵位置的地方，还必须提供文件存放空间，以避免文件堆放在控制台或办公桌上。
(5)为将来可能进行的修改，可以提供一定的空间。
(6)在不妨碍工作的合适地点，为控制室人员提供存放衣物和其他个人物品的空间。
(7)给持续工作的人员配备的工作场所，必须设计成坐姿操作，并提供舒适的座位，也应允许站姿操作。
(8)当书写与接触文件成为操纵员任务中的经常工作时，必须有适当的书写空间。
(9)为应急情况下的人员和设备预留空间。
(10)主控室的布置应使操纵员任务之间的干扰最小。

3. 控制室人机接口设计

核电站控制室分为若干操作区，在所有运行和事故工况下，每个操纵员在其操作区内，具有执行任务所需的全部控制器和信息。在操作工作区的设计中，显示设备、控制设备的外形设计及其布置，设备的标识及界线设计等应符合人因工程原则，以保证操纵员能准确而便利地使用，无论是在正常运行还是在事故工况和紧急情况下都能将人为差错引起的误操作概率减到最小。

4. 控制室环境设计

核电站控制室环境设计是基于人在某种工作环境中的工效学、生理学和心理学等基础研究成果，分析操纵员、控制室设备、控制室环境及其相互作用，完整统一考虑操纵员工作效率、身心健康、人体安全和舒适、环境协调和美观友好、控制室功能实现等要素，对控制室环境、设备及办公条件进行综合设计。控制室环境设计目的如下。
(1)满足现行适用的法规、标准、规范的要求。
(2)提升操纵员工作环境水平，减小人因过失概率。
(3)提升核电站经济运行、安全运行水平。
(4)关注操纵员职业健康水平，保持操纵员身心愉悦。

10.1.3　数字化人机交互信息显示设计的人机工程要求

核电站数字化人机交互信息显示，是为目标用户提供监视和控制核电站的主要技术手段。信息显示设计的主要目标是提高操纵员在执行操作任务过程中的绩效。主要设计方法是增强感知能力和认知能力，增强人员可靠性；降低认知负荷和工作负荷，降低发生人员失误的可能性。信息显示通常包括以下要素：显示元素、显示形式、显示画面、显示画面网络结构、信息数据质量和更新速率、显示设备，如图 10-1 所示。针对这些要素，主要考虑如下的人机工程要求。

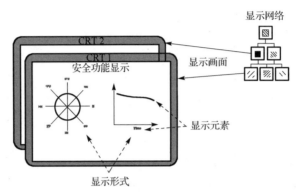

图 10-1　信息显示界面要素

(1)基于用户任务决定显示形式。信息的显示形式(如表格、图形、流程图等)应该与用户任务相关。表 10-1 提供了五种典型的用户任务对应的显示形式以及它们适用的场合。尽管该表格中已经列出了多种显示形式，但如果其他显示形式经过论证同样有助于用户完成任务，也是可以接受的。由于用户执行不同任务时对同一信息的需求不同，因此人机接口应该提供一定的灵活性，能够让同一信息以不同的形式显示。

表 10-1　典型用户任务显示形式

典型任务	显示形式	适合使用的场合
综合性的说明和描述	连续文本	一般
	列表	相关的条目或序列
	声音	用户注意力不在文本信息上
	功能流程图	连续的判断过程
检查和比较数值或文本	表格	逐条比较特定的数据序列
	数据表单	逐条比较独立区域中的相关数据序列
检查系统各部分在功能上的联系	工艺流程图	一般
检查对象在空间上的联系	图表	一般
	地图	地理数据
检查和说明数值数据	棒状图	离散实体或离散间隔的单一变量视图
	柱状图	离散间隔的单一变量发生频率视图
	圆饼图	单一变量的相对分配比例
	曲线图	两个或两个以上连续变量
	散点图	数据在坐标系内的空间分布

(2)考虑显示惯例。所有显示都应该符合目标用户的显示惯例，显示画面中和显示画面间的数据与标签的结构应该保持一致，避免因显示不一致而分散用户的注意力、降低用户的理解力。设计结果应进行充分的用户评价和使用验证。

例如，工艺过程量的描述通常应显示在数值的左侧和上方，符合从左往右或从上至下的显示惯例。如图 10-2 所示，应该使用图 10-2(a)和图 10-2(b)中表现的形式，不要使用图 10-2(c)中表现的形式。

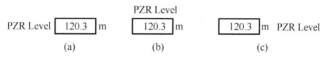

图 10-2　过程量描述的显示惯例

(3)符合用户使用习惯。信息的显示方式除了应满足标准规定的要求，还要考虑符合用户的使用习惯。显示的数据、标识和文字表述应该使用用户熟悉的术语，避免使用设计人员和编程人员使用的专业术语。

(4)信息表达应该准确。信息显示所表达的特征应该与被表现对象的特征或功能之间有明确的对应关系，这种对应关系的好坏决定了信息显示向用户提供信息的准确程度。信息显示的质量情况也应该通过特征表达的形式体现，以帮助用户判断信息的可信度。应该尽量避免使用有歧义的信息。

(5)对底层信息进行适当的选取。信息显示应该根据用户执行任务的具体需求对底层信息进行选取、综合处理，只提供那些对实现用户目标有用的信息(即上层信息)，忽略不必要的细节。

(6)保证上层信息易于理解。信息显示应该保证上层信息的图形表现容易被用户理解。用户不需通过复杂的分析来理解上层信息，必要时可通过了解上层信息和底层信息之间的关系来理解上层信息。

(7)提供对上层信息的验证方法。应该赋予用户了解上层信息的计算过程的手段，并使用户能够获得图表与其相关工艺参数之间的计算方法和逻辑关系，并能够利用这些途径对上层信息进行验证。

(8)适当对上层信息进行提示。在用户查看底层信息时，如果有更重要的上层信息需要引起用户注意，应该通过一种易于察觉的方式(如通过声音、视觉等)对用户进行提醒。

(9)提供一定的全局信息显示。信息显示在提供当前特定任务的细节信息时，也需要提供用户需要关注的全局信息。这些全局信息可以防止用户关注某些细节信息时，忽略了对某些重要信息的持续关注。

(10)便于用户明确任务优先级并确定工作计划。信息显示应该以帮助用户对当前的并发任务作出计划或进行协调为目标，提供那些包含电厂状态的高级信息或者需要进行的操作，帮助用户分清任务的优先级，并制订工作计划。它能减轻用户的心理负担，提高信息资源的利用率。

(11)提供信息变化趋势的预测功能。当信息变化的趋势对电厂安全运行至关重要时，必须为用户提供对信息的预测功能。信息变化趋势最常见的表现形式是趋势图，如图 10-3 所示。

(12)提供电厂的整体运行状态信息。应该能让用户立刻了解电厂的整体运行状态，便于用户发现需要引起关注但不需要立刻采取行动的状况。

(13)区分系统/设备的状态和指令。操作指令只代表

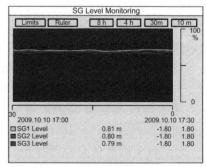

图 10-3　趋势图样例

用户期望系统/设备达到某种状态，并不能代表操作指令对系统/设备产生的实际效果。由于某些特定原因(如设备故障等)，系统/设备不会根据操作指令朝向预定的状态变化，因此应该对系统/设备的真实状态和操作指令进行明确的区分。

(14)提供安全参数和变量的显示。应该对与电厂安全相关的重要参数和变量进行监视。例如，采用安全参数显示系统或者在操纵员工作站、大屏幕显示系统中集成安全参数监视画面。

(15)为显示的参数提供参考信息。当用户需要比较信息和某些参考值时，在显示参数的同时还可以显示出该参数的参考值。

(16)合理选择状态设定点。状态设定点是指用于判断电厂状态改变的条件。状态设定点应该合理选择，以便让用户有足够的时间来做适当的操作。

(17)提供判断显示系统运行状态的途径。应该提供一种途径让用户能判断系统是否运转正常。例如，可以通过日期时间的显示来判断显示系统是否工作正常，或者提供某种测试功能来确认显示系统的可用性。

(18)能够表现信息的有效性。如果要表现的信息由于某种原因而无效，应能让用户识别出该信息的无效状态。例如，将设备或传感器的故障状态通过在显示界面中对应图符的某种特征表现出来。

(19)能够冻结快速变化的信息。当用户需要对不断变化的画面连续监视，但信息的变化频率太快时，系统应该提供画面冻结模式，使用户能在冻结的画面"快照"中查看信息。当用户取消冻结模式后，画面应该继续显示当前的实时值。

(20)准确反馈信息是否处于冻结状态。画面中应该能对信息是否处于冻结模式进行明显的区分，通常应提供一种指示方式来表明当前的显示画面是否处于冻结模式下，该指示方式应足够突出，以便吸引用户注意力。

(21)提供导向相关信息的链接。上层信息与底层信息之间、抽象信息与细节信息之间、横向结构信息之间在必要时，应该添加相应的链接以便于用户导向调用。

(22)相关联的信息应该进行分组。对完成某项任务相关联的信息应该分为一组，这样能够尽量不分散用户的注意力，通常将相关联的信息限制在一个显示画面或者相关联的多个显示画面中。

(23)相关联的信息应该在空间上临近。那些被用于比较或记忆的信息应该在空间上尽量靠近，应该尽可能组织在同一个显示画面中。空间上的临近也可以通过显示器位置的临近来实现。

(24)相关联的信息应该使用相近的色彩。相关联的信息使用相似的色彩，就更容易被成组识别，尤其是在某种条件的限制使得它们不能在空间上临近时，该原则就更加重要。

(25)相关联的信息应该使用统一的物理单位。如果信息是用于比较的，则应该使用统一的物理单位，这样能让用户不需要经过换算就能对信息直接进行比较。例如，一个压力值的物理单位为 MPa，而另一个压力值的物理单位是 bar，显然不利于用户对它们进行比较。

(26)相关联的信息应该使用相同的表达形式。如果信息是用于比较的，则应该使用相同的表达形式。例如，一个压力值以柱状图表现，而另一个压力值以数值表现，不利于信息比较。

（27）信息显示应该直观。信息应该以直观的形式来显示给用户，不需要变换、计算或者转化以使它变成对任务执行有用的形式，或者参考其他文件来理解信息。

（28）不同于惯例的情况应该明确指出。在某些特殊情况下，需要使用不符合用户习惯的特殊显示形式时，应该明确指示出这种区别。例如，通常所见的刻度指示都是线性的，但如果使用了特殊刻度（如倍增刻度或倒数刻度），则应该清晰地对关键点进行明确标注，防止用户因为使用习惯而误读。如图 10-4 所示，堆芯的中子倍增时间使用倒数刻度进行了标注和显示。

（29）适当对模拟显示添加数值指示。如果需要对模拟显示进行精确读数，则应该考虑添加对应的数值指示。

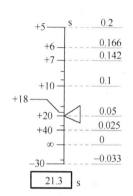

（30）信息的可读性。重要的信息应该在最大的视距和最小的环境光线下是可识别与可读的。

（31）动态显示的灵敏度。应该合理选择动态显示的灵敏度，让设备本身产生正常随机波动，对显示造成的影响最小化。

（32）数字和字母的风格。数字和字母的风格应该简单、统一。

（33）显示的灵活性。用户应该能自行确定显示信息的数量、形式和复杂度。

图 10-4　中子倍增时间的显示
浅色文字代表时间的倒数值

（34）需要显示的状态范围。显示系统应该正确显示关于电厂安全状态的信息，包括严重事故的征兆信息。

（35）重要信息应该突出显示。突出显示是为了强调，它能将用户的注意力导向到重要信息上。突出显示不局限于某种具体的表现形式，当多个信息都比较重要时，应该按照信息的重要程度分出层次。例如，在工艺流程图中通过加粗管线来体现该系统的主要工艺流程；通过在操纵员工作站的监控画面的页眉上用红色闪烁和相应的文本描述来体现电厂工况发生了改变。

（36）文本信息的突出显示。当需要对文本进行强调时，应通过大小写、加粗、下划线、字体颜色、字型或动画等形式进行突出强调。为了不降低文本的可读性，应该尽量避免对较长的连续文本全部使用大写。

（37）用文本来强调图形显示中的某些内容。当图形显示中的某些重要特征需要提醒用户引起注意时，可以补充相应的文字说明来突出它。例如，工艺流程图除了提供设备状态的图形信息，还可以有一条当前状态的提示信息，如"压力阀可能异常"。

（38）对需要快速识别的图形元素进行编码。当用户需要从多个不同类别的图形元素中快速区分某个图形元素时，应该为其提供易于识别的编码（如符号、框图、下划线、背景色等）。这种方法能够大大地提高用户对信息的利用率。

（39）有意义的编码。应该使用有意义的和用户习惯的编码，而不能随意编码。

（40）编码规则应该保持一致性。画面之间的编码应该保持规则一致，否则会使用户对画面信息的理解造成困难。

（41）编码和传输时间。编码不应该影响传输时间。

（42）信息的叠加。信息叠加不应该分散和干扰用户对显示信息的解释，应该尽量避免可视化显示单元(如显示器等)的机械叠加。

(43)提供显示画面的硬复制功能。应该为用户提供一种硬复制功能,通过该功能用户能够对显示画面进行精确、完整的硬复制。

(44)显示区域。应该提供足够的显示区域以便显示所有重要的信息,尽量减少画面之间的切换,通常可以通过增加可视化显示单元的数量来保证有足够的显示区域。

(45)预定义的信息。应该提供对信息进行预先分组定义的功能。

(46)为重要的信息标明位置。在异常情况下需要监视的画面和指示应该让用户易于识别,应该告知用户下一步去哪里查看所需信息。

10.1.4 报警系统设计要求

1. 报警系统设计的人机工程总体要求

(1)报警系统的功能设计和显示设计应解决以下人因问题:①忽视重要报警;②延迟探测重要报警;③负荷过多增加而影响其他运行活动的完成;④疏忽频繁触发的报警;⑤因误解报警之间的关系以及各报警的重要性而导致的困惑;⑥当操纵员知道机组已发生变化,(相应)报警延迟出现将降低操纵员对报警的置信度。

(2)系统设计者应考虑下述方面,以减少报警系统的功能设计和显示设计的人因问题:①根据给定条件对每个报警运行价值的清楚定义;②报警之间的动态关系;③报警信号处理逻辑和报警显示处理方法的合理实施。

(3)控制室报警必须提供监视电厂偏离正常运行工况所需的全部信息。报警系统必须具有以下要求:①显示报警信息,使操纵员了解事故发展状态,又不因信息过多使操纵员负担过重;②使操纵员能删去无关的信息,又保证有关的和重要的信息以操纵员易懂的方式显示出来;③使操纵员能区分两种不同性质的报警,操纵员的纠正操作没有结束的报警,没有维修工作的介入不可能消除的报警;④处理功能,向操纵员提供异常工况最有代表性的信息;⑤显示功能,使操纵员易于辨别某个报警及其严重性。

此外,为了向操纵员说明报警的可能原因和所需的纠正动作,必须为每个报警提供一份规程性文件,如报警卡或电厂物项操作规程。

(4)报警应提供给操纵员足够的警示信息,以判断是否存在安全风险或事故、电厂扰动、电厂及设备故障以及其他事件,报警功能至少提供如下基本信息特征:①告知操纵员异常的存在以便操纵员能够开始采取纠正措施;②通知操纵员电厂出现导致电厂系统状态或状况发生变化的故障、扰动和非预期事件;③引导操纵员获取进一步诊断和理解所发生事件需要的信息,有助于计划和实施纠正措施;④帮助操纵员确认电厂总体状态;⑤应考虑减少由于报警系统本身造成的分散操纵员注意力、干扰报警和增加操纵员负荷等情况。应明确报警系统的性能需求。

(5)报警系统宜包括下述基本功能:向操纵员发出警告,指导操纵员行动,帮助操纵员监视电厂事件,促进操纵员与电厂的交互作用。

2. 报警系统显示设计的人机工程要求

(1)报警显示处理使用清楚显示报警、报警分组、抑制干扰报警、允许选择抑制持续报警、运用颜色或其他方式进行显示编码等手段，优化操纵员对报警的察觉和认知。报警盘和报警光字牌可以从物理空间上分组布置，目的在于减少每种运行工况下报警数量以突出安全相关重要报警和提高运行效率。

(2)报警显示系统总体设计时宜考虑下述补充功能。①向操纵员提供事件原因和后果相关的信息；②引导操纵员到达整个控制室信息系统的入口点；③向操纵员提供运行规程的适当查询手段。

(3)当探测到报警时应将其显示出来，并且报警标志或报警信息应在合适的介质上显示。当报警开始显示时，应有一个关联的闪光标志或者闪光符直至被确认；同时伴有一个声音警告直到消音。

(4)当报警在标牌上消失时，该报警标识可能立即被清除或仍然点亮直到手动复位，或有一个相关的回铃动作。

(5)对每类报警显示，宜考虑以下重要特征。①一般特征，如显示功能(如应支持操纵员的监视和决策的能力)、警告和消息功能的独立程度、详细信息和优先权间的独立程度、报警图表、报警编码的一致性；②高优先级报警的显示；③报警状态的显示；④组合报警；⑤报警消息；⑥编码规则；⑦报警信息的详细布置，如固定空间持续可见、报警消息列表。

10.1.5　数字化运行规程系统设计的人机工程要求

1. 数字化运行规程系统的基本要素

数字化规程的基本结构要素包括规程标识、操作步骤、信息描述、清单列表等，下面将一一对这些结构要素给出人机工程设计的原则要求。

1)规程标识

规程标识一般放在规程首页，包括题目、编码、标识、页数、版次、所属电厂、审批流程等基本信息。通过这些信息，操纵员能够取得正确和有效的规程。

规程中应有专门的页面对该规程的参考文件、目的、授权、提醒、风险提示等进行说明，用于说明规程的出处、执行的目的、执行者需要的授权等级等，还应定义规程的适用性、范畴(如应急规程或异常规程等)及目的等。使用者可清楚一系列操作的目的或目标，了解操作过程中的风险、控制策略，评估此规程能否达到安全目标。

2)操作步骤

操作步骤是规程的基本单元，每一步由一个动词和一个直接对象组成，一般分为以下四种类型。

(1)逻辑判断步骤。逻辑判断步骤提供指令并进行状态评估，然后从一个预定义的设置中选择适当的动作。该决策包括有条件的逻辑，即仅当一系列指定的条件满足时再履行的动作。如使用者通过仪表的读数(流量、压力、温度、功率等参数)、系统的功能状态(设备的可用性)等来判断条件是否满足。如果满足，则执行操作；否则，继续等待或返回初始操作。

(2)直接操作步骤。直接操作步骤是直接采取行动，包括执行动作(启、停设备)或进行确认(确认设备状态)。

(3)双重操作步骤。双重操作步骤是指为实现一项功能提供两种操作，完成第一项操作后，如果结果满意，则完成此操作；否则执行第二项操作以实现这项操作的功能。简单地说，就是目的只有一个，而操作是分两种情况。

(4)计算步骤。计算步骤是指通过计算得出结果，与规程中提出的标准进行比较，做出是否符合目标的判断。

规程操作步骤应该遵循语法规则，句法简单、明确、前后一致，以上四种类型应该根据计算机系统特点进行合理设置，主要的人因工程原则如下所述。

(1)指令简明：规程操作步骤应简明扼要，信息的传达要非常清楚、毫不含糊，要使其易于准确理解。

(2)语句简短：规程步骤应用短句书写。

(3)主动语态：规程步骤应用主动语态书写。

(4)命令肯定：规程步骤应用肯定的命令书写。

(5)措辞简单：应使用精简的词语。

(6)标点符号标准：标点符号应符合标准用法。

(7)用词一致：在规程、图纸、其他人机界面和设备标签中，词、短语和设备的名称、号码应保持一致。

(8)缩略语：缩略语的使用应前后保持一致，并且只使用操纵员熟知的缩略语。

(9)度量单位：数值信息应包括度量单位。

(10)数值精度：数值应标明精度。

(11)数值范围：应指定数值的范围，而不是误差范围。

(12)阿拉伯数字：应使用阿拉伯数字。

(13)数值拼写：在相同情况下，数值的拼写应该一致。

(14)有先决条件步骤的规范：在采取一个动作之前，规程应详细说明任何必须满足的条件。在规程中，要能方便定位先决条件的信息，使操纵员可以在操作之前读取。

3)信息描述

规程的正文应对操作做出提示以提醒操纵员控制风险、监控操作结果的信息，可以使用以下几种类型的信息描述。

(1)警告。警告用于在操作之前提醒操纵员该项操作有导致工作人员或公众伤亡的风险。

(2)警示。警示用于提醒操纵员该项操作可能对机器或设备造成损坏。

(3)注释。注释用于提醒操纵员注意重要的补充信息，可以增强操纵员对规程的理解，有利于规程的执行。

(4)补充信息。规程操作步骤中可能会提供一些执行规程需要的补充信息。

以上类型的信息描述应满足以下人因工程原则。

(1)与规程步骤同步显示：适用于一个单一步骤(或一系列的步骤)的警告或警示应与规程同步显示，应让操纵员在执行前及时看到，应采取措施确保操纵员已阅读该信息。

(2)放置位置：警告、警示和注释信息应在相应动作步骤之前被读取。

(3)动作参考：警告、警示和注释信息不应该包括隐含的或实际的行动步骤。

(4)与其他规程的区别：警告、警示和注释信息应进行特殊标注，以便区别于其他信息。

(5)补充信息：规程步骤补充信息应同操作步骤或其他画面的显示方式一致。

4)清单列表

规程中一般会有一页或多页重要信息列表,包括动作、判断、条件、步骤、准则等。为保证列表的可用性,需详细地加以设计以保证列表信息的易用性和完整性。

规程列表在数字化规程中使用时应考虑项目分组,需要核对功能备选项和操纵员应警惕的可能被忽略的项,主要的人因工程原则如下。

(1)列表形式适当:三个或三个以上的条目(如动作、条件、要素、准则、系统)应以列表形式呈现。

(2)与规程组成部分的区别:清单列表的格式应与规程组成部分的格式不同,以便区分。

(3)优先项确认:表单中优先项的显示或不显示应明确,以便操纵员清楚哪些项目优先于其他项目。

(4)表单概述:表单应有介绍每份表单内容的概述。例如,"确保下列所有的测试已完成"。

(5)保证操纵员的注意力:应该确保表单各项内容用于引起操纵员注意的方法一致。

2. 数字化运行规程组织和画面布局

数字化运行规程组织和画面布局的人因工程设计原则在于保证规程的易用性与一致性,主要原则要求如下。

(1)结构分层次并符合逻辑。规程应该以分层次的、合乎逻辑的、一致的方式进行架构,使操纵员更容易看到规程之间的关系。

(2)规程操作步骤的结构。规程应由一些操作模块组成,而操作模块又由一些相关的操作步骤组成。

(3)规程组织架构的反映。规程格式应反映其架构。例如,可以使用标题或颜色来区分规程各个部分。

(4)规程格式。规程的显示格式应该一致。无论规程以文本、流程图或以其他方式呈现,其格式都应保持前后一致。

(5)规程分块。应采用一致的方式对规程进行分块处理。规程的划分方式决定着规程如何在屏幕上显示。

(6)需持续显示的规程信息。规程的标题和高层目标应持续显示。此信息有助于建立规程的上下文联系,当多个规程被同时打开时这个功能尤为重要。

(7)关键文本信息的突出显示。关键内容与其他文本相比需要强调,该文本应该通过加粗(加亮)、加颜色或某种辅助标识来突出显示。

(8)适当的显示形式。采用适当的显示形式,例如,表格、图形或者流程图,应该根据操纵员将要执行的任务、需要显示相关的信息来确定。

(9)相关联的规程信息使用相近的色彩。相关联的信息使用相似的颜色比较容易识别。当相似信息位于不同规程中时,应根据需要进行规定。

(10)相关联的信息使用相似的表达形式。对于需要比较或者记忆的信息应使用相似的表达形式,便于比较或记忆。

3. 数字化规程人机交互功能

数字化规程需要的人机交互功能包括路径监视、导航及导航提示、规程的管理和控制、规程的自动监测和诊断、操纵员动作监视、在线及离线帮助等,这些人机交互功能的人机工程主要要求描述如下。

1)路径监视

(1)监视步骤执行状态:一个步骤是否完成应有明显的指示。这种指示可以通过手动或自动的方式给出。

(2)提示未完成规程步骤:数字化规程应提供对未完成操作步骤的提示,该提示应该是建议式的,不能影响操纵员的操作行为。

(3)标示当前位置:数字化规程应标示当前操作步骤。提醒操纵员当前程序执行情况。

(4)多个活动规程的显示:当需要同时按照多个规程进行操作或执行多个规程操作步骤时,应该明确告知操纵员。所有当前正在使用的规程应可随时调用并记录程序使用时间。

2)导航及导航提示

(1)导航灵活:导航支持应允许操纵员自由和方便地在规程各操作步骤间移动,链接到相同规程的其他部分或其他规程中。

(2)支持信息并行存取:数字化规程应有能力同时存取多条信息。研究发现当操纵员不能并行存取信息时,会加大操纵员执行数字化规程相关步骤的负荷。

(3)相关信息的导航链接:应提供到参考信息、记录、警告、报警、参考资料、沟通和帮助功能的导航链接。例如,使用超文本链接技术可以快速导向规程中的交叉引用信息或其他支持资料。

3)规程的管理和控制

(1)操纵员控制规程执行路径:操纵员应能控制规程的执行路径。大多数规程有明确定义的步骤,必须按顺序执行;少数规程可以根据操纵员的判断来选择执行。数字化规程应把它们区分开来,以便操纵员可以灵活运用来进行核对确认等操作。

(2)操纵员控制规程执行进度:操纵员应能控制规程执行的进度,应确保操纵员始终了解规程的执行状态。

(3)数字化规程信息的可验证性:操纵员应能够对数字化规程系统给出的电厂状态自动诊断评估结果进行验证,如确认工艺参数、设备的运行状况和规程的自动判断是否正确并对一些报警进行评估。由数字化规程所做的任何分析都应该是可追溯的。

(4)数字化规程的可旁通性:必要时,操纵员应该能够旁通数字化规程系统提供的信息、计算或评估,能够旁通数字化规程系统建议的操作。当数字化规程系统信息不正确、过于严格或信息过期时,操纵员能够适当干预。

4)规程的自动监测和诊断

(1)规程的自动导引:当进入规程的条件满足时,数字化规程应能够及时提醒操纵员。这种功能可以帮助操纵员根据机组当前状态选择合适的规程。

(2)电厂参数和设备状态的自动监测:数字化规程应能够向操纵员提供准确有效的参数和设备状态(前提是其现场测量设备是可用的)。这种自动提供参数、监视参数的功能可以减少操纵员的工作量,使得操纵员可以把更多精力放在更重要的控制目标上。

(3)自动计算规程执行相关参数:数字化规程应能自动计算某些被规程引用的变量。

(4)操作步骤逻辑分析:数字化规程应能自动分析和执行程序中的操作步骤,并且把结果反馈给操纵员。规程的操作步骤一般都有一定的逻辑关系,例如,有些操作必须是满足一定的条件才能执行，这种情况下就必须对这些逻辑关系进行细致分析，防止出现自动逻辑没有包含所有应该考虑的条件的情况。

(5) 逻辑分析的异常步骤显示：当规程的逻辑分析发现某个操作步骤有问题时，必须提供更明显的信息来提示操纵员。

(6) 警告分析：警告所描述的条件应由数字化规程系统自动监测，并且当警告生效时应提醒操纵员。评价警告及提醒操纵员其适用性将确保操纵员在适当的时间阅读信息，并且降低被忽视的机会。

(7) 编码适用的警告：数字化规程系统应使用编码以表明何时警告起作用。编码技术，如颜色编码，可用于突出重要信息。

(8) 操纵员规程分析的确认：操纵员应该对规程步骤及终止和转换的提示做出某种形式的确认。例如，操纵员可通过按返回键确认一个步骤是满足要求的，或单击"接受"按钮。这样有助于操纵员保持对规程状态的知晓。

(9) 高层目标状态的评估：数字化规程应连续评估和显示高水平的安全目标状态（如重要安全功能），并提醒使用者任何有风险的地方。

(10) 规程终止条件：数字化规程应能自动识别转移或退出规程的条件。这一功能将帮助操纵员确定何时规程不再适合当前工况。

(11) 自动程度不超过操纵员理解力：操纵员应具有对机组状态的最终控制权和决策权。利用计算机进行任何结构拆分、模块化、综合信息处理和自动诊断，都必须能够被操纵员所理解，自动程度不得超过操纵员的理解力，避免出现过分信赖计算机的情况。

5) 操纵员动作监视

(1) 监视操纵员：数字化规程应记录操纵员对规程的响应。

(2) 操纵员规程偏离提醒：当操纵员的输入是不正确的或行动不符合数字化规程的判断时，应被提醒。提醒应该是建议的方式。此功能必须有培训支持，使操纵员易于接受。

6) 在线及离线帮助

(1) 说明工具：数字化规程系统应具备使操纵员决定数字化规程的功能如何实施的相关工具。当数字化规程具备支持操纵员决策的功能时，如提供如何选择规程的建议、分析步骤逻辑或跟踪规程路径，合作式对话机制可以使操纵员更好地理解和利用此系统。

(2) 帮助工具：在执行规程规定的操作活动时，应提供相应的帮助。即系统应该给出提示信息帮助操纵员执行程序步骤。例如，给某个控制动作如何执行提供相关帮助信息。

(3) 注释记录功能：数字化规程系统应提供注释记录功能以便操纵员在规程中记录他们的注释和意见。

4. 数字化规程硬件配置

数字化规程系统硬件配置的人机工程要求如下。

1) 显示屏幕的数量

数字化规程系统信息显示所需的显示屏幕的数量应满足所有规程执行中的相关信息（包括警告和参考材料）的显示需要。

2) 响应时间要求

数字化规程的响应，如状态更新率、屏幕变化和导航功能，应与任务的时间要求一致。

3）备份能力

（1）纸质规程：数字化规程系统故障时应保持纸质规程的可用性。

（2）纸质规程与数字化规程的一致性：纸质规程与数字化规程的内容和显示方式应保持一致。纸质规程与数字化规程之间无扰转化的便利程度将取决于两者之间格式的一致性，需要尽可能使转换操作平滑过渡，同样也给规程使用培训带来便利。

（3）向纸质规程的转换功能：在向纸质规程转换时，应提供支持功能以帮助操纵员确定当前打开的规程、规程的位置、完成或未完成的规程操作步骤以及当前的监视步骤。当数字化规程系统不可用时，操纵员从记忆中重建此类信息会非常困难。因此，系统需提供操纵员一个安全便捷的转换支持功能。

10.2　核电站人机工程设计

10.2.1　控制室设计

1. 控制室系统设计

1）主要人机接口设备及布置方案

主控室主要分为主操作区、辅助控制区和监视区，如图10-5所示。

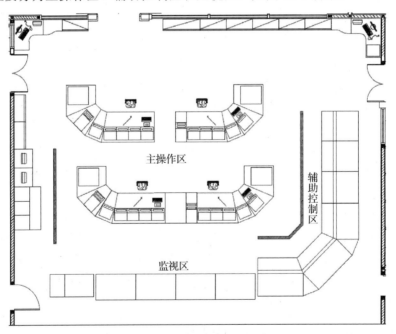

图 10-5　主控室设备布置图

（1）主操作区包括两台计算机化的操纵员工作站、计算机化的机组长工作站和计算机化的安全工程师工作站。

操纵员工作站的设备配置应与其功能匹配并符合人因工程要求。操纵员工作站的人机接口主要是向操纵员提供控制、显示、报警三类功能。相应的控制接口装置有键盘、鼠标、触摸屏幕等，显示接口为视频显示终端，每个操纵员站工作可用于监视和操作核电站设备。

　　两个操纵员工作站的设计是完全一样的，具有相同的控制、监督、操作功能，达到相互兼容、备用的目的，以提高操纵员工作站的可靠性。机组长工作站和安全工程师工作站与操纵员工作站配置相同，但是机组长或安全工程师权限登录时仅具有监视功能，机组长工作站和安全工程师工作站可以作为操纵员工作站的备用，提高主操作区设备的可用性。

　　(2)辅助控制区主要包括后备盘。后备盘在主操作区工作站不可用时作为后备。DCS(分布式控制系统，distributed control system)采用了充分的冗余，具有较高的可靠性，系统中的局部故障一般不会影响整个系统的可用性。但仍然存在着失去计算机化控制手段的可能性。设置后备盘，是为了防止在主监控手段不可用的情况下，由于失去监控而被迫立即停堆、停机，以提高机组的可用性和安全性。

　　后备盘以常规设备为主，同时配置少量数字化显示和控制室设备。

　　(3)监视区主要包括大屏幕显示器。大屏幕显示器用于显示电站主要参数、主要设备状态和安全保护系统状态，它置于控制室正面，面向操纵员，使操纵员和进入控制室的所有人员能够在电厂正常或事故工况期间观察其电厂的总貌。大屏幕显示器的尺寸和亮度，所显示的参数或符号、图形应符合主控室的人因工程的要求。

　　(4)其他设备包括火灾探测及消防盘、闭路电视和通信设备、打印机和文件柜等。

　　2)主控室环境设计方案

　　本方案为操纵员提供一个安全、舒适、美观并满足人因工程要求的工作环境，如图 10-6 所示。

图 10-6　主控室环境设计效果图

2. 控制室布置设计

主控室布置基于 GB 10000—1988《中国成年人人体尺寸》，进行设计。

以操纵员工作站的高度和其他尺寸的适应性分析为例来说明主控室布置的人因工程设计方案。操纵员在操纵员工作站上执行操作任务(坐式工作站),人因工程学对操纵员工作站(如高度、腿脚空间和视角)的要求如下。

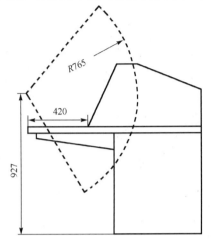

图 10-7　工作站可达性分析(单位:mm)

(1)工作站高度:操纵员坐姿时,操纵员的视角不能被工作台的高度所阻挡。

(2)腿脚空间:工作站应该提供足够的腿脚空间能使操纵员坐在操作台旁,而不会不舒服。

(3)膝盖空间:膝盖和脚的空间应该在95%范围以内。

(4)监视显示的竖直空间:在操纵员头部竖直时,显示区域应该位于向上不超过20°向下不低于40°的范围内(95%范围内)。

(5)扶手:如长时间保持坐姿,座位应该有扶手。

操纵员工作站是根据人因工程学标准和人体测量学数据设计的,操纵员工作站尺寸的详细分析见图10-7和图10-8。

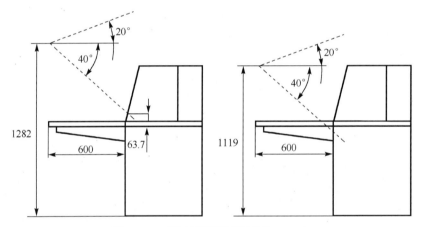

图 10-8　工作站视野分析(单位:mm)

3. 控制室盘面设计

控制室常规盘台一般是控制和显示设备配套使用的,经常是使用一组设备来共同完成一项工作任务。在设计过程中主要遵循的设计原则如下。

(1)就近。控制设备操作过程中需要监控的显示设备(如报警、指示仪、反馈灯等)应与其非常接近,使用户以正常操作姿势可以清楚地观察,并且无视觉误差,以保证用户可以快速且容易地获取这些支持信息。

(2)遮挡。控制设备和显示设备的布置应使操作过程中显示设备不会被遮挡。显示设备尽可能布置在控制盘台上半部分,相应的控制设备布置在和显示设备同列的对应控制盘台下半部分。为了使用户的手臂不遮挡显示设备,控制设备应布置在相关的显示设备的下方。如果此方式不可实现,应将控制设备布置在显示设备的右方。

(3) 关联。相关的控制设备和显示设备应作为一个联合体且容易识别。这种联合应建立在位置、标识、编码、分界线及与用户期望的一致性上，展现给用户以下关系：①控制设备与显示设备的关联；②控制设备和显示设备的移动方向。

4. 控制室功能设计

应使用一种系统化的方法进行控制室的功能设计，这种设计方法主要包括下列五个步骤。

(1) 功能分析。功能分析应就所有运行状态和事故工况确定控制室设计的目标层次。目标应包括电力生产和把放射性释放减到最少这两项基本目标。每一目标可进一步分解成子目标，并用于设计决策过程。

(2) 功能分配。功能分配应进行任务分析，以决定哪些功能分配给人，哪些功能分配给机器。

(3) 功能分配的验证。应验证控制室的功能是否正确地分配给人和机器。应证明所拟定的功能分配最大限度地发挥了人和机器的特长，又没有对人或机器提出不适当的要求。

(4) 功能分配的确认。所拟定的功能分配应经过确认，以证明系统能完成所有的功能目标。特别在所有正常运行和几种有代表性的事件下，应对功能分析所确定的功能予以评价。

(5) 作业分析。为了进一步制定控制室人员结构、运行规程和培训大纲的基本要求，设计者应根据经过验证或确认的功能分配和功能要求进行作业分析。

5. 控制室环境设计

控制室环境设计内容主要包括人因工程分析、内饰设计、色彩设计、照明设计、降噪设计、通风设计、抗震设计、防火设计，以及其他需要综合考虑的因素，如辐射防护、抗电磁干扰、高能管道的防护等。

1) 人因工程分析

在主控室环境设计上，应有效地执行人因工程标准、规范，考虑分析以下环境问题：主控室房间大小、空间布置、装饰效果、主控室色彩、主控室温度、湿度和气流、主控室照明、主控室音响、核辐射和其他环境危害等。通过对这些内容进行人因工程分析，将不符合项及改进意见反馈到各专业设计中，使主控室环境达到期望的效果。

2) 内饰设计

主控室内饰设计类似于装修设计，要求依据主控室房间内外现状，如空间大小、控制设备的布置等，分析研究相关标准规范的要求以及操纵员群体的特别需求，结合主控室颜色来设计门窗、天花板、地板、墙壁以及家具等，同时内饰设计中也尽量要考虑到主控室操纵员的其他需要，如增加时钟。内饰设计首先要满足核电站主控室安全运行的基本要求，如防火、降噪、运行、维护、抗震、抗干扰等，其次还要兼顾工作人员心理、生理等因素，使主控室内的内饰装修能够达到提高主控室工作环境的舒适度、稳定和愉悦操纵员工作情绪的效果。

3) 色彩设计

色彩可以影响人的心理、生理，从而影响人的情绪状态。不同的色彩对人的心理影响是不同的。主控室颜色设计要求在现有的空间布置基础上，从整体上考虑操纵员长期在此工作的因素，分析和设计主控室内各种物品，如控制盘台面、天花板、墙壁、门窗、地板等颜色，进行色彩的统一搭配，调整色彩对比度，使主控室房间内的颜色和谐、优雅、健康，以稳定和调节操纵员的情绪，减少操纵员的视觉疲劳和精神紧张。

4) 照明设计

主控室照明设计是指依据相关法规标准对主控室照明照度的要求，进行主控室房间照明设计，并关注防反射、防眩光、消除阴影等要求。主控室照明应该满足主控室各个区域不同的照度要求，同时要消除房间内的阴影，尽量减少反射光、眩光，以减轻操纵员的疲劳和困倦，降低操纵员因照明缺陷而犯错的概率。主控室照明系统应该包含正常照明系统和应急照明系统，当正常照明出现故障时，应自动地切换为应急照明，立即投入运行，并必须连续工作 8 小时以上。

5) 降噪设计

主控室降噪主要是指通过一定技术措施控制主控室内的环境本底噪声满足相关法规标准的要求，从而保证操纵员受噪声的干扰最小，操纵员之间的口头通信不受影响，音响信号容易辨别，减轻操纵员的听力分散、疲劳程度，避免操纵员情绪烦躁。主控室的降噪措施主要有提高对主控室外噪声的隔音性能，使其对主控室的干扰最小；限制、降低主控室内通风管道，控制设备等相关设施的噪声量；提高主控室内建筑、装饰材料的吸音性能；优化主控室内设备布置，降低主控室内回声时间。

6) 通风设计

主控室通风设计是指依据相关法规标准的要求，通过空调系统设计，进行主控室内统一的气流组织，使主控室内温度、湿度、空气流量控制在许可范围内，并保障主控室内空气质量满足要求，同时根据辐射防护要求，保持主控室微正压环境。在主控室或周围出现异常状况，如火灾时，隔离主控室通风，提供应急排烟、空气过滤等功能，为操纵员提供一个安全的工作环境。

7) 抗震设计

为了在地震期间保持完整性，要求主控室内的设施具备一定的抗震能力，并采取有效措施保证房间内的设备与物项，如吊顶、天花板、灯具、扬声器、烟感探头、装饰物品等，在地震期间或之后，其故障不能伤害操纵员，也不能损害安全功能。

对于主控室内未要求地震中以及地震后可用的任何设备，都应设计成地震时不会妨碍操纵员执行任务。

8) 防火设计

主控室防火是依据标准规范要求，从主控室的防火区划分、隔离实体的耐火要求、疏散撤离的规划以及火灾报警、火灾消防等方面提出总体要求，结合各专业的具体措施，达到主控室防火的目的。

9) 综合因素

(1) 辐射防护。主控室环境设计中要采取适当防护措施，以减少来自放射源的辐射和污染。

(2) 抗电磁干扰。核电站主控室内主要安放的是数字化仪控设备，为了防止电磁干扰影响设备的正常运行，应采取有效的抗电磁干扰措施。除了提高设备本身的抗干扰性能，工程设计中应采取的措施包括电线电缆的选型和敷设方式的选择、接地系统的引入。保证为主控室设备的正常运行和工作人员的身心健康提供安全的电气环境。

(3) 高能管道的防护。在主控室内应避免安装高能管道。如果在主控室安装高能管道，如取暖用的蒸汽管道，必须考虑这类管道事故的后果，并采取必要的防护措施。这类管道的假设故障不得危及操纵员的人身安全，不得损害主控室内安全系统的安全功能。

6. 控制室施工设计

控制室施工设计主要包括设备三维建模、架空层电缆桥架设计、电缆敷设、留洞和预埋件设计。

1) 设备三维建模

(1) 准入设备信息收集，如设备编码、设备名称、列别属性、安全等级、抗震等级、外形尺寸(结构图)、进线方式等信息。

(2) 主控室设备布置及 PDMS 建模。

(3) 设备抗震基座结构设计、布置及建模。

(4) 设备预埋件选型、布置及 PDMS 建模提资。

(5) 设备进线留洞(P2)设计及建模提资。

(6) 设备抗震力学计算。

完成后进行三维碰撞检查，有碰撞的物项进行修改调整。

2) 架空层电缆桥架设计

(1) 桥架选型，确定走向，规划路径。

(2) 桥架支吊架选型和布置设计。

(3) 桥架支吊架预埋件设计。

(4) 桥架孔洞设计。

(5) 桥架支吊架力学提资及力学计算。

电缆桥架设计主要依托和利用电缆桥架出图工具，其主要功能有各类物项信息自动或半自动化智能标注，ISO 图、截面图、极轴网快速建立，标签、标注位置快速调整等。在特定模式下，通过这个工具，能快速抽取控制室架空层桥架布置平面图。

3) 电缆敷设

采用三维可视化电缆敷设系统进行电缆敷设设计。用户通过使用该系统读入电缆预敷设初始信息，在端接和桥架布置三维模型的基础上，进行电缆敷设设计，最终输出完整的电缆清册、设备接线清单和容积率清单等信息。

电缆敷设必须在以下工作完成之后开展。

(1) 熟悉电缆敷设规范要求。

(2) 设计人员已经建立规范完整的设备、桥架等三维模型并固化。

(3) 设计输入完整规范的电缆清册。

(4) 系统管理员已经建立桥架路径拓扑结构。

(5) 完成桥架虚拟连接(逻辑连接和孔洞连接)，并更新至系统数据库。

采用三维可视化电缆敷设系统进行电缆预敷设，可以从设计源头上解决电缆超容问题，从而减少施工现场设计变更，提高电缆敷设效率，保证项目施工进度，提高经济性。

4) 留洞和预埋件设计

留洞和预埋件设计主要考虑控制室设备、桥架的安装与进线需求，留洞要提供封堵要求。

预埋件布置之前先精确定位设备焊接点信息，包括位置和长度。预埋件锚筋长度选择应考虑墙体厚度因素。留洞和预埋件设计必须遵循特定的施工原则。

10.2.2　信息显示画面设计

1. 画面类型

在核电站的控制方式中，包含两种画面形式。

(1)信息显示画面：这类图像与工艺过程直接相连，典型内容包括：①工艺参数的显示；②设备状态的显示；③命令执行结果的显示；④计算结果(综合信息)的显示；⑤控制命令的执行和自动处理过程的监视。

这类显示形式在分类中称为显示画面 (display)，以下部分称为画面。

(2)运行程序：这一类显示形式与工艺过程不发生直接联系。它主要包含操作指导信息，不随工艺系统的状态而变化；而且也不用于向工艺过程发送指令。

这种区别使得运行程序的设计、使用和升级更为简单与灵活。便于升级和日常维护。

与显示画面相比，数字化运行程序设计完成后就可被操纵员直接使用，因为它们不需与工艺信息链接。

2. 信息显示画面类型

(1)控制命令画面：包含设备图形对象、管道布置、向工艺系统发送命令和自动控制过程监测等信息。它们以电站工艺系统运行任务为基础并反映了电站运行的顺序，同时考虑正常和事故工况下运行任务对画面内容优化的需要。

(2)状态显示画面：包含长期跟踪运行活动进展的信息。这些信息与正常、事件和事故工况下的总体运行规程与事故规程以及操作方式相关。它们一般不用于向工艺过程发送指令，但特殊情况除外。一般以信息趋势显示的方式为主要显示手段。

(3)跟踪画面：包含短期和长期跟踪运行活动的信息，一般不用于向工艺过程发送命令。有时为减少运行过程中画面的导航切换，也可以在跟踪画面中设计可发送命令的设备。跟踪显示画面主要有如下三类使用情况。①主设备跟踪画面：重要或复杂设备的启动、跟踪和停运(例如，RCV上充泵的启动)。②主功能跟踪画面：需要多系统信息的特殊功能的启动、跟踪和停运。一个典型的例子是"稳压器汽腔的形成和减灭"。③定期试验画面：提供定期试验运行规程操作需要的相关信息。

(4)辅助分解画面：这类画面不用于向工艺过程发送命令。它们通过详尽描述综合信息中的底层逻辑，为电厂状态和运行规程操作提供辅助信息。例如，主泵的可用性逻辑分解、故障逻辑分解等。

(5)预定义曲线和棒图画面：此类画面作为其他类画面的补充为操纵员提供更多的实时辅助信息。它们通过曲线或者棒状图的形式把一组预定义信号显示出来，操纵员通常通过此类画面完成日常重要运行参数的监视与跟踪。

3. 运行程序类型

(1)运行规程：详细描述了操纵员根据运行任务要求对工艺过程实施操作的运行指导，以及与显示画面的链接。其不属于本导则范围，在操作规程设计导则中会有详细描述。

（2）数字化响应程序：描述报警处理过程的操作指导，并且定义与显示画面的链接。其不属于本导则范围，在报警设计规定中会有详细描述。

4. 画面检索和导航

为了执行所需操作，操纵员需要使用画面检索、列表导航和图像间链接等方法调用不同的画面。可分为如下四类方式。

（1）动态链接：由画面中的链接对象构成，这些对象建立了不同画面间的导航链接。

（2）画面列表：通过系统提供的各类列表来链接相应的画面。

（3）导航画面：导航画面是一类特殊画面，通过链接把所有画面组织起来，确保在三键内调用目标画面。它包括一组画面，由画面的导航对象组成。

（4）DCS 系统交互机制：它们通过与 DCS 系统交互而获取画面。与画面调用相关的 DCS 系统主要交互机制包括：①输入画面的标识码（ID Code）搜索某个画面；②输入对象的标识码搜索包含某个特殊对象的画面；③12 个最近浏览过的画面和操作单；④系统提供的其他方式。

由于该交互机制依靠 DCS 技术与规范来实现，因此不在本导则范围内。

5. 画面层次结构与组织方式

由于复杂的电厂系统通常由数量很大的显示画面来描述，因此，为了让操纵员对画面之间的结构有更好的理解，更快地定位实现功能需求的画面，需要对画面之间的结构进行合理的组织。一般有三种常见的画面间的组织方式。

（1）分层结构。将画面组织成树形结构，下层比上层有更详细的分类。树形结构的分层可以根据画面之间的功能关系或物理关系进行。例如，RCP 系统由很多画面来表达，这些画面中一些代表了 RCP 整体的状况，另一些提供了构成 RCP 系统的子系统和组件更详细的信息。另一个常见的分层结构的例子是堆芯热量导出这样的高级功能由一系列代表低级功能的画面来表达。

（2）关联结构。在画面之间存在多个链接，基于多种多样的关联关系。与层次结构不同，关联结构下的所有画面通过它们之间的链接构成一个关联网络，每幅画面都有一个或多个链入和链出的画面，实际上构成了一个以画面为节点的有向图。

（3）顺序结构。通常根据画面之间的相互依赖关系将它们组织成一个序列，它们通常基于物理上顺序关系或操作规程规定的顺序关系来组织。

画面间具体的组织方式可以采用以上三种中的一种或多种。例如，层次结构也可以包含关联链接，层次结构的某些个别分支又可以是顺序结构。

10.2.3　报警系统设计

报警系统作为电厂重要组成部分，主要用于提示操纵员电厂状态或参数偏离或者即将偏离正常运行区间，指导操纵员采取纠正措施。

随着计算机技术的发展特别是 DCS 系统的采用，报警系统已经与 DCS 系统深度集成并作为 DCS 系统的标准功能提供。报警系统的功能结构如图 10-9 所示，主要包括报警定义、报警处理、报警优先级、报警表达、报警管理和报警响应程序。

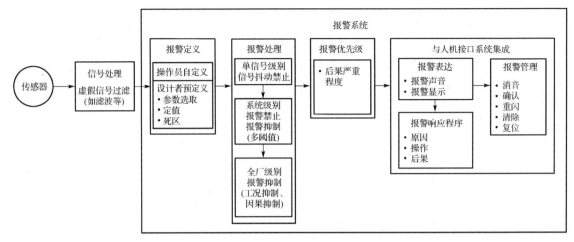

图 10-9　报警系统的功能结构

1. 报警定义

报警作为一种带声光提醒功能的警告信息，用来通知操纵员电厂状态偏离或者即将偏离正常运行，并要求他们采取适当的处理行动。

报警定义包括对需要监视和显示的工艺参数的选取以及这些参数的阈值及死区的设定。

2. 报警处理

报警处理主要包括报警禁止和报警抑制两种处理技术。其中报警禁止是指在特定的条件下禁止报警信号的触发。报警抑制是指虽然报警信号已触发，但在特定的条件下仍然不显示给操纵员。报警禁止和报警抑制技术的区别在于报警禁止不会触发报警信号，而报警抑制是在报警信号触发后再做进一步处理，虽然被抑制的报警信号不会以报警的方式显示(没有声光提醒)，但是在 DCS 的抑制报警列表和报警日志中，该报警记录仍然存在。

1)报警禁止

报警禁止是指通过阻止报警信号的触发来限制报警数量的方法，报警禁止分为信号抖动报警禁止和功能无效报警禁止。

(1)信号抖动报警禁止。信号抖动的定义：在默认的情况下如果一个信号在 2s 内的变化超过 3 次，则 DCS 应认为该信号存在抖动。如果系统设计者认为默认规则对该信号不适用，则会在图纸中针对该信号加以特殊说明(如 2s 内变化超过 6 次)。DCS 应提供抖动信号列表，以便操纵员查看处于抖动状态的信号。

(2)功能无效报警禁止。当某一报警与电站系统或设备状态有关时，需要对报警信号的功能有效性进行确认，如果功能上无效则应该禁止该报警的产生。

2)报警抑制

报警抑制处理的目的是在正常运行和运行瞬态下减少报警的数量。当报警被禁止和抑制时都不会再有声光提醒，报警禁止与报警抑制的区别在于被抑制的报警仍然可以在抑制列表和日志记录中查询到，而被禁止的报警则无法在抑制列表和日志记录中查询到。报警抑制分为设备隔离报警抑制、被其他信号抑制、电厂工况报警抑制。

(1)设备隔离报警抑制。当一个工艺设备被隔离时，该隔离状态可以在画面上体现出来，同时由该工艺设备所产生的信号都会被标识为隔离状态。

处于隔离状态的设备不再被使用，因此不应产生报警。设备隔离时和该设备有关或该设备相关功能不可用有关的报警应该被抑制。

(2)被其他信号抑制。一个报警可以被其他的开关量信号所抑制，因而对每个报警应给出该报警的抑制信号列表。

当一个报警本身被抑制，或者无效时，它不能用来抑制其他报警。

当起抑制作用报警的触发故障消失以后，如果被抑制报警的触发故障依然存在，那么被抑制的报警将会重新出现。

(3)电厂工况报警抑制。DCS 应根据电厂状态参数(如一回路温度压力)实时计算机组当前所处的工况，对于每一个报警系统需要指定在哪些工况下该报警有效，哪些工况下该报警无效，对于那些在当前工况下无效的报警，DCS 应做抑制处理，使其显示在抑制列表中。

3. 报警优先级

对报警进行优先级划分的目的是用来指导操纵员处理报警的优先次序，特别是当大量报警同时出现时，操纵员可以根据事先确定的优先级来确定哪些报警应该优先处理。

报警优先级有两种划分标准：一种是根据报警触发后操纵员需采取的纠正措施的紧急程度来划分，另一种是根据触发报警的事件的严重程度来划分。需要注意的是紧急程度和严重程度并不等同。如对于蒸汽发生器水位报警，设置有水位低于整定值报警和水位低低报警。当水位低于整定值一定数值(如 5%)时，需要操纵员立即采取行动手动控制水位；而当水位达到低低报警值时则会直接触发自动停堆，操纵员只需要监视自动停堆是否顺利执行即可。因而从需要操纵员采取纠正措施的紧急程度来说，蒸汽发生器水位低于整定值报警紧急程度要高于蒸汽发生器水位低低报警。但是从事件的严重程度来说，蒸汽发生器水位低低报警要比蒸汽发生器水位低于整定值报警严重。

4. 报警表达

报警信息在人机接口中的表达有声音和显示两种方式。

(1)报警声音。当报警触发、重闪和恢复时会有声音提醒操纵员。除了报警声音，在主控室中还存在其他的重要动作语音提醒，如电厂工况改变等。

(2)报警显示。报警显示即通过数字化人机界面或实体的光字牌指示灯以闪光的视觉方式提醒操纵员。

数字化人机界面的报警显示采用页眉报警指示器+报警列表的方式。DCS 操纵员工作站页眉上有一个总报警指示器和分类报警指示器，每个报警指示器都对应一个报警列表。除了总报警列表和分类报警列表，还有如试验报警列表、抑制报警列表等其他列表。相比光字牌显示方式，数字化的报警显示可以包含更多信息，主要包括报警级别、报警编码、描述、状态(试验、抑制等)以及时间等信息。

光字牌显示采用带有颜色的光字牌来显示报警状态，通过光字牌上显示的报警消息一般可以包括报警编码、描述和级别等。

对同一页面或盘台中的报警指示器，其闪光状态要一致(同时点亮和熄灭)。

5. 报警管理

报警系统需要对报警信息的如下几种状态进行管理。

(1)触发。当报警条件满足时，报警会被触发，并通过报警列表或报警光字牌显示给操纵员，从而提醒操纵员对报警进行处理。

(2)消音。报警触发和恢复时都会产生声音提醒，报警消音是指通过操纵员手动或自动的方式消除报警的声音。对于报警触发时的声音，必须通过操纵员手动进行消音；对于报警恢复时的声音，可以通过操纵员手动进行消音，也可以在一段时间后自动消音。

(3)静音。在某些特殊工况下，大量报警会持续不停地出现，这时不断出现的报警声音提醒反而会分散操纵员的注意力。报警系统提供报警静音功能，允许操纵员在这种情况下禁止报警声音的出现。

(4)确认。报警触发和恢复时都会产生闪光提醒，报警确认是指通过操纵员手动的方式消除报警的闪光状态，确认后的效果如下：①如果报警条件已经恢复，对于数字化报警则从报警列表中移除报警信息条目，对于光字牌报警则报警灯熄灭；②如果报警触发条件还存在，则报警指示灯停止闪光，保持彩色无闪光状态。

(5)重闪。如果某个报警有多个初始故障则该报警称为组合报警。组合报警需要有重闪功能。触发组合报警的任何一个子报警发生变化时(触发或恢复)，该报警对应的指示器应该重新闪光并发出声音提醒，以提示操纵员组合报警的状态改变。

(6)清除。报警清除只适用于已恢复的报警，对于报警触发条件还未恢复的报警无法进行复位操作。对于数字化报警，报警清除操作会将报警信息从报警列表中删除。对于光字牌报警清除操作会使报警指示灯熄灭。

(7)搁置。对于短时间内无法恢复的报警，如果该报警的声光提醒长时间存在，反而会对操纵员处理其他报警造成干扰，这时可以对该报警进行搁置处理。

(8)抑制。当一个报警的抑制条件满足时，报警系统会自动将该报警从正常报警列表转移到抑制报警列表中。被抑制的报警不再发出声光提醒。当报警的抑制条件消失时，报警系统会自动将该报警从抑制报警列表转移到正常报警列表中，并恢复声光提醒功能。

6. 报警响应程序

每个报警都有与之对应的报警响应程序，光字牌报警对应的报警响应程序为纸质文件，数字化报警对应的报警响应程序一般为数字化的电子文件，通常也称为数字化报警卡。数字化报警卡的大部分内容是静态的文字和图片，此外还包括一些导航链接和数字化仪控系统提供的信息，提供导向到当前机组的其他信息资源对象的导航链接。

10.2.4　数字化运行规程系统设计

数字化运行规程(CBP)系统用于管理核电厂数字化运行规程，用于支持操纵员完成以往纸质程序的功能，此外，数字化运行规程系统还可以通过人机接口提供实时动态数据辅助操纵员进行操作。

1. 总体原则

(1)一致性原则。按照 HAF 103—2004《核动力厂运动安全规定》的要求，数字化运行规程内容与经批准的纸质规程保持一致。CBP 系统仅改变运行规程的表现形式和使用方式,不改变纸质规程中规定的内容,CBP 应和纸质规程同步更新。

(2)辅助性原则。CBP 系统只作为运行人员执行规程的辅助,其失效不应导致运行人员无法完成规程原定的任务,也不应对控制系统造成影响。

(3)实时性原则。执行规程所需电厂参数、设备状态、安全功能状态及保护系统动作状态应能持续显示并动态更新。执行规程所需的信息及操作手段应和规程步骤紧密相关,可在同一屏幕或者另外单独的屏幕实时显示。

(4)运行人员主导原则。对运行规程的正确执行负最终责任的是运行人员,因此,CBP 系统应设计成使运行人员在任何时候都具有控制权,CBP 系统只能按运行人员的指令执行规程步骤。CBP 系统应提供足够的信息使运行人员了解规程的执行状态,并使运行人员可以在任何时候方便地中止规程的执行、从一个规程跳转到另一个规程或从执行错误中恢复。

(5)后备原则。应考虑 CBP 系统可能的失效,提供后备手段,并应有系统指示或者管理手段指导切换到后备规程,以保证 CBP 系统失效不影响运行人员安全地操作核电厂的能力。

(6)人因原则。CBP 系统的设计及实施应遵循人因工程方法和原则,并应服从控制室整体人因工程原则要求,满足 NB/T 20270—2014《人因工程在核电厂计算机化运行规程系统中的应用准则》的应用准则。

2. 运行规程的结构体系

运行规程主要由两部分组成:运行策略和运行规程操作单(MOP),如图 10-10 所示为运行规程的结构体系。

(1)运行策略。运行策略描述了根据预定义的物理量和设备状态要求需执行操作动作的目标与逻辑(不一定是序列),操作动作本身将在 MOP 中描述。运行策略是总体策略的一部分,一般以逻辑图的形式表示。

运行策略能让操纵员快速了解所需执行任务的总体顺序以及完成任务所需的信息。运行策略包括准备、执行某一运行活动或策略所需的所有信息。运行策略一般采用纸质,不提供数字化格式。

(2)MOP。MOP 描述了各项操作(执行器和部件的处理、变量确认)及其顺序。MOP 由按时间顺序排列的行动项组成。它们通过静态文本形式或流程图形式在屏幕上显示。

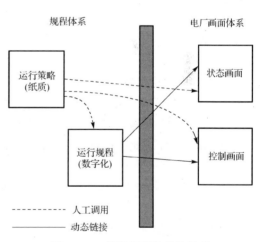

图 10-10　运行规程的结构体系

对于操纵员来说,MOP 是一份帮助文件,它能让操纵员根据策略的要求操控不同设备从而改变某一功能的状态(回路选择、运行/停止设备、调整物理状态(策略中可能要求有设定值)等)。因此 MOP 同需操作的部分系统或一组系统之间相互关联。

MOP 一般采用数字化格式,MOP 及其相应的管理功能通过数字化运行规程系统实现。

3. 管理功能

为了确保操纵员方便操作和使用 CBP 系统，需要根据运行需求设计各类管理控件，分别有 MOP 管理控件、MOP 间调用控件、MOP 调用电厂动态画面控件、打钩框、输入控件等，所有控件的操作人员、操作时间都需要进行保存和记录，进行日志管理，方便后续查询。

(1) MOP 管理控件。MOP 管理控件由一系列子控件组成，包括启动、停止、关闭、复位、记事本、打印、保存和无效按钮。

启动按钮表示操纵员可开始执行此 MOP，且一旦单击后该 MOP 仅供该操纵员一人操作，其他人员不可进行同时操作。只有当该操纵员单击停止按钮后释放出对该 MOP 的控制权，其他操纵员才可单击启动按钮。

停止按钮表示操纵员释放出对该 MOP 的控制权，其他操纵员才可单击启动按钮。

关闭按钮表示操纵员暂停对该 MOP 的操作，该 MOP 从当前屏幕消失，但该 MOP 还处于启动后的状态。

复位按钮表示操纵员重置所有 MOP 中的打钩框的状态为未打钩，相当于重新生成一个新 MOP。

记事本按钮供操纵员输入相关书面备注和记录。

打印按钮供操纵员按照事先设计好的格式来打印该 MOP 规程。打钩框的状态需正确地被打印出。

保存按钮提供操纵员按照事先设计好的格式来打印 MOP 规程为 PDF 格式文件，并且按照时间顺序在服务器上进行存档。打钩框的状态需正确地被打印出。

无效按钮表示操纵员设置该 MOP 为无效状态，用来在 MOP 没有及时升版的情况下给予操纵员提醒。

(2) MOP 间调用控件。此控件用于从当前 MOP 调用目标 MOP，从而节约操作时间，提高工作效率。

(3) MOP 调用电厂动态画面控件。此控件用于从当前 MOP 调用相关电厂动态画面，用于操纵员查询相关电厂动态数据，从而节约操作时间，提高工作效率。

(4) 打钩框。打钩框用于操纵员单击打钩，标记规程某步骤已操作或未操作。

(5) 输入控件。此控件用于在当前 MOP 中输入相关数据，用于记录和标注。

习题与思考题

10-1　通过阅读教材及查阅文献资料，详细了解核电站人机工程设计的相关标准。

10-2　分析及掌握核电站人机设计过程中的核电站控制室的人机工程设计方法、信息显示画面的人机工程设计方法、报警系统的人机工程设计方法、数字化运行规程系统的人机工程设计方法。

 参考答案

第 11 章　人机系统安全性分析

11.1　人的应激与失误

11.1.1　人的应激

人们都在生命中的某一时刻经历过应激。应激是一种常见的，但较为复杂的生理和心理状态。在应激状态下，人可能有各种不同的表现。多数人在一般应激状态时，能积极调动身体的综合力量，以应付各种紧急情况；也有人在应激状态时，出现感知、记忆的错误或紊乱，做出不适应的反应。在应激状态下，人的表现除了与外部刺激的强度和持续时间的长短有关，还与人的心理和生理特点密切相关。

1.　应激的概念和应激源

较为普遍的观点认为，应激是一种在系统偏离最佳状态而个体又不能或无法轻易校正这种状态时出现的复杂心理状态。引起应激的刺激因素称为应激源。常见的应激源可分为工作因素、环境因素、组织和社会因素、生理和心理因素，如表 11-1 所示。

表 11-1　应激源

分类	主要内容
工作因素	工作的复杂程度高、超载工作、不安全的物理环境、倒班工作及技术的不断更新等
环境因素	热环境(高温高湿、低温高湿、寒冷等)、噪声环境、振动环境、辐射环境、有毒环境及其他危险作业场所等，飓风、洪水、暴风雨、火山喷发和地震等自然灾害
组织和社会因素	工作责任心、工作态度、人际关系、组织气氛、政策、社会压力、舆论和竞争等
生理和心理因素	生理节奏不规则、剥夺睡眠；创伤、感染、发热、出血、缺氧、疼痛、体力消耗、饥饿、疲劳、疾病；情绪紧张、焦虑、生气、恐怖与愤怒等

例如，汽车驾驶员应激反应的应激源参见表 11-2。

表 11-2　汽车驾驶员应激反应的应激源

人员	应激源			
	工作因素	环境因素	组织和社会因素	心理和生理因素
驾驶员	长时间驾驶	车辆的噪声、振动、温度不适；道路上的拥挤和复杂的战争环境	工作责任心	注意力高度集中；厌烦、焦虑和担心；长时间保持同样体位引起的身体不适与疲劳

2.　应激反应

由应激源引起的应激反应可分为四类：生理上的反应、心理上的反应、工作绩效的改变和行为方式的变化。

例如，热应激对人体产生热效应称为热紧张。人体热紧张可分为舒适、温热、耐受、热病和热损伤五个阶段。过度的热紧张将导致人体温度调节功能紊乱，引起机体的病理性变化，严重的还会发生热痉挛和热衰竭等中暑性疾病，甚至导致人死亡。热应激还会使人心情烦躁，反应能力下降，作业错误增多，工作绩效降低。

又如，噪声应激引起的人的生理、心理反应可归纳为：噪声强度达到一定值后，不仅会使人产生心率加快、血压升高、呼吸变化等生理反应，还会引起人烦躁不安、心情紧张和难以入眠；长期暴露在强噪声环境中的人，会导致神经衰弱，使心血管系统、消化系统和内分泌系统发生功能性或器质性病变。

再如，驾驶员应激反应的行为方式变化可归纳为：一是注意范围缩小，难以转移与分配注意力；二是对道路交通信息的接收变得迟缓、易出错，往往只能做出有或无的两极判断，难以作数量和程度上的准确判断；三是易沉浸于内心的紧张体验之中，获取道路交通信息的主动性降低；四是判断与决策往往缺乏周密思考，带有一定的盲目性和冲动性；五是动作准确性下降、协调性与灵活性变差，易用力不足、用力过猛，发生误操作，甚至可能会丧失操作能力等。

3. 应激水平

应激水平是描述各种外界因素在人的精神和心理上产生的紧张或压力感觉，它是影响人的行为和工效的一个重要因素。人的工效与应激水平之间的关系如图 11-1 所示。从图中能够看出，区域 1 内人的工效随应激水平的增加而提高，区域 2 内人的工效随应激水平的增加而降低。中等水平的应激有利于把人的工效提高到最佳水平，如果在很低的应激水平下工作，任务简单且单调，人的工效是不会达到峰值的，在高应激水平下，人的工效会下降。研究表明，在某些情况下，一个承受过度应激水平的人其失误概率会高达 90%。

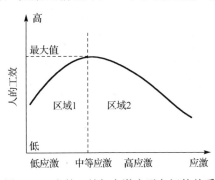

图 11-1　人的工效与应激水平之间的关系

使操作人员处于高应激水平的因素可归纳为：反馈给操作者的信息不能确定其工作正确与否；要求操作者迅速地对两个以上的显示值做出比较；要求操作者在很短时间内做出决策；要求操作者延长监视时间；完成一项任务所需的步骤很多；有一个以上的显示值难以辨识；要求同时高速操作多个控制器；要求操作者高速完成各个步骤；要求必须在多种数据的基础上做出决策。上述因素均会导致失误概率的上升，在设计中应力求避免。

4. 调节应激效应的因素

(1) 多个应激源。当多个应激源共同作用时，有时会意外地相互抵消，也就是说一个应激源可能会降低另一个应激源的效应。但是也会有另外一种情况，即任何一个应激源单独作用时都会使绩效降低，但当两个应激源一起出现时，对绩效的影响却反而会使绩效提高。睡眠剥夺和噪声联合作用所产生的效应就是一个非常明显的例子。睡眠剥夺和噪声都会导致绩效的降低，但当两者联合作用时，噪声的效应能抵消部分睡眠剥夺所产生的不良影响。

(2) 个性。个性特征对应激反应也具有一定的影响。在相同的应激环境下，不同个性的人应激反应存在着明显差异。

个体认为他们自己的力量能控制影响其生活的事物的程度称为控制点。自我控制和外力控制这两种信念分别代表内在控制点和外在控制点。内在控制点的个体的自我控制能力较强，外在控制点的个体则受到外力控制。由于认知评价对应激效应调节起到了重要的作用，属于内在控制点的个体相信自己能对环境施加某些影响，因此他们不易受焦虑诱发的应激环境的影响。

有学者将个体区别为行动定向和状态定向两类。行动定向的个体在时间应激时比较主动，倾向于提前采取行动，并能有效过滤不相关的信息。状态定向的个体则更多的是反应性的，他们在应激环境下更倾向于加快操作速度。

(3)训练和增加专业知识。研究发现，熟练操作员比新手更能抵抗或缓解应激的不利效应。例如，军事人员和飞行员应激状态下的决策行为都表现了这一特征。

5. 减少应激不利效应的方法

在实际应用中，可采用许多技术来减小应激对绩效产生的不利影响，这些技术可归纳为环境方法、设计方法和训练方法。

(1)环境方法。环境方法就是将应激源从环境中消除。该方法对消除或削减噪声等外在应激源尤为可行，但对于消除焦虑等内在应激源则比较困难。

(2)设计方法。设计方法即通过符合人机工程的设计来减少应激不利效应的影响。主要体现在显示器的设计中。

减少不必要信息的数量和提高信息的组织性可缓解应激的不利影响，例如，以图形显示器代替数字显示器可降低时间压力对决策任务的消极影响。减少在工作记忆中的维持和进行信息转换是非常有效的，例如，提高显示器与反应之间或显示器与任务的心理模型之间的兼容性等。

对应急处理程序的设计应特别注意。与日常程序相比，应急处理程序对操作人员而言比较陌生，而且必须在高度应激的情境下执行该程序。因此，应急处理程序必须清晰、简练，并且尽可能与日常程序保持一致。在理想情况下，程序性说明应采用包括语言、文字和图片在内的冗余性编码，应避免使用缩写词等，应该用直接陈述句告诉要做什么，而不是告诫不要做什么。

(3)训练方法。通过训练，可使绩效得到改善，并且能提高受训者的自信。

应激训练包括应激抵御训练和应激暴露训练。这类训练综合了预期应激效应、应激应付策略以及应激影响等内容。

对应急程序进行强化训练并使其成为一种习惯，有利于在应激到来时从长时记忆中提取。对应急程序的训练应优先于对日常程序的培训，尤其是当应急程序在某种程度上与日常操作不一致时，更应加强训练。实验研究表明，应激训练可以改善绩效。

应激和失误是紧密相连的。当失误发生并被人们意识到时，就会诱发应激；当存在高水平的应激时，失误更容易发生。例如，三里岛核电站事故初发的几秒钟诱发的高度紧张，会减弱人的信息加工能力，信息加工能力的下降又加剧了人的失误，最终导致灾难。

11.1.2　人的失误

对失误进行研究是因为失误曾给人类带来灾难性的后果。过去，人的失误(human error,

以下简称人误)所造成的后果常局限在事故的短期效应。而现在核潜艇、核弹等高风险技术的发展意味着失误可以对整个地球、对未来几代人造成不可估量的后果。

1. 人的失误的定义

人的失误有很多种定义。最基本的失误是指人不能精确地、恰当地、充分地和可接受地完成其所规定的绩效标准。在技术系统中，人的失误被定义为：在系统的正常或异常运行之中，人的某些活动超越了系统的设计功能所能接受的限度。因此，失误是一种超越系统容许限度的活动，这里的容许限度由具体系统来定义。英国心理学家 Reason 将人的失误定义为"背离意向计划或规程序列的人的行为，或者人的意向计划或动作没有取得他所期望的结果或没有达到其预期的目标，而这种失败并不能归因于某种外力的干预"。有学者认为，由于人被要求的机能和实际上人所能达到的机能间有偏差，其结果有可能以某种形式给系统带来不良影响，称为人的失误。

2. 人误的特点

人与机器都有发生失误、失效的可能，也都会引起系统的失效。人的失误过程本身又有其自身的独特性。

(1)人误的随机性与重复性。人在不借助外力的情况下，不可能用相同的方式(指准确性、精确度等)重复完成一项任务，即人的绩效的可变性，这是人的固有特点，而人误的随机性与重复性主要来源于此。当然，多数情况下这种绩效可变性并不会对系统造成危害。但是，人的绩效可变性决定了人产生失误的可能性，可变性越大，人误的概率也越大。

(2)人误的环境驱使性。系统中可诱发人误的环境因素很多，而多种因素的联合作用会进一步诱发人误，例如，硬件的失效、虚假的显示信号和紧迫的时间压力等因素的联合效应都会诱发人的失误行为。

失误产生的原因是多样的，但绝不是只取决于人的工作方式或态度，因此，在 20 世纪60 年代，有学者提出了工作环境分析方法，针对易发生失误的环境，应用基本的人机工程原理来识别并检验这些环境，查找出对人员的要求超越了他们自身的能力、限度、经验或期望水平的环境(也称为事故倾向环境)，继而查找失误的根本原因。

与传统的失误分析方法相比，工作环境分析方法着重检查任务的需求、设备和工作环境是否有促使人犯错误的特征或倾向，强调对于诱发失误条件的积极准确的识别以及对它们的消除或修正。例如，如果发现操作员违反操作规程，就应该进行科学的分析，寻找这些规程是否存在着使用起来不方便或者书面表达方式不明确等问题，而不是一味地要求操作员增加责任心。

(3)人误的显性与潜在性。在分析造成系统失效或灾难性事故的因素时，需要分清显性失误和潜在失误两类重要的失误。显性失误的作用或效应几乎能够立刻体现出来。显性失误往往与在岗操作员的具体操作相联系，如飞机驾驶员、雷达观测员等。潜在失误的效应可能在系统中潜伏很长时间，只有当其与某种其他因素联合在一起，超越了系统的防护限度时才能真正表现出来。潜在失误可能是人在设计、决策、维修、安全和管理等环节中产生的，这种失误具有一定的隐蔽性，人们往往不能对其进行及时恢复。大量事实说明，这种潜在失误一旦与某种激发条件相结合就会酿成难以避免的大祸。美国三里岛核事故发生的原因之一就是维修人员在完成任务后，忘记将阀门恢复到打开的原始位置而导致的潜在失误。

（4）人误的可修复性。据美国的一项调查，在一种无人驾驶飞机最初的 800 次飞行中，失事多达 155 次，而同类有人驾驶的飞机仅失事 3 次。这说明，有人参与的自动化系统比完全自动化系统的失误要小得多。可见，人误行为虽会导致系统的故障或失效，但是在系统处于异常时，人的参与可以减轻或克服系统的故障或失效产生的后果，使系统恢复到正常状态或安全状况。这是因为人通过系统的反馈功能或自身的感知意识与认知能力，可能发现并解决系统存在的问题。人的这种自恢复或自修复能力是设备和机器难以具备的。

3. 人误的分类

在人的失误研究领域，出于不同的研究需要而使用不同的失误分类方法。这些分类方法可归纳为工程分类法和认知行为分类法等。工程分类法是基于人机工程的观点进行分类，而认知行为分类法是基于认知心理学的观点进行分类。

（1）工程分类法。工程分类法主要包括 Meister 分类法和 Swain 分类法。

1962 年，Meister 发表了关于人的失误的统计报告，在报告中将人误分为设计失误、操作失误、装配失误、检查失误、安装失误和维修失误，如表 11-3 所示。同年，Swain 对操作过程中的人误行为进行了分析和研究，将人误行为分为遗漏型失误（error of omission，EOO）和执行型失误（error of commission，EOC）。遗漏型失误是指忘记或遗漏了任务的某一步骤，简称为该做但没有做；执行型失误是指没有正确完成某项任务或步骤，或是执行了不需要的动作，简称为做了但做错了。1983 年，Swain 给出了执行型失误和遗漏型失误的具体分类，如表 11-3 所示。

表 11-3　失误的分类（工程分类法）

分类			说明
Meister 分类法	设计失误		由于设计人员设计不合理造成的失误
	操作失误		操作人员在工作环境下所犯的错误
	装配失误		生产过程中的装配失误
	检查失误		由于检查产品的过程中的疏忽而没有把有缺陷的产品筛选出来
	安装失误		没按照正常的安装手册进行安装
	维修失误		在维修保养中造成的失误
Swain 分类法	遗漏型失误		遗漏整个任务或任务中的某一项或某几项
	执行型失误	选择失误	选择错误的控制器；进行不准确的控制动作；选择错误的指令或信息
		序列失误	操作序列发生错误
		时间失误	太早或太晚
		完成质（数）量失误	太少或太多

（2）认知行为分类法。认知行为分类法主要是从心理学和生理学的角度来分析，认为是在某个环节上发生了偏离所致。认知行为分类法主要包括 Norman 分类法、Reason 分类法和 Rasmussen 分类法，如表 11-4 所示。

表 11-4　失误的分类(认知行为分类法)

分类			说明
Norman 分类法	在意向形成中产生的失误		包括决策与问题解决时所犯的错误
	图式结构被错误地激活		忘记先前意图、动作次序错乱、遗漏或增添重复步骤等
	激活状态时的错误或得不到激活		错误触发、混淆 匹配条件不合适导致图式结构不能激活
Reason 分类法	非意向行为	疏忽	指注意失败,包括打扰、疏忽、次序错和时间错
		遗忘	指记忆失效,包括遗漏一项任务和忘记意向目标
	意向行为	错误	指规则型错误和知识型失误,规则型错误包括规则错用和不好的规则
		违反	指违章,包括违章执行和罢工
Rasmussen 分类法	技能型行为		指信息输入与人的反应之间存在着密切的关系,它只依赖于人员培训水平和完成该任务的经验,其特点是不需要人对显示信息进行解释即给予反应,是人对信号的一种直接反应,失误较少
	规则型行为		指由一组规则或程序所控制和支配的,它来对实践的了解或掌握的程度,如果规则没有经过实践的检验,人的反应可能由于时间短、认知过程慢、对规则理解差等而产生失误
	知识型行为		指发生在当前的情景状态不清楚、目标状态出现矛盾或者遇到新情景时,操作人员因无规则可循,必须依靠自己的知识、经验进行分析、诊断和决策,因此失误概率很大,是人误研究中的重点

1981 年,Norman 提出了基于图式心理学模型的人误分类方法。图式是一种有层次的感觉动作的知识库结构,是过去获得的知识经验的一种抽象的表达。图式心理学模型是建立在这些图式的激活、选择并在一定条件下触发的过程基础上的,任何一项给定的行为都可用分层结构的图式来描述。高层次的图式控制人的意志,低层次的图式控制单个的行动,通过这些图式的有机组合、激活和触发构成人的有目的的行为。

意向行动是受人的意识控制和调节的运动,是人有目的、有意识的活动。以心理学为基础的失误分类方法强调了人的行为与意向的关系。Reason 将人的失误行为分为两大类:非意向行为和意向行为。非意向行为是执行已形成的意向计划过程中的失误,称为疏忽(slip)和遗忘(lapse);意向行为是在建立意向计划中的失误,称为错误(mistake)和违反(violation)。

1983 年,Rasmussen 提出了人的技能型行为、规则型行为和知识型行为之间的差异,代表了三种不同的认知绩效水平。

(3)其他分类法。其他分类方法包括 Altman 行为模型、Embrey 分类模型和飞行事故重要因素模型等。

1964 年,Altman 提出了基于人类三种生产活动的人误行为模型,如表 11-5 所示。

1987 年,Giffen 总结了飞机事故模型的关键因素,包括:①起飞前安全检查不充分;②没有识别出安全问题的早期警告征兆;③尽管发现系统存在异常问题仍决定起飞;④没有识别出飞行中出现的早期警告征兆;⑤没有监视仪表读数;⑥没有注意到飞行中小的参数偏差;⑦没有注意到相关仪表之间缺乏一致性;⑧诊断失误;⑨应急诊断失误;⑩采取了不适当的修正行为;⑪应急处理能力较差。

1992 年,Embrey 提出了更为详细的失误分类框架,并将失误分为六个主要类型,如表 11-5 所示。

表 11-5　Altman 和 Embrey 的人类行为模型

分类		说明
Altman 行为模型	离散的失误动作	遗漏失误(漏掉了一项需要的动作); 插入失误(执行了一项不需要的动作); 顺序失误(执行了一项顺序错误的动作); 不可接受的操作(动作未达到要求)
	连续的过程失误	在可用时间内未获得满意的绩效结果; 在允许时间内未保持满意的系统控制水平
	监视/警觉失误	没有监测到相关的报警信号; 错误地探查报警信号
Embrey 分类模型	计划失误	执行了不正确的计划; 执行了正确但不恰当的计划; 计划正确,但执行得太早或太晚; 计划正确,但执行顺序错误
	操作失误	操作过程太长或太短; 进行了不及时的操作; 操作方向不正确; 操作方向太大或太小; 误调整; 操作正确但目标错误; 操作错误但目标正确; 遗漏操作; 操作完成不完整
	检查失误	遗漏检查; 检查不彻底; 检查正确但目标错误; 检查错误但目标正确; 检查不及时
	追溯失误	没有获得信息; 获得错误信息; 信息追溯不完整
	交流失误	信息未得到交流; 交流了错误信息; 信息交流不完整
	选择失误	遗漏选择; 错误选择

4. 失误的检测

1) 自检

自检是指直接由作业者本人通过不同的监察方式自我发现问题,通过反馈把偏差情况反馈给操作者,使之意识到行为与目标有所偏差,并采取相应措施减小或消除这种偏差。

在技能层次上,作业无须意识参与就能通过前馈自动进行。正是由于缺乏注意力,该层次上的行为未受到监察或监察失效才会有失误发生。所以,对技能层作业只要提高注意力就能保证执行行为的每一阶段都符合当前目标。因为在技能层次上作业的操作者有明确的成功经验和正确的作业程序，所以只要检查出失误就能及时消除或防止失误进一步发展而造成意外事件。在规则层次和知识层次上，错误发生在计划阶段，在该阶段操作者难以接触到失误所造成的后果，因而失误难以检查。检查失误的自检方式主要有以下三种。

(1)普遍检查。根据一般的经验对工作计划进行普遍检查。

(2)检查假想失误。作业者如果在现场观察到的情况与其记忆中过去发生的失误情形相似，就会认为发生了某种失误，并对之进行检查。这一方法也常用于对技能层次失误的检查。

(3)预料失误的检查。在作业前预料可能出现某些失误，在作业中也观察到了异常情况，于是对事件中的失误进行检查。

2)借助环境进行失误检查

从失误检查这一意义上说，环境具有强制功能，即当失误发生时环境强迫人们找出失误，因为只有纠正上一环节的失误，计划中的下一步行动才能继续进行。适当的强制功能可保证失误检查，这种功能有时是任务的自然特性之一，有时是在设计系统时故意设立的。

需要注意的是许多人对强制功能的设立有误解。认为强制功能的出现是不必要的，不认为它是失误检查的象征，而是看作有待于克服的物理障碍，并以其他方式直接逾越过去。

3)在外力帮助下进行失误检查

在外力帮助下进行失误检查的方式主要应用于知识行为的失误检查，这里所说的外力是指专家系统或更高层次的人。因为在该层次上的作业者的知识储备有限，很难观察到错误将造成的后果，所以操作者并不能独立检查出知识行为的错误，只有在外力帮助下才能有效地进行失误检查。

在实际失误检查中需要综合运用以上三种方法才能及时检查出失误，然后采取措施阻止失误进一步发展，避免酿成事故。

5. 控制失误的方法

1)改进现有设计

(1)减少知觉混淆。设计者可以运用不同的颜色、形状、空间分割、不同的感觉通道以及不同的控制运动等来区分控制器和显示器。

(2)提高过程和系统的可见性。应使行为的执行过程和系统反应具有可见性，如果行为的后果不可观察，就不易探测到失误的发生。因此，当用操纵器改变系统状态时，应提供及时而明显的反馈。对于比较简单的系统，应显示系统执行操作的结果。对于追求极端简洁、经济和美观的设计往往会掩盖操作与系统的反馈信息，而这种反馈对避免人的失误是十分重要的。

(3)通过限制避免失误。通过各种限制来避免人的失误发生。例如，计算机能强制执行一系列操作来防止某些严重失误的发生(如删除文件前的文字提示)。但有时这类措施过于烦琐，收益往往小于付出。例如，连锁装置可防止在保险带系好之前发动汽车，但系统过于烦琐而导致用户最后拆除了这一装置。

(4)提供提示。通过提示设计(文字、图形和程序等)，提醒那些特别容易遗漏的步骤。

(5)避免使用多模式系统。在多模式系统中，相同的动作在不同的背景下具有不同的功能，因而容易出现错误操作，所以尽量避免使用多模式系统。在必须应用多模式系统的情况下，应通过醒目的设计使不同模式之间的区别尽可能明显。例如，计算机中持续闪亮的灯光信号提示计算机正处在一个非常规的模式下。

2）训练

增加培训，完善操作者相应的知识，可减少失误发生的概率。在培训期间出现一些失误是有利的。如果操作者在培训期间没有经历过失误，也就无法练习如何纠正错误，那么在真实操作情境下也很难准确地纠正错误。

3）辅助和规则

辅助和规则是设计者在容易出错的环境中经常采用的方法，有时能发挥非常重要的作用。记忆辅助和程序检核表等辅助方法都非常有效。如果操作人员能够正确地理解相关操作规则，并且准确地按照规则进行操作，那么违反安全程序的操作就会减少。但是，如果应用于复杂系统的规则不够详尽，规则本身就存在问题，就具有产生失误的潜在因素，甚至可能会以意外的方式阻止操作者在应急状况下采取适当的行为。

4）容错系统

传统观点认为，任何人的失误的出现都是不合理的。但基于人机工程进行研究和实践的学者都非常倡导容错系统的设计。一个容错设计允许用户执行可撤销的操作。例如，计算机的文件删除命令不会不可撤销地删除文件，而仅仅是移动它，将文件在一段时间内放置在另一个地方。因此，操作者有机会恢复由于过失造成的错误操作。

11.2　核电站人因失误类型及预防

世界核电运营者协会（WANO）始建于 1989 年 5 月，现拥有来自 30 多个国家的 150 余个成员、420 多个核电站。共享数据报告是 WANO 交流合作的主要方式之一。通过对世界核电运营者协会 1993～2002 年 940 份运行事件分析报告进行分析，发现有 551 件与人因相关，人因失误仍然是核电站事故最主要的诱因之一。

表 11-6 为 WANO 1993～2002 年世界核电站运行事件、停机停堆事件、人因事件统计结果。人因事件总数有 551 件，约占 940 件运行事件的 58%。

表 11-6　1993～2002 年 WANO 运行事件分布

年份	1993	1994	1995	1996	1997	1998	1999	2000	2001	2002
运行事件总数	120	120	114	92	95	94	106	71	60	68
停机停堆事件数	35	36	24	21	22	34	32	20	16	19
人因事件数	78	73	71	51	58	49	67	39	36	29
人因事件/运行事件	65%	61%	62%	55%	61%	52%	63%	55%	60%	43%

11.2.1　人因失误类型

按照失误后果是否立即显现，人因失误可分为即时型失误和滞后型失误两类。即时型失误：在改变系统、设备或部件、电厂状态时，行动实施之后的不良后果随即显现出来。滞后型失误：所犯的失误是没有立即显现后果的，一直潜藏着直到一定的环境因素和条件存在时，通过一定的行为活动，将不良后果显现出来。

按照人员活动的类型，人因失误可以分为技能型失误、规则型失误和知识型失误。人因失误的识别类型见图 11-2。

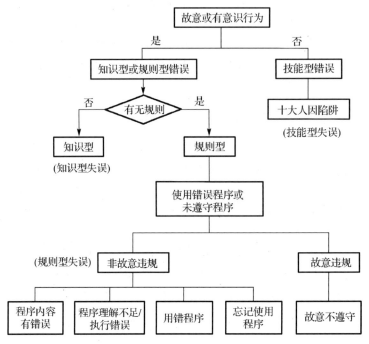

图 11-2　人因失误的识别类型

1)知识型失误(表 11-7)

表 11-7　知识型失误

定义	工作类型	错误原因	错误率	减少错误方法
没有现成、可用的规则,必须依靠自己的知识和经验进行分析处理	①第一次做,或对问题不熟悉; ②没有现成可用的规则,或执行程序时出现程序没有提及的情况(规则型变成知识型); ③需要运用自身知识来独立分析、判断并解决问题; ④例如,投资、买房、新型设计、评审会、决策会	知识缺乏、经验不足、成见或偏见	熟悉度:低; 错误率:高	①学习/培训,理解知识,并更熟悉; ②寻求外部支持,询问专家,或集体讨论决策; ③不确定时停下来; ④编写程序,变成规则型(程序的作用)

2)规则型失误(表 11-8)

表 11-8　规则型失误

定义	工作类型	错误原因	错误率	减少错误方法
人的行为由一组规则或协议(隐性的或显性的)所控制、所支配	①使用规则、程序完成的工作; ②需要采用"如果-那么"逻辑	①程序有错误; ②未正确执行程序(漏序或错误)或不遵守程序,如绕过; ③用错程序	熟悉度:不很熟悉; 注意力:较高; 错误率:较高	①工前会:经验反馈、风险识别; ②质疑的态度; ③严格执行程序:问责; ④掌握编制、审查程序的方法,减少程序的错误、防止工序被绕过或省略; ⑤程序中做风险分析; ⑥将程序中的关键点凸显出来

3)技能型失误(表 11-9)

表 11-9　技能型失误

定义	工作类型	错误原因	错误率	减少错误方法
①只依赖于人员的实践水平和完成该项任务的经验,是个体对外界刺激或需求的一种条件反射式、下意识的反应; ②人的 90% 日常活动,都是基于技能型模式	①例行、熟悉的环境或操作; ②一般是简单的操作,不需要通过大量有意识的思考而实施; ③开关阀门,使用经常用的工具,如锤子等	疏忽; 分心:注意力不集中,或注意力过分集中于某一点,而忘记或忽视其他操作	熟悉度:高; 注意力:低; 错误率:低	①人因陷阱(分心、疲劳、时间压力等); ②监护式操作(别人监督,防止技能型失误最有效); ③唱票; ④明星自检; ⑤警示标识; ⑥清单(对于大量重复性操作,逐一打勾); ⑦对于操纵员:改进人-机界面

4) 人因失误十大陷阱(表 11-10)

表 11-10　人因失误十大陷阱

	人因失误十大陷阱	影响因素	技能型失误	规则型失误	知识型失误
1	时间压力	关注度、熟悉度	√	√	√
2	环境干扰	关注度、熟悉度	√	√	√
3	任务繁重	关注度、熟悉度	√	√	√
4	面临新情况	熟悉度			√
5	休假后第一个工作日	关注度、熟悉度	√	√	√
6	醒来餐后半小时	关注度	√	√	
7	指令模糊或有误	熟悉度	√	√	√
8	过于自信	关注度、熟悉度	√	√	√
9	沟通不准确	关注度、熟悉度	√	√	√
10	工作压力过大	关注度、熟悉度	√	√	√

11.2.2　人因失误预防方法

人因失误的管理要从防止人误、容受人误、纠正人误、减少人误和发现人误五个方面来考虑。其中前三个主要是从设计方面进行考虑,后两个主要是从系统运维方面进行考虑。

(1)防止人误:优化设计,减少人因陷阱,防止人员失误的发生。

(2)容受人误:使系统尽可能容受人误,降低人误的后果。可采用保守设计(系统裕量)和人因失误结果的自动保护。

(3)纠正人误:在人误后很容易地将系统恢复到安全状态。可采用允许撤销的设计、采用二次确认允许取消动作的设计、反向动作指令和定期巡检、交接班巡检过程中恢复。

(4)减少人误:降低发生人误的可能性和严重性。

(5)发现人误:使人误透明,能更快更清楚地发现,因而得以及时纠正。通过四种方式发现人误。①自我发现:自我复查、互锁。②反馈发现:相关事物的变化提供提示。③其他人发现:互查、监视。④自动发现:内在逻辑、强迫纠错。

1. 设计防人因失误

1) 人机功能分配,任务自动执行

人机功能分配是根据电厂的自动化程度要求,将功能合理地分配给系统部件自动执行或操纵员手动操作或由人-机配合执行。功能在人与系统之间的分配应充分考虑人与系统的能力和局限性，并提高自动化程度减少对于人的依赖，从而降低发生人因失误的可能性。

2) 人员感知、认知

(1) NUREG-0700 中提到的各种信号编码、信息现实要求等，都是为了满足感知和认知要求的人因原则。在设计过程中应以人因原则为基础形成人因技术规范或人因设计导则来指导设计。

(2) 报警系统。减少不必要的报警。根据工况和设备运行的状态、因果关系等。进行报警禁止、报警抑制操作；

突出重要报警的重要性：重要报警固定连续显示要求；报警动态优先级方法(针对不同工况展示不报警的不同重要性等级)；综合报警显示画面(针对重要系统中的重要报警优先显示和固定显示)。

报警拆分与组合：直接找到报警原因，从而减少判断。

报警列表：采用好的报警列表表现形式且固定连续显示并集中管理。补充报警的动态显示要求、报警属性、报警条目内容、报警过滤和筛选机制。

报警提醒：通过声音、闪烁频率等多种编码方式的组合，提升感知能力。

(3) 信息显示。信息简化显示：只提供给操纵员比较重要的信息，不重复显示信息。

信息多种编码方式：声音、闪烁颜色、形状、大小等。

更生态、更易于理解的信息组合表达方式，可以用趋势图、雷达图、动态文本、仿模拟仪表显示、数字仪表显示、柱状图等来表达。

操作设备状态的信息属性显示。如隔离、实验、故障状态、有效性状态显示等。

重要敏感信息的固定连续显示要求(重要安全功能参数、事故后参数)。

自动执行过程和结果的监督，手动执行结果的反馈。

(4) 操纵员支持。综合信息功能：可以简化情境认知过程，清晰表达情境结果目标，对于结果有问题的情况可以通过分解和辅助画面展示原因。提供自动诊断功能：可以简化相应计划制订过程，直接在复杂工况下找到重要程序的入口。

3) 程序系统和报警

(1) 快速正确地找到程序入口。

(2) 提供符合运行习惯的格式和内容。

(3) 提供规则要求与操作执行相配套的信息和操作设备，并提供规则达成的依据。

4) 人员执行的预防手段

(1) 采取技术防范手段，条件闭锁手动操作。

(2) 手动操作的条件判断和确认，手动执行结果的反馈信息。

对于成组控制，需要提前判断设备的成组条件状态，对于不能进行成组控制的设备要提前标示出来；对于单一设备，通过流程图展示上下游设备状态，通过详细窗显示设备细节信息，通过外观显示隔离、试验、无效和故障属性；软控界面中手动操作的二次确认。

(3) 重要操作的多重技防措施如下。

授权：T3(成组功能)试验、公用机组控制、报警静音等的重要操作要进行机组长授权。

多重控制：通过允许+操作的方式执行操作。

切换：重要功能需要设置切换允许功能，在条件满足时才能操作。

并行操作：针对重要的高风险操作，需要设置并行同步操作手段。

权限：不同角色设置不同登录口令。

2. 运行防人因失误

人因管理的基本理念是人的失误不可能完全排除，但通过加强管理，可以大为减少。核电厂人因培训的基本原则是全员培训（包括承包商），但工作人员所从事工作的类型、特点又不尽相同，因此采用分类的方法对其培训，对不同类别的人员采取不同的人因工具。

以核电厂生产领域为例，核电厂工作人员可以分为三类：执行层、技术层、管理层。针对这三类人员不同的工作特点，核电厂开发了不同的人因工具。工程领域、行政领域的人因培训，可参考生产领域进行。

(1)执行层人因工具。核电厂一线工作人员的人因失误直接涉及核安全，其失误类型大多属于即时型失误。针对其工作特点和失误类型，美国核电运行研究院(Institute of Nuclear Power Operations，INPO)开发了 INPO 06-002《Human Performance Tools for Workers》，用于对核电厂执行层进行人因工具培训。

针对执行层的人因工具分为基本人因工具和有条件使用的人因工具两类，如表 11-11 所示。基本人因工具适用于核电厂所有的日常工作活动，不论工作的风险高低或是复杂程度如何，都能对安全顺利地完成工作任务有所帮助；而有条件使用的人因工具则是根据工作情况、工作需求或工作风险不同，有条件地选择运用。

表 11-11　执行层人因工具

基本人因工具	有条件使用的人因工具
工作审查	工前会
工作现场检查	并行验证
质疑的工作态度	独立验证
不确定时停止	同行检查
自检	防错误标记
使用并遵守程序	程序执行状态标记
三段式交流	交接班
字母的谐音表达	工后会

(2)技术层人因工具。核电厂普通工作人员除了执行层，还有相当数量的技术类人员，如工程师、行政人员、财务人员等，其人因失误大多属于滞后型失误。针对其工作特点和失误类型，INPO 开发了 INPO 05-002《Human Performance Tools for Engineers and Other Knowledge Workers》，用于对核电厂技术层进行人因工具培训，如表 11-12 所示。

表 11-12　技术层人因工具

基本人因工具	有条件使用的人因工具
技术工作工前会	项目策划
自检	供货商监察
质疑的工作态度	请勿打扰标志
验证假设	同行审查
签字	决策

(3)管理层人因工具。核电厂管理层的工作特点和执行层、技术层存在很大区别，因此 INPO 开发了 INPO 07-006《Human Performance Tools for Managers and Supervisors》，用于对核电厂管理层进行人因工具培训，如表 11-13 所示。

表 11-13　管理层人因工具

目标和期望	计划和实施
人员绩效审查委员会	保守决策
人员绩效战略规划	风险评估
领导行为	沟通交流
行为期望	任务分配

11.2.3　典型人因失误事件分析

1. 走错隔间人因失误事件

1) 事件举例

2013 年 1 月 24 日，某厂 3 号机组功率运行，4 号机组正在大修。按照大修计划，准备实施 4 号机组主给水泵液力耦合器控制柜电源的双路改造，现场运行人员对 4 号机组主给水泵液力耦合器供电电源实施隔离操作，本应在大修的 4 号机组执行操作，却误入 3 号机组断开了正在运行的 3#主给泵 3APA 泵液力耦合器控制电源，导致 3#机组停机停堆。

2) 事件分析

走错隔间属于典型的技能型人因失误。它是在一些经常的、简单的、熟练的操作过程中所犯的错误，以及沟通协调不畅导致的工作失误，这类人因失误一般是非意向性的。导致这类失误的原因通常是熟悉的环境和频繁的日常工作使大脑处于放松状态，注意力未集中在当前的工作上，或注意力仅集中于某一点而忽视其他方面，也就是通常的"一时疏忽"。

3) 采取措施

根据以上走错间隔人因事件分析得出的结论，可以采取如下纠正措施。

(1) 增加技术防范屏障：实体隔离、提高冗余度、机械闭锁、电气连锁等技术屏障是防止人因失误的有效手段。

(2) 防人因失误工具理论培训：及时开展对新员工的岗位培训及老员工的岗位复训，使其熟练掌握理论知识及防人因失误方法。

(3) 实验室操作培训：在实验室中模拟现场实际场景，通过运行、维修人员模拟操作，把防人因失误理论知识融入工作实践中。并根据新发生的人因事件和人因管理报告不断编制新的实验室教案。

(4) 推广核安全文化：安全文化也是核电企业文化建设的重点，通过多元化的活动方式，将安全理念真正融入员工的工作行为中，成为公司员工的做事方式，才是真正的安全。

(5) 完善管理屏障：完善的管理屏障包括强化计划并建立工作风险分析制度；完善操作规程；与行业高标准进行对标和评估；对于有停机停堆风险的设备缺陷和故障提前做好运行决策；增加厂房踢脚线标识、地面标识、指路箭头标识和机组状态提示牌；建立统一的颜色体系来区分机组，通过视觉效果提醒人员防止走错机组。

2. 励磁机 DMR 滑环轴加工漏序

1) 事件举例

2013 年 12 月 31 日，某项目 2 号机组发电机短路试验过程中，发现转子轴系绝缘异常偏低。机组热试被迫中止，打开励磁机检查。该事件发生在冲转后并网前的关键路径上，进度压力极大。

2)事件分析

制造厂在装配时,滑环轴发电机侧孔内漏装了环氧玻璃层压管,导致班组执行程序漏序,QC 未检验到。

3)采取措施

(1)工厂设计人员在原设计图纸的基础上对滑环轴装配进行结构优化,改进电缆固定方式,避免今后类似问题的出现。

(2)对该质量问题责任单位及人员在公司范围内进行通报处罚,以达到教育效果;加强生产过程中自检工序的质量控制意识,小组内互检并签字确认后方可转入下序。

3. 断路器隔离操作导致跳堆

(1)事件举例。2015 年 6 月 24 日,某电厂 3 号机组操作人员在做 A 出口断路器隔离操作时,由于习惯性思维,误认为绿色按钮为分闸按钮(实际上绿色按钮为合闸按钮),因此操作人员误把 A 出口断路器合闸,造成正在运行的发电机速断和过流两套保护误动作,触发出口断路器 B 跳闸,导致控制棒驱动机构电源全部失去,控制棒失电落棒,使机组跳机跳堆。

(2)事件分析。熟悉度高但注意力低,导致操作失误。

(3)采取措施。采用唱票、监护操作、明星自检,以避免错误发生。

11.3　机的安全性评估

11.3.1　安全性评估流程

机的安全性评估,涉及从其设计、制造、运输、存储、使用直至退役等寿命周期的每个阶段,主要需要经过如图 11-3 所示过程。

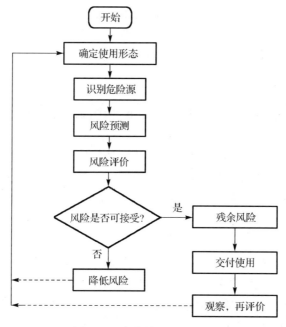

图 11-3　安全性评估流程图

11.3.2 确定使用形态

在安全性评估流程中，首先需要对产品在使用过程中的常见使用形态进行预测，如果不能明确产品的使用形态，就不能明确对产品的要求，也就不能正确地进行产品设计。具体地，需要制作从产品进入流通开始到产品的使用、维修和退役等产品寿命周期的全过程，包括正确使用和潜在使用在内的脚本或情况描述。脚本制作非常重要，如果遗漏了某使用情况，就可能导致预期外事故的发生。需要评价各种使用情况在现实中是否是潜在使用形态，在此阶段需要尽可能多地制作使用脚本，要从考虑该使用情况可能发生入手，而不是该使用情况不会发生。脚本可根据过去发生的事故情况和使用情况调查结果等，从使用形态所涉及的包括产品的对象、行为、期间以及环境进行制作。

(1)对象。产品的对象指产品的使用者及产品使用环境中存在的人员。以枪械为例，不仅需要考虑使用者，也要考虑所有可能接触到产品的人员，还需要考虑产品对象包括性别、年龄、专业技能水平、伤病、疲劳和紧张等各种状况。

(2)行为。指使用产品预定功能的方法，不仅包括正确的使用方法，也包括潜在的使用方法和使用行为。

(3)期间。指产品连续使用时间或产品直至退役所经历的期间。

(4)环境。指产品放置及使用环境，包括产品放置场所的空间条件(包括地形情况和空间大小等)、物理环境条件(包括温度、湿度、气流、尘埃等状况)以及与周边设施等的关系。

11.3.3 危险源识别

危险源通常是指可能导致人身伤害或疾病、财产损失、工作环境破坏等的起因或根源。产生危险源的原因可以是人的不安全行为，或物的不安全状态。危险源识别的目的在于找出所有可能的危险，这些潜在的危险往往是系统发生严重事件的原因。

危险源存在的形式通常都比较复杂，危险源的识别需要有专门的知识和经验的积累，对人员的素质要求很高。危险源的辨别方法一般有询问、交谈、现场观察、查阅有关记录、安全检查表、工作任务分析、事件树分析、故障树分析、危险与可操作性分析等。

1. 危险源分类

安全科学理论根据危险源在事故发生、发展过程中的作用，把危险源划分为以下两大类。

1)第一类危险源

根据能量意外释放理论，能量或危险物质的意外释放是伤亡事故发生的物理本质。把作业过程中存在的，可能发生意外释放的能量(能源或能量载体)或危险物质称作第一类危险源。为了防止第一类危险源导致事故，必须采取措施约束、限制能量或危险物质，控制危险源。

2)第二类危险源

正常情况下，生产过程中的能量或危险物质受到约束或限制，不会发生意外释放，即不会发生事故。但是，一旦这些约束或限制能量或危险物质的措施受到破坏或失效(故障)，则将发生事故。导致能量或危险物质约束或限制措施破坏或失效的各种因素称作第二类危险源。第二类危险源主要包括以下三种。

(1)物的故障。物的故障是指机械设备、装置、元部件等由于性能低下而不能实现预定功能的现象。从安全功能的角度，物的不安全状态也是物的故障。物的故障可能是固有的，由于设计、制造缺陷造成的，也可能由于维修、使用不当或磨损、腐蚀、老化等造成的。

(2)人的失误。人的失误是指人的行为结果偏离了被要求的标准，即没有完成规定功能的现象。人的不安全行为也属于人的失误。人的失误会造成能量或危险物质控制系统故障，使屏蔽破坏或失效，从而导致事故发生。

(3)环境因素。人和物存在的环境，即生产作业环境中的温度、湿度、噪声、振动、照明或通风换气等方面的问题，会促使人的失误或物的故障发生。

通常，事故的发生是两类危险源共同作用的结果。第一类危险源是伤亡事故发生的能量主体，决定事故后果的严重程度。第二类危险源是第一类危险源造成事故的必要条件，决定事故发生的可能性。危险源辨识的首要任务是辨识第一类危险源，再在此基础上辨识第二类危险源。

还可从广义的角度对危险源进行分类，如表 11-14 所示，将危险源划分为机械、电气、热、噪声、辐射、物质、生物及非人因工程等类别。

表 11-14　危险源例

分类	危险源例	实例
机械	切伤、切断的危险源 旋转的危险源 刺伤的危险源 擦伤的危险源 打击的危险源	端口锋利、旋转或上下移动的物体，表面坚硬或粗糙
电气	充电部分的直接接触 充电部分的间接接触 静电	绝缘体破损，静电击打或吸附灰尘
热	高温 低温	高温灼伤； 低温冻伤
噪声-振动	过大(小)声音 振动	可导致听力损失的超大音量，口头下达指令，警报音过小，对健康有影响的振动
辐射	生理的影响，健康损害	低周波，高周波，微波，红外线、可视光线、紫外线，激光，电离放射线(X 射线、α 射线、β 射线、γ 射线、中性子线)
物质	材料	有害材料，使用过程发生强度变化或产生烟雾和火花
生物	微生物 小动物	容易滋生病毒、细菌或吸引昆虫、老鼠
非人因工程	不自然的姿势 要求过多注意和努力 不自然的动作过程	引起腰痛等不健康的姿势，容易导致误操作的不合理姿势，容易诱发误操作的部件或操作规程，要求长时间集中注意力，产品操作或维修时可达性差，自然操作时经由路径存在障碍

2.　危险源的确定和整理

依靠个人知识经验容易遗漏危险源，应该与相关专业人员共同讨论，并将结果整理成表格形式，这样才不会遗漏，才能从整体上把握产品存在的缺陷。表 11-15 为风扇的危险源整理。

表 11-15　风扇的危险源整理

风扇部件	机械					电气		
	夹伤危险源	切伤危险源	旋转危险源	刺伤危险源	擦伤危险源	充电部分的直接接触	充电部分的间接接触	静电
防护网				焊点锋利				
叶片		容易切伤手指	容易卷进头发					树脂叶片容易吸附灰尘
支柱					表面粗糙			
连接件	端口锋利、容易夹手							
电源线							绝缘层较薄，老化后容易破损	

11.3.4　风险预测

风险预测的主要目的是根据预想的事故场景，对可能存在的风险进行预测。所谓风险，在广义上可理解为特定的不希望事件发生的可能性(概率)及发生后果的综合。可能性和严重性是风险的两个特点。确定风险的大小或等级的高低，有三个独立的输入：一是事件发生的可能性(概率)；二是如果事件发生，其后果的严重性；三是对这两者综合的主观判断。

危害的严重性可定性地进行划分：①不发生危害；②微小(引起不快感)；③轻度(可恢复正常状态)；④严重(不能恢复到正常状态)；⑤重大(死亡，重大经济损失)。

在多数情况下，事故发生的概率难以得到，在实际应用中可根据以下指标进行主观预测：①用户接近危险源的频度；②危险发生和暴露的频度与时间；③接近危险源的人数；④防止危险发生的技术状态；⑤使用者对危险存在的认知可能性；⑥回避危险可能性。

主观预测结果可采用定性描述，例如，①不发生；②偶尔；③时常；④经常；⑤频繁。

11.3.5　风险评价

风险评价是对已辨识出来的危险源，根据其发生的严重性及发生概率，利用事先制作的评价表进行评价，也称为风险评估。表 11-16 是风险评价例表，其中对风险后果的判定基准不能一概而论，取决于产品的具体情况。对不同的风险评价结果所需采取的对应策略不同。

表 11-16　风险评价例表

	危害				
概率	1 不发生	2 微小	3 轻度	4 严重	5 重大
1 不发生	I	I	I	I	I
2 偶尔	I	II	III	III	IV
3 时常	I	III	III	IV	IV
4 经常	I	IV	IV	IV	IV
5 频繁	I	IV	IV	IV	IV

(1) I 级。I 级不需要采取相应的对策。

(2) II 级和III级。II 级和III级需要根据其实现的可能性与费用的关系进行综合权衡，从而对产品进行改进或者制作产品的警示和说明。

(3) IV级。IV级各种组合具有不同含义。①事故发生概率高、事故后果重大时,该产品不成立,需要从根本上改进产品设计,或者终止产品销售。②在事故后果严重或重大但事 t 故发生概率低和事故后果微小但事故发生概率高两种情况下,即使采取相应措施所需费用相同,但含义具有很大区别,前者必须负法律责任,而后者可能不需要,但会引起使用者的不满并因此不再使用或购买该产品,也就是后者可能需要从非产品安全性的观点出发对产品的改进予以重视。在事故后果严重或重大、但事故发生概率低的情况下,不仅需要制作适当的警示和说明来敦促使用者注意产品存在的风险,还需从产品的有用性和必要性、使用者回避危险的可能性和方便性以及产品价格等方面综合考虑对产品进行改进。

风险后果的判定基准例: I:可以忽视; II:可以容许; III:不能接受; IV:完全不能接受

11.3.6　降低风险

根据风险评价的结果,在判定风险不能接受时,必须制定相应的对策降低风险,否则产品将不能销售。降低风险有两种方法:①降低风险的严重性,②降低风险发生的概率。

1. 降低风险的步骤

降低风险通常按照采用固有安全设计、安全防护、提供安全使用信息这三个主要步骤依次进行。

1) 固有安全设计

固有安全是指借助材料的选择和设计概念以消除或排除产品的固有危害而实现的安全性。例如,对于舰船用核动力装置来说,可能的固有危害包括放射性裂变产品及其相应的衰变热,过剩反应性及其可能引起的功率骤增,以及由于高温高压和放热化学反应引起的能量释放等。当消除了产品的某个固有危害时,可以说产品对于所消除的固有危害来说是固有安全的。例如,目前核潜艇都采用了固有安全性很好的压水型反应堆,反应堆舱可燃物质很少,可有效防止紧急情况下火灾的发生。

2) 安全防护

消除产品所有的固有危害通常是难以达到的。安全防护是当产品的固有危害无法消除时,通过设计阻止人员接近或提供防护措施减少人接近时造成的危害程度,通常包括三种形式。

(1) 危险隔离。对危险源进行隔离,使其与人员保持一个安全的距离或使其所造成的危害降低到可以接受的水平。例如,核潜艇采用了多道屏障防止放射性泄漏,当这几道屏障都破损时才可能危及人员安全,其中作为最后一道屏障的反应堆舱具有较高承压能力。

(2) 防护设施。在人员需要接近危险源时,需要设计防护设施保护人员安全。例如,安全防化服和绝缘手套等。

(3) 停止。在无法确认产品是否安全时限制产品使用。例如,当核潜艇反应堆出现紧急情况时,所有的控制棒靠加速弹簧在不到一秒的时间里快速下插到堆芯里,实施自动紧急停堆,终止核反应,从根本上切断反应堆失控的源头。

3) 提供安全使用信息

当固有安全设计和安全防护措施不能有效满足规定要求时,人员不得不接触危险,此时必须明确地向使用者传达残留风险提示,敦促使用者采取安全行动,降低事故发生概率和后果。常用的方法如下。

(1)提供预警措施。例如,采用警示标识标明产品具有危险,以及采用报警装置监测危险状态及时发出警报信号等。

(2)提供安全使用说明。有些产品本身并不危险,但由于其技术含量高或实际操作复杂等,如果没有正确和可靠的安全使用方法的说明,使用者可能会因违反操作规程使用该产品从而导致危险的发生。还有一些产品本身就是危险品,但如果有正确和可靠的安全使用方法,使用者使用便不会产生损害。

(3)提供消除或减轻危害后果措施的正确说明。有些危险产品即使有正确的使用方法,危害的产生也是不可避免的,此时需要向使用者提供采取正确的消除或减轻损害后果的措施说明,把危害后果降到最低限度。

(4)制订专门的规程和相应的培训计划。

2. 行为约束

在安全性事故发生和预防中,人的因素占据特殊的位置。人不仅是安全事故中受害者,同时又往往是事故的诱发因素。在事故致因中人的不安全行为和失误占有很大的比例,因此要求使用者必须正确使用产品,对其行为进行约束是非常重要的。

1) 非目的性行为约束

非目的性行为指非使用者本意的或无意的行为。约束使用者非目的性行为包括以下几种。

(1)消除偶发事件的起因。偶发事件是典型的使用者非目的性失误,包括以下形态:使用者在其自然动作的经由路径上触碰产品;使用者在其视野外触碰产品;使用者身体容易失去平衡;使用者身体失去平衡后触碰产品。

(2)提高产品的宜人性。产品本身如果不符合人机系统设计准则,那么使用者往往不能正确使用产品或注意力不集中,从而容易引发误操作。因此必须注重产品宜人性设计,使产品的正确使用更加容易和方便。

(3)提供安全装置。当使用者背离产品的正确使用时,应通知使用者并引导其返回正确操作。

2) 目的性行为约束

目的性行为指使用者有目的地背离产品的正常使用的行为,包括以下几种类型。

(1)目的性维修。当产品发生故障时进行维修,由于拆卸产品而面临危险就是使用者的目的性行为。对于这种可能发生的情况,产品的设计者必须采取必要的对策。具有代表性的对策是防拆(tamper proof)功能设计。例如,设计必须由专业人员打开的特殊结构,以及必须由特殊工具才能进行装卸等。

(2)随意性行为约束。人类有走捷径的倾向,产品的正确使用方法中多少含有可以省略的步骤或因素,因此在产品设计和安全分析中要考虑到使用者为了省事而不按正常程序操作而引发事故的可能。例如,在产品的固定件没有固定以及关闭了产品的安全装置等情况下使用产品的行为就是随意性行为。关闭了安全装置产品还能使用是产品的缺陷,因此可考虑将产品改进为不启动安全装置就不能使用产品或不能关闭产品的安全装置的安全使用方式。

3) 特殊人群约束

在产品的安全设计中,也要考虑老人、儿童以及一些非专业人员在特殊情况下非正常性接触和使用产品而带来的危险。由于这些特殊人群对产品的正确使用方法、危险回避和危险后果缓解等缺乏必要的知识与了解，所以往往会引发事故并带来严重的危害。产品使用和放置的严格管理以及关于产品的教育与宣传，对避免特殊人群接触和使用危险产品、降低危害发生概率与后果具有重要的作用。

3. 提供警示和指示信息

如前所述，在存在残留风险的情况下，需要约束使用者的行为，要求使用者按照说明书或警示内容正确地使用产品。警示和指示是产品的生产者与使用者之间唯一的纽带，其设计必须予以重视。具体地，需要注意以下几点。

(1)醒目警示。警示的位置是非常重要的，通常需要将警示放置在使用者容易注意到的地方。例如，产品的使用说明书和警示放在打开产品外包装后的最上面；不破坏注意事项条不能取出产品；产品本身有空间时，警示应置于产品本身，因为外包装经常被使用者扔掉；警示条贴使用者在产品使用时一定能看到的地方等。

(2)明确指示。警示或指示不论采用标志或是文字说明，其内容应该明确，防止与其他含义混淆。指示的内容应易于理解，如果仅采用文字形式仍不能达到警示的目的，应采用更醒目的图形或颜色来代替文字。对不同的使用群体，应根据实际情况，如文化程度、专业知识、使用经验等采取不同的方式。在使用文字进行警示时，应考虑其所警示的对象是专业人员还是一般使用者，从而选择专业或通俗易懂的语言。当使用者不得不面对一本很厚的产品说明书时，为了防止使用者没有耐心仔细阅读，生产者应采取醒目的和突出的标记，强调那些重大的、会造成严重损害的危险。

(3)防止脱落、损坏。在设计时，需要考虑到产品的使用环境，防止警示标识或说明丢失、脱落、发生污迹或损坏。例如，在潮湿的气候环境下，纸质的警示标识容易腐蚀褪色；采用非永久性警示标记，在产品的储运和使用过程中容易产生损坏及脱落等。所以，对于极其重要的警示，可以在相应部位采用铸件铸造、钣金件印铁等措施设置永久性警示标记，防止脱落和损坏。还需注意的是，产品本身应该有相应的提示，以保证当使用说明书丢失时，能够提示使用者进行正确的操作。

(4)直接表示。在指示的内容中，准确的用语是非常重要的，另外要求指示内容表述鲜明、明确、易解和详细。例如，指示通常省略主语；使用简单句，避免不必要的内容；注意必须遵守与希望遵守事项的区别；尽量客观、定量地表示；标明风险的内容，不遵从警示内容可能发生的危害，以及发生危害后的处理方法等。

11.3.7 再评价与经过观察

1. 再评价

经过降低产品风险的三个步骤，产品的风险得到降低，但产品的使用方式和使用形态也相应地发生了变化。例如，在装配防误闭锁开关后，装备不能正常关闭的情况就可能发生。因此，在进行产品安全设计与分析活动中，需要对产品的使用情况进行调查，从而对产品的使用形态和使用方法进行重新定义，并进行风险的再度评价。

2. 经过观察

经过观察是指在产品使用后，对可能会存在的在产品安全分析中遗漏的产品使用形态及其危险进行后继调查，从而评价风险评价结果是否恰当的活动。当然，当发现产品存在不可接受的风险时，生产者需要采取回收产品等快速响应。

习题与思考题

11-1　什么是应激？应激源可以分为哪几类？

11-2　调节应激效应的因素有哪些？

11-3　人误的定义和特点是什么？

11-4　控制人误的方法有哪些？

11-5　核电站人因失误的类型有哪些？

11-6　机的安全性评估流程是怎样的？

 参考答案

参 考 文 献

陈格勒 S, 罗杰斯 S, 伯纳德 T, 2007. 柯达实用工效学设计[M]. 杨主磊, 译. 北京: 化学工业出版社

陈信, 袁修干, 2000. 人—机—环境系统工程总论[M]. 北京: 北京航空航天大学出版社.

丁玉兰, 2017. 人机工程学[M]. 5 版. 北京: 北京理工大学出版社.

郭伏, 钱省三, 2018. 人因工程学[M]. 北京: 机械工业出版社.

JOHNSON J, 2005. GUI 设计禁忌[M]. 王蔓, 刘耀明, 译. 北京: 机械工业出版社.

廖建桥, 2006. 人因工程[M]. 北京: 高等教育出版社.

刘伟, 袁修干, 2008. 人机交互设计与评价[M]. 北京: 科学出版社.

龙升照, 2003. 人—机—环境系统工程研究进展[M]. 北京: 海洋出版社.

马江彬, 1993. 人机工程学及其应用[M]. 北京: 机械工业出版社.

NIEBEL B, FREIVALDS A, 2007. 方法、标准与作业设计(翻译版)[M]. 11 版. 王爱虎, 鄂名成, 叶飞, 等, 译.
    北京: 清华大学出版社.

PANERO J, ZELNIK M, 1999. 人体尺度与室内空间[M]. 龚锦, 译. 天津: 天津科学技术出版社.

SANDERS M S, MC CORMICK E J, 2009. 工程和设计中的人因学[M]. 7 版. 于瑞峰, 卢岚, 译. 北京: 清华
    大学出版社.

史德, 谢维杰, 倪健, 2002. 潜艇舱室环境概论[M]. 北京: 兵器工业出版社.

TILLEY A R, 1998. 人体工程学图解——设计中的人体因素[M]. 朱涛, 译. 北京: 中国建筑工业出版社.

王保国, 王新泉, 刘淑艳, 等, 2007. 安全人机工程学[M]. 北京: 机械工业出版社.

Wickens C D, Hollands J G, 2014. 工程心理学与人的作业[M]. 张侃, 孙向红, 译. 北京: 机械工业出版社.

王继成, 2004. 产品设计中的人机工程学[M]. 北京: 化学工业出版社.

许树柏, 1988. 层次分析法原理[M]. 天津: 天津大学出版社.

颜声远, 许彧青, 王敏伟, 2013. 人机界面设计与评价[M]. 北京: 国防工业出版社.

朱祖祥, 2004. 工业心理学大辞典[M]. 杭州: 浙江教育出版社.

BADDELEY A D, THOMSON N, BUCHANAN M, 1975. Word length and the structure of short-term memory[J].
    Journal of Verbal Learning and Verbal Behavior, 9: 176-189.

BANKS W W, BOONE M P, 1981. A method for quantifying control accessibility[J]. Human Factors, 23(3):
    299-303.

BEN S, CATHERINE P, 2004. Designing the user interface—strategies for effective human-computer
    interaction[M]. 4th ed. Boston: Addison Wesley.

BONNEY M C, WILLIAMS R W, 1977. A computer program to layout controls and panels [J]. Ergonomics,
    20(3): 297-316.

CAVANAUGH J P, 1972. Relation between the immediate memory span and the memory search rate[J].
    Psychological Review, 79: 52-530.

DIX A, FINLAY J, ABOWD G, et al., 2003. Human-computer interaction[M]. 3rd ed. Upper Saddle River:
    Prentice Hall.

GIAMBRA L, QUILTER R, 1987. A two-term exponential description of the time course of sustained attention[J]. Human Factors, 29 (6), 635-644.

JULIE A J, 2011. The Human-Computer Interaction Handbook[M]. 3rd ed. London: Taylor & Francis Group.

K LATZKY R L, 1975. Human Memory: Structures and processes[M]. San Francisco: Freeman.

MILLER G A, 1956. The magical number seven, plus or minus two: Some limits on our capacity for processing information[J]. Psychology Review, 63: 81-97.

MOUSSA-HAMOUDA E, MOURANT R R, 1981. Vehicle fingertip reach controls-human factors recommendations[J]. Applied Ergonomics, 12 (2): 66-70.

PULAT B M, AYOUB M A, 1985. A computer-aided panel layout procedure for process control jobs-LAYGEN[J]. IIE Transactions, 17 (1): 84-93.

REASON J, 1990. Human error[M]. Cambridge: Cambridge University Press.

ROSS J M, 2009. Human factors for naval marine design and operation [M]. Boca Raton: CRC Press.

ROUSE W B, Rouse S H, 1983. Analysis and classification of human error[J]. IEEE Transactions on Systems, Man, and Cybernetics, SMC-13 (4): 539-549.

WALTER W, 1981. Statistical techniques for instrument panel arrangement[M]. New York: Plenum Press.

YAN, S Y, YU K, ZHANG Z J, et al., 2011. Ergonomics based computer-aided layout design method for modern complex control panels[J]. Advanced Science Letters, 4 (8-10): 3182-3186.

YAN, S Y, YU K, ZHANG Z, et al., 2010. Arrangement optimization of instruments based on genetic algorithm[J]. Advanced Materials Research, (97-101): 3622-3626.